U0149644

ADS 2023
射频电路设计与仿真自学速成

闫少雄　闫聪聪　编著

人民邮电出版社
北　京

图书在版编目（CIP）数据

ADS 2023射频电路设计与仿真自学速成 / 闫少雄,
闫聪聪编著. -- 北京 : 人民邮电出版社, 2024.7
ISBN 978-7-115-63307-1

Ⅰ. ①A… Ⅱ. ①闫… ②闫… Ⅲ. ①射频电路—电路
设计 Ⅳ. ①TN710.02

中国国家版本馆CIP数据核字(2023)第241035号

内 容 提 要

本书以 ADS 2023 为平台，讲述了射频电路设计与仿真相关知识。全书共 11 章，内容包括 ADS 2023 概述、Workspace 的管理、元器件的管理、电路原理图设计、高级电路原理图设计、电路仿真设计、直流仿真分析、交流小信号分析、S 参数仿真分析、谐波平衡仿真分析与 PCB 设计等内容。

本书可以作为电气设计初学者的入门教程，同时适合作为电子设计爱好者的自学辅导书。

本书配备了丰富的电子资源，包含实例同步教学视频及实例源文件等，供读者学习参考。

◆ 编　著　闫少雄　闫聪聪
　　责任编辑　李　强
　　责任印制　马振武
◆ 人民邮电出版社出版发行　　北京市丰台区成寿寺路 11 号
　　邮编　100164　电子邮件　315@ptpress.com.cn
　　网址　https://www.ptpress.com.cn
　　三河市祥达印刷包装有限公司印刷
◆ 开本：787×1092　1/16
　　印张：18　　　　　　　　　2024 年 7 月第 1 版
　　字数：484 千字　　　　　　2024 年 7 月河北第 1 次印刷

定价：99.80 元

读者服务热线：(010)53913866　印装质量热线：(010)81055316
反盗版热线：(010)81055315
广告经营许可证：京东市监广登字 20170147 号

前言

ADS 是一款世界领先的电子设计自动化软件，也是获得商业成功的创新技术的代表，适用于射频（RF）、微波（MW）领域，ADS 能够借助集成平台中的无线库，以及电路系统和电磁（EM）协同仿真功能提供基于标准的电子电路全面设计和验证。

ADS 2023 可为设计师们提供 3 种不同的仿真技术，即系统、电路和 EM 仿真技术，帮助他们进行时域电路仿真、频域电路仿真、3D EM 仿真、通信系统仿真和数字信号处理仿真设计工作。相对于旧版本，ADS 2023 提供了一些新的功能，在电路仿真、电热模拟和高性能计算（HPC）方面进行了功能拓展，可以大幅度地提高工作人员的效率。

一、本书特色

本书具有以下四大特色。

- 针对性强

本书编著者根据自己多年在计算机辅助电子设计领域的工作经验和教学经验，针对初级用户学习 ADS 的难点和疑点由浅入深、全面细致地讲解了 ADS 在射频电路应用领域的各种功能和使用方法。

- 实例专业

本书中有很多实例是工程设计项目案例并经过编著者的精心提炼和改编，不仅保证了读者能够学好知识点，更重要的是能帮助读者掌握实际的操作技能。

- 提升技能

本书从全面提升读者 ADS 设计能力的角度出发，结合大量的案例来讲解如何利用 ADS 进行工程设计，真正让读者懂得射频电路设计并能够独立地完成各种工程设计。

- 内容全面

本书在有限的篇幅内，讲解了 ADS 的常用功能，内容涵盖了 ADS 基本操作、原理图设计、电路仿真等知识。

二、电子资源使用说明

本书除进行传统的书面讲解外，还随书配送了电子资源，电子资源中有几个重要的目录希望读者关注，"源文件"目录下是本书所有实例原始文件，"结果文件"目录下是本书所有实例操作的结果文件，"动画"目录下是本书所有实例操作过程的视频文件。供读者学习参考。

读者可扫描下方公众号二维码，输入"63307"获取电子资源。

关注"信通社区"公众号
输入"63307"，获取电子资源

三、本书服务

1. 安装软件的获取

读者按照本书所列举的实例进行操作练习，在使用 ADS 进行工程设计时，需要事先在计算机上安装软件。读者可访问官方网站下载软件试用版，或到当地经销商处购买正版软件。

2. 关于本书的技术问题或有关本书信息的发布

读者遇到有关本书的技术问题，可以加入 QQ 交流群 608856896 直接留言，编者将尽快回复。

四、本书编写人员

本书由中国电子科技集团公司第五十四研究所的闫少雄和石家庄三维书屋文化传播有限公司的闫聪聪编著。其中闫少雄编写了第 1 章～第 6 章，闫聪聪编写了第 7 章～第 11 章。

本书虽经编著者几易其稿，但由于时间仓促加之水平有限，书中存在不足之处在所难免，望广大读者联系 714491436@qq.com 批评指正，编者将不胜感激。

编者

2023.8

Contents

目 录

第1章 ADS 2023概述 ·············· 1

1.1 射频技术概述 ················· 1
  1.1.1 射频技术的发展 ··········· 1
  1.1.2 电磁频谱 ················ 2
  1.1.3 射频电路的特性 ··········· 2
  1.1.4 射频传输线 ·············· 4
1.2 ADS 2023 简介 ··············· 5
  1.2.1 ADS 2023 功能 ··········· 5
  1.2.2 ADS 2023 新特性 ········· 5
1.3 印制电路板（PCB）总体设计流程 ··· 6
1.4 ADS 2023 的启动 ············· 7
  1.4.1 ADS 2023 的 Schematic 视图环境 ··· 8
  1.4.2 ADS 2023 的 Layout（布局）视图
    环境 ···················· 9
  1.4.3 ADS 2023 Symbol（符号）编辑视图
    环境 ···················· 9
  1.4.4 ADS 2023 Simulation（仿真结果）
    显示环境 ·················10

第2章 Workspace的管理 ·········11

2.1 ADS 文件结构 ···············11
2.2 ADS 2023 工程窗口 ··········12
  2.2.1 主窗口 ················12
  2.2.2 菜单栏 ················12
  2.2.3 工具栏 ················16
2.3 工程视图 ··················16
  2.3.1 File View（文件视图）·······16
  2.3.2 Folder View（文件夹视图）···17
  2.3.3 Library View（库视图）·····17
2.4 工程文件管理 ···············17

  2.4.1 新建工程 ··············18
  2.4.2 打开工程 ··············19
  2.4.3 工程初始设置 ···········20
2.5 操作实例——创建串联谐振电路工程文件 23

第3章 元器件的管理 ·············26

3.1 电子元器件 ·················26
  3.1.1 电子元器件分类 ··········26
  3.1.2 电子元器件类型定义 ·······28
3.2 常用元器件库和元器件参数 ·····29
  3.2.1 集总参数元器件库 ········29
  3.2.2 传输线和分布参数元器件库 ···33
  3.2.3 有源元器件库 ···········34
  3.2.4 滤波器元器件库 ··········36
  3.2.5 系统元器件库 ···········36
3.3 库管理 ····················38
  3.3.1 新建库文件 ············38
  3.3.2 创建元器件符号文件 ·······39
3.4 元器件符号编辑器参数设置 ·····41
  3.4.1 选择模式参数设置 ········41
  3.4.2 网格参数设置 ···········42
  3.4.3 注释文本设置 ···········43
  3.4.4 单位/刻度设置 ··········43
3.5 绘图工具 ··················44
  3.5.1 绘图工具命令 ···········44
  3.5.2 绘制多段线 ············45
  3.5.3 绘制多边形 ············46
  3.5.4 绘制矩形 ··············47
3.6 图形编辑工具 ···············48
  3.6.1 强制对象网格化 ··········48
  3.6.2 设置坐标原点 ···········48

3.6.3 转换为多边形 ·················· 48
3.7 符号属性设置 ······················· 49
3.7.1 放置引脚 ·························· 49
3.7.2 符号标签 ·························· 50
3.7.3 参数设置 ·························· 52
3.8 符号生成器 ·························· 53
3.9 操作实例——绘制探测器符号 ······ 55

第4章 电路原理图设计 ············· 59

4.1 电路原理图文件管理系统 ·········· 59
4.1.1 新建电路原理图文件 ·········· 59
4.1.2 保存电路原理图文件 ·········· 67
4.1.3 打开电路原理图文件 ·········· 67
4.2 设置电路原理图工作环境 ·········· 68
4.2.1 布局参数设置 ·················· 68
4.2.2 引脚/节点参数设置 ············ 69
4.2.3 接口/编辑参数设置 ············ 71
4.2.4 元器件文本/导线标签参数设置 ···· 72
4.2.5 编辑环境显示设置 ············· 73
4.2.6 调谐分析参数设置 ············· 74
4.3 搜索元器件 ·························· 75
4.3.1 直接搜索 ·························· 75
4.3.2 按钮查找元器件 ················ 75
4.4 放置元器件 ·························· 76
4.5 元器件的属性设置 ··················· 78
4.6 电路原理图的电气连接 ············· 79
4.6.1 放置导线 ·························· 80
4.6.2 放置总线 ·························· 80
4.6.3 放置 GROUND（接地符号） ····· 81
4.6.4 放置 VAR（变量和方程组成部分） ··· 81
4.6.5 放置文本 ·························· 82
4.6.6 放置文本注释 ·················· 83
4.7 从电路原理图生成布局图 ·········· 84
4.8 操作实例 ···························· 85
4.8.1 RLC 串联谐振电路 ············· 85
4.8.2 二极管限幅电路 ················ 89

第5章 高级电路原理图设计 ········· 91

5.1 高级电路原理图设计概述 ·········· 91

5.2 层次电路 ···························· 91
5.2.1 层次电路原理图的基本概念 ····· 91
5.2.2 层次电路原理图的基本结构和组成 ··· 92
5.3 电路的高级电气连接 ··············· 93
5.3.1 放置导线网络标签 ············· 93
5.3.2 放置全局节点 ·················· 94
5.3.3 放置输入/输出端口 ············ 95
5.4 层次电路的设计方法 ··············· 96
5.4.1 自上而下的层次电路原理图设计 ····· 96
5.4.2 自下而上的层次电路原理图设计 ····· 98
5.5 层次电路原理图之间的切换 ········ 99
5.5.1 由顶层电路原理图中的层次块符号切换
到相应的子电路原理图 ········· 99
5.5.2 由子电路原理图切换到顶层电路
原理图 ·······················100
5.6 层次电路原理图层次结构 ·········· 101
5.7 操作实例——HQ 调制器电路的层次电路
原理图设计 ·······················101

第6章 电路仿真设计 ·············· 108

6.1 电路仿真步骤 ······················108
6.2 仿真分析设置 ······················109
6.2.1 仿真参数的设置 ···············109
6.2.2 常用仿真控制器 ···············112
6.2.3 信号源元器件库 ···············112
6.2.4 仿真方法 ·························114
6.2.5 探针仿真 ·························116
6.3 数据显示 ···························118
6.3.1 工作环境设置 ··················118
6.3.2 数据显示图 ·····················119
6.3.3 轨迹线操作 ·····················123
6.3.4 插入图例 ·························127
6.3.5 插入曲线标记 ··················128
6.4 操作实例——HQ 调制器电路仿真分析 ··· 132

第7章 直流仿真分析 ·············· 137

7.1 直流仿真分析步骤 ·················137
7.2 直流电压/电流源 ··················137
7.3 直流工作点分析 ···················138

7.3.1　直流仿真控制器 ················138

7.3.2　设置控制器 ·····················142

7.3.3　扫描计划控制器 ···············143

7.3.4　操作实例——RLC 电路直流工作点

仿真分析 ·····················143

7.4　直流扫描分析 ·······················149

7.4.1　参数扫描控制器 ···············149

7.4.2　节点与节点名控制器 ·········150

7.4.3　显示模板控制器 ···············150

7.4.4　公式编辑控制器 ···············151

7.4.5　操作实例——RLC 电路直流扫描

分析 ·························152

7.4.6　操作实例——直流馈电电容电路直流

仿真分析 ·····················157

第8章　交流小信号分析 ···········162

8.1　交流信号源 ·························162

8.1.1　交流信号激励源 ···············162

8.1.2　单频交流信号激励源 ·········162

8.1.3　交流电源 ·························163

8.2　交流仿真分析 ·······················163

8.2.1　交流仿真控制器 ···············163

8.2.2　操作实例——RLC 电路交流小信号

分析 ·························164

8.2.3　操作实例——串联谐振电路交流仿真

分析 ·························167

8.3　噪声分析 ····························172

8.3.1　噪声参数设置 ···················172

8.3.2　操作实例——RLC 电路噪声分析 ···173

8.4　瞬态分析 ····························175

8.4.1　瞬态仿真控制器 ···············175

8.4.2　操作实例——二极管限幅电路瞬态特性

分析 ·························178

第9章　S 参数仿真分析 ···········181

9.1　散射参数 ····························181

9.1.1　微波网络分析 ···················181

9.1.2　S 参数 ·····························182

9.2　S 参数仿真分析方法 ···············183

9.2.1　S 参数仿真控制器 ·············183

9.2.2　S 参数探针 ·····················184

9.2.3　操作实例——串联谐振电路 S 参数仿真

分析 ·························187

9.3　Z 参数和 Y 参数仿真分析 ···········190

9.3.1　S 参数仿真控制器 ·············190

9.3.2　计算 Z 参数和 Y 参数控件 ·····190

9.3.3　操作实例——直流馈电电容电路 S 参数

仿真分析 ·····················191

9.3.4　增益控件 ·························195

9.3.5　史密斯圆图控件 ···············196

9.3.6　操作实例——史密斯圆图 S 参数仿真

分析 ·························197

9.4　调谐优化 ····························199

9.4.1　调谐优化设置 ···················199

9.4.2　调谐工具 ·························200

9.4.3　优化目标 ·························202

9.4.4　优化工具 ·························203

9.4.5　操作实例——微带线电路调谐和优化

分析 ·························204

第10章　谐波平衡仿真分析 ·········212

10.1　谐波平衡仿真 ·····················212

10.1.1　HB ·······························212

10.1.2　操作实例——混合器电路谐波平衡

仿真分析 ···················218

10.1.3　操作实例——探测器电路谐波平衡

仿真分析 ···················220

10.2　包络仿真分析 ·····················224

10.2.1　Envelope（包络仿真控制器）·····225

10.2.2　操作实例——多压控放大器电路包络

仿真分析 ···················226

10.3　增益压缩仿真 ·····················229

10.3.1　增益压缩仿真控制器 ·········229

10.3.2　操作实例——放大器电路增益压缩

仿真 ·······················231

10.4　大信号 S 参数仿真控制器（LSSP）···233

10.4.1　LSSP 介绍 ·····················233

10.4.2　操作实例——放大器电路 LSSP 仿真
　　　　分析 ·············· 234

第11章　PCB设计 ·············· 237

11.1　Layout 视图窗口 ············ 237
11.1.1　创建空白 Layout ········· 238
11.1.2　Technology（技术）参数设置 ···239
11.1.3　图层管理 ············ 239
11.1.4　创建基板 ············ 245
11.2　PCB 设计流程 ············ 251
11.2.1　PCB 物理边界 ········· 251
11.2.2　编辑 PCB 物理边界 ······ 252
11.2.3　Keepout（禁止布线区）···255
11.2.4　PCB 层显示设置 ········ 256

11.2.5　放置元器件 ··········· 257
11.2.6　插入传输线 ··········· 258
11.2.7　走线连接 ············ 260
11.2.8　网络连接 ············ 263
11.2.9　覆铜平面 ············ 265
11.2.10　补泪滴 ············· 267
11.3　3D 效果图 ·············· 268
11.3.1　3D 视图显示 ·········· 268
11.3.2　3D 布局查看器 ········· 269
11.4　EM 仿真 ··············· 270
11.4.1　EM 仿真窗口 ·········· 270
11.4.2　仿真设置 ············ 271
11.4.3　EM 仿真方式 ·········· 272
11.5　操作实例——传输线 EM 仿真分析 ···· 273

第1章

ADS 2023 概述

内容指南

PathWave Advanced Design System（ADS）软件由美国 Keysight 公司（前安捷论科技有限公司）开发，该工具支持射频设计师开发几乎所有类型的射频系统，应用范围从简单到复杂。从射频/微波模块到用于通信和航空航天的单片微波集成电路（MMIC）。ADS 的先进功能，可帮助设计功率放大器和射频前端模块等天线元器件，创建、分析电路和系统设计，并显示仿真数据。

本章将从 ADS 的功能特点及相关技术的发展历史讲起，介绍 ADS 的启动界面、使用环境、视图窗口，以使读者能对该软件有一个基本了解。

1.1 射频技术概述

射频技术是一种将高频电磁波编码的无线通信技术，在家用电子设备及无线和移动网络应用中使用广泛。射频技术通过创建无线信号来传输数据，这些信号可以在很大范围（较大空间）内传播，并在本地接收器和发射器之间传输数据。

1.1.1 射频技术的发展

最初的电子线路设计，大约要追溯到 18 世纪末和 19 世纪初。当时的蓄电池已能可靠地工作，该电池后来用它的发明者亚历山德罗·伏特的名字命名——伏打电池，它为驱动最初始的电路提供了可靠的直流（DC）能量。之后又出现了低频交流（AC）功率源，它能更有效地输送电力，同时只有很小的传输损耗，并且便于通过按照法拉第电磁感应定律工作的变压器，改换电能的路由。基于著名的工程师斯坦梅茨、托马斯·爱迪生、沃纳·冯·西门子和尼古拉·特斯拉等先驱者的发明创造，能量的产生和分配发生了改变，工业迅速发展并改善了我们的生活。

1864 年，詹姆斯·麦克斯韦在皇家学会（全称为"伦敦皇家自然科学知识促进学会"）首次发表的一篇文章中，提出了电场和磁场在所在的空间中交连耦合会导致波传播的设想。1887 年，海因里希·赫兹实验证实了电磁能量可通过空间发射和接收，该发明预示着无线通信领域的迅速发展，从 1920 年的无线电、1930 年的 TV 传输，直到 1973 年的移动电话和 1994 年的全球定位系统（GPS）。

自 2004 年起，全球范围内掀起了一场射频识别技术（RFID）的热潮，RFID 在制造、物流、零售、交通运输等行业应用，被业界公认是本世纪最具潜力的技术之一，它的发展和应用推广将是自动识别行业的一场技术革命。而 RFID 在交通运输、物流行业的应用将成为未来电信业有发展潜力的利润增长点之一。RFID 的理论得到丰富和完善。单芯片电子标签、多电子标签识读、无线可读可写、无源电子标签的远距离识别、适应高速移动物体的 RFID 正在成为现实。

1.1.2　电磁频谱

由于工作频率的日益提高，模拟和数字电路设计工程师们正在不断地开发和改进电路。用于无线通信的模拟电路工作在 GHz 波段。高性能计算机、工作站所用电路的时钟频率不断地提高，同时这种发展趋势将会继续下去，因此不仅要有性能独特的技术装置，而且要为解决在常用的低频系统中没有遇到过的问题进行有针对性的专门设计。

现代无线通信将频谱分为几个频段。在实际应用中，经常用符号表示电磁频谱的某一个频段，常用的表示符号如下。

- ELF（极低频）：表示极低频率范围，电磁波的频率为 3～30Hz。
- VLF（甚低频）：表示较低频率范围，电磁波的频率为 3～30kHz。
- LF（低频）：表示低频电磁波，电磁波的频率为 30～300kHz。
- MF（中频）：电磁波的频率为 0.3～3MHz，通常的调幅广播就在 LF 和 MF 的频率范围内（540～1630kHz）。
- HF（高频）：电磁波的频率为 3～30MHz，高频电磁波也称为短波。
- VHF（甚高频）：表示非常高的频率，电磁波的频率为 30～300MHz，在这个频率范围包括了调频广播、广播电视。
- UHF（特高频）：电磁波的频率为 300～3000MHz，波长为 1m～10cm。
- SHF（超高频）：电磁波的频率为 3～30GHz，波长为 10～1cm。
- EHF（极高频）：电磁波的频率从 30～300GHz，波长为 1～0.1cm。
- P 波段：电磁波的频率从 0.23～1GHz，波长为 100～30cm。
- L 波段：电磁波的频率从 1～2GHz，波长为 300～150mm。
- S 波段：电磁波的频率从 2～4GHz，波长为 150～70mm。
- C 波段：电磁波的频率从 4～8GHz，波长为 75～37.5mm。
- X 波段：电磁波的频率从 8～12GHz，波长为 37.5～25mm。
- Ku 波段：电磁波的频率从 12～18GHz，波长为 25～16.67mm。
- K 波段：电磁波的频率从 18～27GHz，波长为 16.67～11.11mm。
- Ka 波段：电磁波的频率从 27～40GHz，波长为 11.11～7.5mm。
- 毫米波：电磁波的频率从 30～300GHz，波长为 10～1mm。
- 亚毫米波：电磁波的频率从 300～3000GHz，波长为 1～0.1mm。

频率在 300MHz～300GHz 为微波频率。VHF/UHF 波段就是典型的电视设备工作的波段，在这个范围内有关的电子线路必须开始考虑电流和电压信号波的性质。而在 EHF 波段，如 30GHz，波长就变得远小于电子系统的实际尺寸。对波段的划分不可能给出精确的界限。RF 频率范围通常是指从 VHF 到 S 波段；微波频率范围已与传统的雷达系统相联系，工作在 C 波段及其以上的波段。

1.1.3　射频电路的特性

在电子技术领域，射频电路不同于普通低频电路，在高频条件下，需要利用射频电路理论去理解射频电路的工作原理，杂散电容和杂散电感对电路的影响很大。

杂散电感存在于导线连接及组件本身存在的内部自感中，杂散电容存在于电路的导体之间，以及组件（元器件）和地之间。在低频电路中，这些杂散参数对电路性能的影响很小，随着频率的提升，杂散参数对电路性能的影响越来越大。在早期的工作于 VHF 频段的电视接收机中的高频头，以及通信接收机的前端电路中，杂散电容的影响都非常大，以至于不再需要另外添加电容。

1. 阻抗定义

在使用理想电阻的情况下，电流和电压之间的相位是相同的；在使用理想电感的情况下，电流和电压之间的相位相差 90°，电压相位超前于电流相位；在使用理想电容的情况下，电流和电压之间的相位相差 90°，电流相位超前于电压相位。这些元器件在电路中的这种性质可以利用元器件的阻抗来描述。

一般元器件的阻抗定义了元器件两端的电压与通过元器件的电流之间的关系，表明了电流通过元器件的难易程度，它是电压与电流的函数，也是一个复数，具有实部和虚部。

阻抗包括电阻（R）和电抗（X）两部分，电抗的单位也是欧姆（Ω）。若电抗由电感产生，称为感性电抗（X_L），即感抗；如果电抗由电容产生，称为容性电抗（X_C），即容抗。

电阻的阻抗如式（1-1）所示。

$$Z_R = R + j0 = \frac{\upsilon}{i} \tag{1-1}$$

电感的阻抗如式（1-2）所示。

$$Z_R = 0 + jX_L = \frac{\upsilon}{i} \tag{1-2}$$

电容的阻抗如式（1-3）所示。

$$Z_R = 0 - jX_C = \frac{\upsilon}{i} \tag{1-3}$$

对于有耗情况下的电感或电容，它们的阻抗是一个复数，有以下两种表示方法。

（1）复阻抗（电阻和电抗串联）

复阻抗包括实部电阻和虚部电抗。串联形式的复阻抗适用于串联电路中，这时各个元器件的总阻抗是每个元器件的实部电阻与虚部电抗之和。

对于电感，感抗如式（1-4）所示。

$$X_s = X_L = 2\pi f_{H\tau} L_H \tag{1-4}$$

对于电容，容抗如式（1-5）所示。

$$X_s = X_C = \frac{1}{2\pi f_{H\tau} C_F} \tag{1-5}$$

非理想情况下的复阻抗如式（1-6）所示。

$$Z_s = R_s \pm jX_s \tag{1-6}$$

利用阻抗的表达式，Q 因子可以表示如式（1-7）所示。

$$Q = \frac{X_s}{R_s} \tag{1-7}$$

（2）复导纳（电阻和电抗并联）

复导纳包括一个实部电导和虚部电纳。复导纳的并联形式适用于电路中元器件是并联形式的情况。在元器件并联的情况下，各个元器件的总导纳是各个元器件实部电导与虚部电纳之和。

对于电容，电纳的表示式如式（1-8）所示。

$$B_p = B_C = 2\pi f_{Hr} C_F \tag{1-8}$$

对于电感，电纳的表示式如式（1-9）所示。

$$B_p = B_L = \frac{1}{2\pi f_{Hr} L_F} \tag{1-9}$$

非理想情况下的复导纳如式（1-10）所示。

$$Y_p = G_p + jB_p \tag{1-10}$$

相应的 Q 因子如式（1-11）所示。

$$Q = \frac{B_p}{G_p} \tag{1-11}$$

2. Q因子

电抗元器件具有储存能量的功能。为了描述电抗元器件的能量储存程度，引入了 Q 因子。将 Q 因子定义为元器件储能和元器件耗能之比，如式（1-12）所示。

$$Q = \frac{元器件储能}{元器件耗能} \tag{1-12}$$

对于理想电感和理想电容，它们的能量损耗为零，因此它们的 Q 因子无穷大。

当元器件被放在电路中时，"加载"元器件的 Q 因子被定义为元器件内储存的能量与相关电路的损耗能量、元器件内的损耗能量和之比，如式（1-13）所示。

$$Q = \frac{元器件储能}{元器件耗能+相关电路耗能} \tag{1-13}$$

Q 因子与信号的工作频率有关，"加载"电路元器件的 Q 因子可以用来控制电路的信号带宽。

3. 电路参数的归一化

在分析射频电路的时候，对阻抗数值进行归一化常常可以简化分析过程。电路参数的归一化是通过除以一个参考数值得到的。对于阻抗而言，一般是除以系统的阻抗，如式（1-14）所示。

$$z_L = \frac{Z_L}{Z_0} \tag{1-14}$$

式中，z_L 是归一化阻抗，Z_L 是负载阻抗，Z_0 是特征阻抗（参考阻抗）。

在实际计算和设计中，为了得到最后需要的结果，往往要进行去归一化，去归一化就是用归一化的数值乘以参考值，即 $Z_L = z_L \times Z_0$

1.1.4 射频传输线

传输射频信号的线缆泛称射频传输线，常用的有双线和同轴线两种。在频率更高的情况下则会用到微带线与波导线，虽然结构不同，用途各异，但其基本传输特性均由传输线公式表征。

传输线是传输电流信号的导体。一个实际传输线的等效电路由一个离散电容 C、离散电感 L、电阻 R 和电导 G 所组成，如图 1-1 所示。

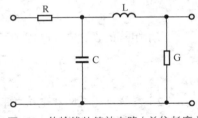

图 1-1 传输线的等效电路（单位长度）

其中，电阻 R 为单位长度的串联等效电阻，对一个理想的传输线而言，其值应为 0Ω。G 为单位长度的电导，反映传输线介质的绝缘品质，对一个理想的传输线而言，其值应为无穷大。L 为单位长度的电感，C 为单位长度的电容。一个理想的传输线只有电感和电容。

在甚高频（30～300MHz）以下波段，即在波长大于 1m 的情况下，元器件的尺寸远远小于波长，参数为集总参数形式，参数集中在 R、L、C 等元器件中，可以认为与导线和路径无关。

在微波（300MHz～300GHz）以上波段，即在波长小于 1m 的情况下，元器件的尺寸等于或者小于波长，参数为分布参数形式，参数分布在元器件的腔体、窗口、微带线中，与导线和路径有关。

1.2 ADS 2023 简介

ADS 2023 是一款世界领先的电子设计自动化软件，适用于射频、微波和信号完整性应用。

1.2.1 ADS 2023 功能

ADS 为设计人员提供了针对特定设计工作流程的预配置组合，以及提供系统、电路和 EM 等多种仿真技术。ADS 是一款独立强大的工具，添加了单独的设计元素，每个设计元素都可以提供特定的设计和仿真功能。仿真元器件由一个或多个单独的模块组成，这些模块增加了额外的设计和开发功能。将这些模块组合在一起，形成非常高效和有效的模块组合。使用 ADS 将获得完整的原理图捕获和布局环境，获得创新和行业领先的电路和系统模拟器，可直接本地访问 3D 平面和全 3D EM 场解算器，不断优化设计，提高生产力。

ADS 仿真设计功能包含时域电路仿真、频域电路仿真、3D EM 仿真、通信系统仿真和数字信号处理（DSP）仿真设计，同时还支持射频和系统设计工程师开发所有类型的 RF 设计。

ADS 除了上述的仿真分析功能，还包含其他设计辅助功能以提升使用者使用上的便利性与提高电路设计效率。

1. 设计指南

设计指南借由范例与命令的说明，示范了电路设计的设计流程，读者可以通过这些范例与命令，学习如何利用 ADS 高效地进行电路设计。

2. 仿真向导

仿真向导提供逐步提示的设定界面供设计人员进行电路分析与设计，使用者可以借由图形化界面设定所需要验证的电路响应。ADS 提供的仿真向导包括元器件特性、放大器、混频器和线性电路。

3. 仿真与结果显示模板

为了提升仿真分析的便利性，ADS 提供了仿真模板功能，让使用者可以将经常重复使用的仿真设定（如仿真控制器、电压电流源、变量参数设定等）整合成一个模板直接使用，节省了重复设定所需要的时间和步骤。

4. 电子笔记本

电子笔记本可以让使用者为所设计电路与仿真结果加入文字叙述，制成一份网页式的报告。该报告不需要运行 ADS 即可用浏览器查阅。

1.2.2 ADS 2023 新特性

2022 年 7 月 6 日，Keysingt 推出了 ADS 的年度更新版本 ADS 2023，为电路设计人员提供了增强的 EM 仿真功能。ADS 2023 继续提供业界最完整的射频和微波、高速数字和电力电子设计功能仿真软件，ADS 2023 提供了崭新的和增强的功能，以提高射频和微波电路的可用性和系统设计人员的生产力。

1. 电路仿真

- 简化远程和分布式仿真管理以支持基于云的高性能计算（HPC）。
- 用于精确模拟射频电路设计的新 Leti-UTSOI 102.6 晶体管模型。
- 蒙特卡洛统计控制器现在包括良率优化功能。

2. 电热模拟

- 即使布局和原理图层次结构不匹配，也支持自定义多技术电热（ETH）流程。
- ADS 2023 分享业界领先的精确的电热仿真，可预测有害瞬态温度峰值的位置和时间，以便在硬件生产之前进行修复。
- ADS 2023 的电热动态模型生成器通常可将瞬态电热仿真速度提高 10 倍，最高可达 100 倍，以确保热可靠性。

3. HPC

- 通过并行 HPC 及具有高成本效益、强大功能的大量基于云的硬件资源，EM 仿真和电路仿真可将典型速度提高 5～20 倍。
- 提供并行 EM 仿真（RFPro）参数扫描。
- 提高速度，支持更多的仿真来设计高性能、对公差不敏感的 RF/MW 组件，并显著缩短开发时间、扩大市场。

1.3 印制电路板（PCB）总体设计流程

为了让用户对电路设计过程有一个整体的认识和理解，下面介绍 PCB 的总体设计流程。

通常情况下从接到设计要求书到最终制作出 PCB，主要经历以下几个步骤。

1. 案例分析

这个步骤严格来说并不是针对 PCB 设计的内容，但对后面的 PCB 设计而言又是必不可少的。案例分析的主要任务是决定如何设计电路原理图，以及如何规划 PCB 设计。

2. 电路仿真

在设计电路原理图之前，有时候会不太确定某一部分电路设计，因此需要通过电路仿真来验证电路原理图设计，还可用于确定电路中某些重要元器件的参数。

3. 绘制电路原理图元器件

ADS 2023 虽然提供了丰富的电路原理图库，但库中不可能包括所有元器件，必要时需要动手设计电路原理图元器件，建立自己的库。

4. 绘制电路原理图

找到所有需要的电路原理图元器件后，就可以开始绘制电路原理图了。根据电路复杂程度决定是否需要使用层次电路原理图。完成电路原理图绘制后，用 ERC（电气规则检查）工具查错，找到出错原因并修改电路原理图，重新查错直到没有原则性错误为止。

5. 绘制元器件封装

与电路原理图库一样，ADS 2023 也不可能提供所有元器件的封装。有需要时，需要自行设计并建立新的元器件封装库。

6. 设计 PCB

确认电路原理图没有错误之后，开始绘制 PCB。首先绘出 PCB 的轮廓，确定工艺要求（使用几层 PCB 等）。然后将电路原理图传输到 PCB 中，在网络报表（简单介绍来历、功能）、设计规则和电路原理图的引导下进行布局和布线。最后利用 DRC（设计规则检查）工具查错。此过程是进行电路设计的另一个关键环节，它将决定该产品的实用性，需要考虑的因素很多，不同的电路有不同的要求。

7. 文档整理

对电路原理图、PCB 图及元器件清单等文件予以保存，以便以后进行维护、修改。

1.4 ADS 2023 的启动

单击任务栏中的"开始"图标，再单击"Advanced Design System 2023 Update 1"，显示 ADS 2023 启动界面，如图 1-2 所示，稍后自动弹出图 1-3 所示的"Advanced Design System 2023 Product Selection（选择产品许可证）"对话框，选择"Place holder EMI bundle for Europe"选项，将该产品许可证作为默认，单击"OK（确定）"按钮，关闭对话框。

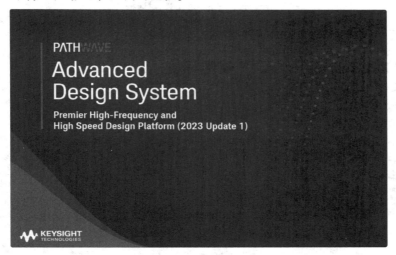

图 1-2　ADS 2023 的启动界面

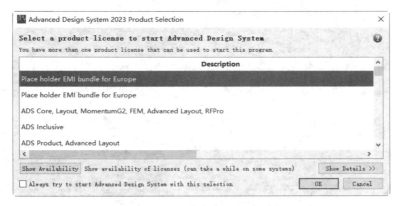

图 1-3　选择产品许可证对话框

若勾选"Always try to start Advanced Design System with this selection（总是使用这个选项启动 ADS）"复选框，在启动软件时，将跳过该对话框，直接选择上面选择的产品许可证启动软件。

弹出 ADS 主窗口"Advanced Design System 2023 Update 1(Main)"，以及"Get Started（启动）"对话框，如图 1-4 所示。若勾选"Don't show this again. I'm familiar with ADS.（不再显示，我熟悉 ADS）"复选框，则启动软件后将不再显示该界面。

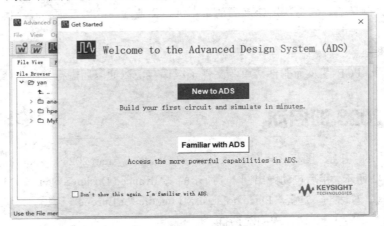

图 1-4　"Get Started"对话框

下面来简单了解一下 ADS 2023 的几种具体的视图环境。

1.4.1　ADS 2023 的 Schematic 视图环境

图 1-5 所示为 ADS 2023 的 Schematic 视图环境。

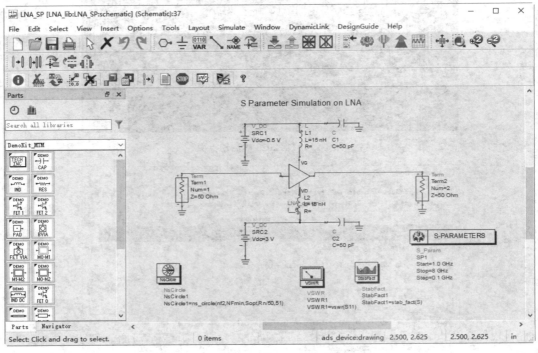

图 1-5　ADS 2023 的 Schematic 视图环境

1.4.2　ADS 2023 的 Layout（布局）视图环境

图 1-6 所示为 ADS 2023 的 Layout 视图环境。

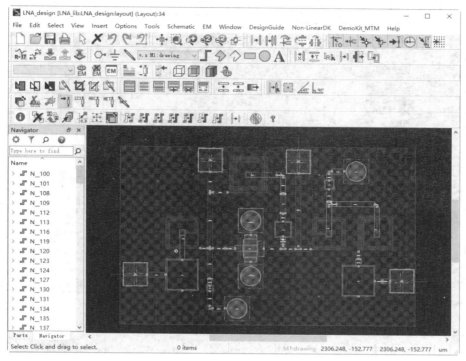

图 1-6　ADS 2023 的 Layout 视图环境

1.4.3　ADS 2023 Symbol（符号）编辑视图环境

图 1-7 所示为 ADS 2023 的 Symbol 编辑视图环境。

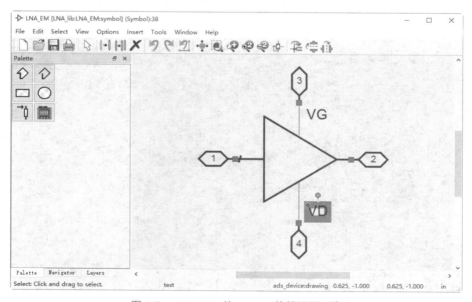

图 1-7　ADS 2023 的 Symbol 编辑视图环境

1.4.4 ADS 2023 Simulation（仿真结果）显示环境

图 1-8 所示为 ADS 2023 的 Simulation 显示环境。

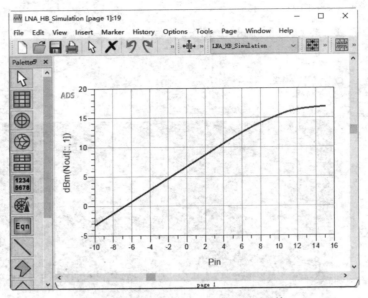

图 1-8　ADS 2023 的 Simulation 显示环境

第 2 章

Workspace 的管理

内容指南

在 ADS 中，每个电路设计的第一步都是生成工程，一个工程由一组 Cell（设计单元）构成，这些设计单元的输出定义了一个独立的可执行方案。

ADS 支持多种不同用途的工程，本章详细介绍如何管理工程，包括 ADS 工程文件的种类和 ADS 工程文件的基本操作。

2.1 ADS 文件结构

ADS 2023 支持工程级别的文件管理，在一个工程文件里包括在电路设计中生成的一切文件。可以将电路原理图文件、设计中生成的各种报表文件及元器件的集成库文件等放在同一个工程文件中，便于进行文件管理。

在 ADS 中，一个完整的电路系统包括 4 层基本结构，即 Workspace（工作空间）→Library（库）→Cell→View（视图窗口），如图 2-1 所示。

- Workspace 用于组织和管理 ADS 的整个设计文件，通常以"_wrk"结尾。

- Library 通常以"_lib"结尾，Workspace 一般链接使用电路系统自带的库，如".defs"，保存在 Workspace 目录下。

- Cell 是设计的最小单位，完整名称是 library:cell，如 lib1:cell_1 和 lib2:cell_1 是两个不同的设计。一个复杂的 Cell 可以包含其他的 Cell。

- View 包括 Schematic、Layout、Symbol、emModel 等。

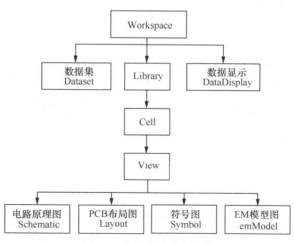

图 2-1 电路系统基本结构

在上面的结构图中，一个 Library 下可以有多个 Cell，而在一个 Cell 下可以有多个 View，如图 2-2 所示。

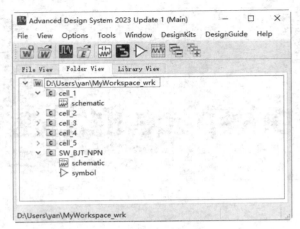

图 2-2　ADS 文件结构示意

2.2 ADS 2023 工程窗口

　　ADS 工程窗口也被称为主窗口，为设计电路系统提供了快速、精确、简单易用的全套集成系统、电路和 EM 仿真器，用户友好的操作界面及智能化技术带来的高性能为电路设计者提供了更优质的服务。

2.2.1 主窗口

　　ADS 2023 成功启动后，便可进入主窗口"Advanced Design System 2023 Update 1(Main)"，如图 2-3 所示。用户可以使用该窗口进行工程文件的操作，如创建新工程、打开文件等。

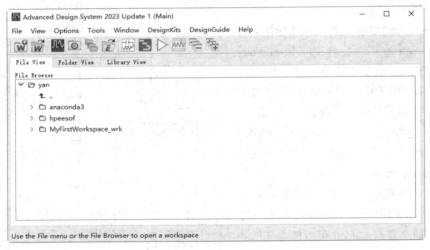

图 2-3　启动 ADS 2023 的主窗口

　　主窗口类似于 Windows 操作系统的界面风格，它主要包括 4 个部分，分别为菜单栏、工具栏、工作窗口、工作面板、状态栏。

2.2.2 菜单栏

　　菜单栏包括 File（文件）、View（视图）、Options（选项）、Tools（工具）、Window（窗口）、

DesignKits（设计库）、DesignGuide（设计向导）、Help（帮助）这 8 个菜单。

1. File 菜单

该菜单的主要功能是进行工程文件和电路原理图文件的建立、打开、保存等操作，如图 2-4 所示，各菜单项部分常用功能说明如下。

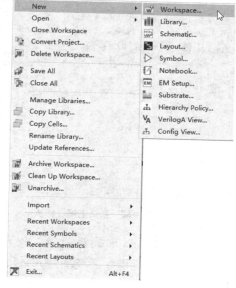

图 2-4　File 菜单

- New：新建各种文件，包括 Workspace 文件、Library 文件、Schematic 文件、Layout 文件、Symbol 文件、Notebook（备注文件）、EM Setup（EM 设置文件）、Substrate（基板文件）、Hierarchy Policy（层级策略文件）、VerilogA View（VerilogA 视图文件）、Config View（配置视图文件）。
- Open：打开一个已经存在的工程文件或各种编辑文件。
- Close Workspace：关闭工程文件。
- Convert Project：将工程文件从 Project 文件（.prj）转换为 Workspace 文件（.wrk）。
- Delete Workspace：删除工程文件。
- Save All：保存所有打开的工程文件和电路原理图。
- Close All：关闭所有打开的工程文件和电路原理图。
- Manage Libraries：库管理器。
- Copy Library：复制库。
- Copy Cells：复制设计文件。
- Rename Library：库文件重命名。
- Update References：更新引用。
- Archive Workspace：将工程文件存档。从 ADS 2014 开始，习惯对一个设计好的工程所包含的文件进行导出归档，输出为一个.7zads 格式的文件。
- Clean Up Workspace：清理工程文件。
- Unarchive：取消工程文件存档，将.7zads 格式的文件用类似解压缩的方式打开。
- Import：将文件导出为其他软件默认的文件格式。
- Exit：退出 ADS。
- Recent Workspaces：列出了最近打开的工程文件，在这里可以很方便地打开最近打开过的工程文件，可对它们继续进行操作。

2. View 菜单

该菜单的主要功能是管理主窗口的外观和显示内容，如图 2-5 所示，各项功能的介绍分别如下。

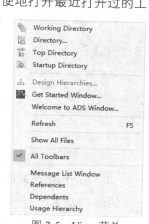

图 2-5　View 菜单

- Working Directory：在文件浏览区（File Browser）和工程管理区内显示工程文件夹和工程中的各个电路原理图文件，如图 2-6 所示。
- Directory：选择在文件浏览区内显示的目录。
- Top Directory：在文件浏览区内显示 "This Computer（此计算机）" 下所有的磁盘，如图 2-7 所示。
- Startup Directory：在文件浏览区内显示用户默认目录。
- Design Hierarchies：在 Usage Hierarchy 窗口中执行 "Change level of

detail（更改细节层次）"操作。
- Get Started Window：打开"Get Started"窗口。
- Welcome to ADS Window：打开"Get Started"→"Welcome to the Advanced Design System（ADS）"窗口。

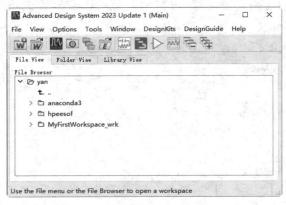
图 2-6　显示工程文件夹

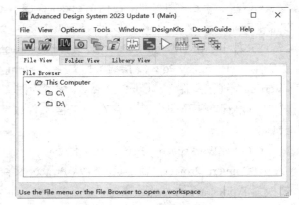
图 2-7　显示顶层文件路径

- Refresh（F5）：刷新。
- Show All Files：在文件浏览区内展开 wrk 工程文件夹，显示当前工程中所有类型的文件和文件夹。
- All Toolbars：显示工具栏。
- Message List Window：打开"Message List"窗口，如图 2-8 所示，用于显示错误和警告信息。
- References：打开"References"窗口，如图 2-9 所示。

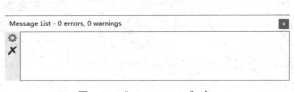
图 2-8　"Message List"窗口

图 2-9　"References"窗口

- Dependents：打开"Dependents（因变量）"窗口，如图 2-10 所示。
- Usage Hierarchy：打开"Usage Hierarchy"窗口，如图 2-11 所示。

图 2-10　"Dependents"窗口

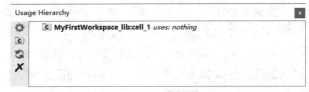
图 2-11　"Usage Hierarchy"窗口

3. Options 菜单

该菜单主要是对 ADS 系统进行各种设置，如图 2-12 所示，各个菜单项功能的介绍如下。
- Preferences：设置 ADS 的各种参数。

- Hot Key/Toolbar Configuration：快捷键和工具栏设置。
- Work Flow Configuration：弹出 "Work Flow Configuration" 对话框，设置工作流。
- Technology：显示技术文件相关命令。Library 文件有专属的 Technology File（技术文件），记录关于层数、层颜色、布线分辨率、单位等设定。

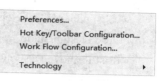

图 2-12　Options 菜单

4．Tools 菜单

该菜单主要是对 ADS 系统进行各种设置管理，如图 2-13 所示，各个菜单项功能的介绍如下。

- Configuration Explorer：查看或设置 ADS 软件的安装信息、用户信息和工程信息等基本信息。

图 2-13　Tools 菜单

- Start Recording Macro：打开一个宏记录。
- Stop Recording Macro：关闭一个宏记录。
- Playback Macro：重新打开一个宏记录。
- Check Workspace：检查工程。
- Search Workspace for References：搜索相关工程文件。
- Text Editor：打开写字板程序。
- Command Line：打开命令行窗口。
- App Manager：ADS 应用程序功能和用户插件管理。
- License Manager：ADS 的许可相关信息。
- Build ADS analogLib：构建 ADS 模拟库。

5．Window 菜单

该菜单主要是对 ADS 各窗口进行管理，如图 2-14 所示，各个菜单项功能的介绍如下。

- New Schematic：打开一个新的电路原理图设计窗口。
- New Layout：打开一个新的 PCB 设计窗口。
- New Symbol：打开一个新的元器件符号设计窗口。
- New Data Display：打开一个新的数据显示窗口。
- Open Data Display：打开一个已经存在的数据显示窗口。
- Simulation Status：打开仿真状态窗口。
- Hide All Windows：隐藏所有窗口。
- Show All Windows：显示所有窗口。

图 2-14　Window 菜单

- 1. Main Window：显示已经打开的窗口，可以很方便地选择需要打开的窗口。

6．DesignKits 菜单

该菜单主要是对设计包进行管理，包括安装、删除等，如图 2-15 所示，各个菜单项功能的介绍如下。

- Unzip Design Kit：解压安装新的设计包。
- Manage Favorite Design Kits：管理收藏的设计包。
- Manage Libraries：管理库。

图 2-15　DesignKits 菜单

7．DesignGuide 菜单

该菜单主要针对不同的应用向使用者提供不同的设计向导，如图 2-16 所示。

- DesignGuide Developer Studio：设计向导开发命令。
- Add DesignGuide：添加设计向导。
- List/Remove DesignGuide：列出/移除设计向导。
- Preferences：显示设计向导的属性。

8. Help 菜单

该菜单主要用于打开 ADS 帮助窗口，如图 2-17 所示，针对不同的应用定位具体的主题位置，具体命令的介绍，这里不再赘述。

图 2-16　DesignGuide 菜单　　　　　　　　　　图 2-17　Help 菜单

2.2.3　工具栏

ADS 工具栏只有一组，包含 12 个按钮，如图 2-18 所示。

图 2-18　工具栏

- "Create A New Workspace"按钮 ：新建一个工程文件。
- "Open A Workspace"按钮 ：打开已存在的工程文件。
- "Show the Get Started Window"按钮 ：打开"Get Started"对话框。
- "View Startup Directory"按钮 ：在文件浏览区中查看默认目录。
- "View Current Working Directory"按钮 ：在文件浏览区中查看当前工程目录。
- "Open An Example Workspace"按钮 ：在文件浏览区中查看 ADS 自带的实例目录。
- "New Schematic Window"按钮 ：新建电路原理图。
- "New Layout Window"按钮 ：新建布局图。
- "New Symbol Window"按钮 ：新建元器件符号图。
- "New Data Display Window"按钮 ：新建数据显示窗口。
- "Hide All The Windows"按钮 ：隐藏所有窗口。
- "Show All The Windows"按钮 ：显示所有窗口。

2.3　工程视图

打开 ADS 2023，主窗口显示的是 3 个视图标签页，用于显示文件、工程和库的目录。

2.3.1　File View（文件视图）

在文件浏览区中可以浏览用户存储文件的目录文件夹，并从中打开已经存在的工程文件，如图 2-19 所示。

在文件浏览区中可以方便地查找某个工程，也可以方便地查看指定工程的工程目录。如果用户想通过文件浏览区查看所有的文件，可以选择菜单栏中的"View"→"Show All Files（显示所有文件）"命令，结果如图 2-20 所示。

用户进入子目录后，单击向上的箭头图标 **t.**，可以返回上一级目录。

 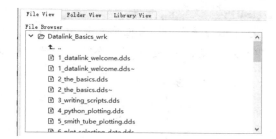

图 2-19　文件浏览区　　　　　　　　　　图 2-20　查看所有的文件

2.3.2　Folder View（文件夹视图）

显示当前打开工程的层次结构，方便对工程中的文件进行管理，如图 2-21 所示。

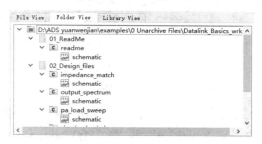

图 2-21　显示工程的层次结构

2.3.3　Library View（库视图）

显示当前打开工程中库的层次结构，方便对不同的库进行管理，如图 2-22 所示。

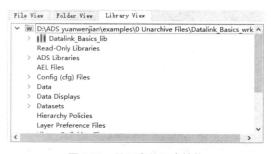

图 2-22　显示库的层次结构

2.4　工程文件管理

ADS 2023 为用户提供了一个十分友好且宜用的设计环境，它打破了传统的 EDA 设计模式，采用了以工程为中心的设计环境。

进行电路原理图、PCB 布局图的设计之前需要首先新建一个工程（工程文件夹）。ADS 使用 Workspace 来管理相关工程文件及属性。新建工程的同时，ADS 会自动创建相关的数据链接文件。

2.4.1 新建工程

在主窗口界面中，选择菜单栏中的"File"→"New"→"Workspace"命令，或单击工具栏中的"Create A New Workspace"按钮，弹出"New Workspace（新建工程）"对话框，如图 2-23 所示。

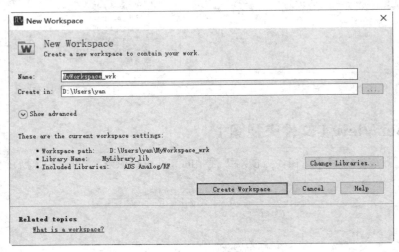

图 2-23 "New Workspace"对话框

（1）Name（名称）：输入工程文件名称，名称中不能有中文，尽量使用英文，否则在保存文件时可能出现错误。一般名称由"XXX_wrk"组成，如"MyWorkspace_wrk"。

（2）Create in（路径）：单击右侧的"…"按钮，弹出"Create Workspace"对话框，如图 2-24 所示。单击"选择文件夹"按钮，选择工程文件路径。

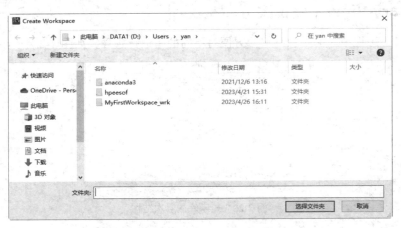

图 2-24 "Create Workspace"对话框

（3）Show advanced（显示高级选项）：单击该选项，展开下面的高级选项。单击"Hide advanced（隐藏高级选项）"选项，收起展开的高级选项。

① Library Name：设置工程文件中的库名称，如"MyLibrary_lib"。

② Technology Interoperability：技术操作设置。

• Use technology compatible with ADS only：只使用与 ADS 兼容的技术，默认选择该选项。

• Use technology compatible with other IC tools：使用与其他 IC 工具兼容的技术。

（4）"Change Libraries（更改库）"按钮：单击该按钮，弹出"ADS"对话框，选择库，如图 2-25 所示。

完成设置后，单击"Create Workspace"按钮，新建一个工程文件夹"MyWorkspace_wrk"，该文件夹下包含库文件夹"MyLibrary_lib"。同时，在"File View"标签页下显示工程的文件结构，如图 2-26 所示。

图 2-25　"ADS"对话框

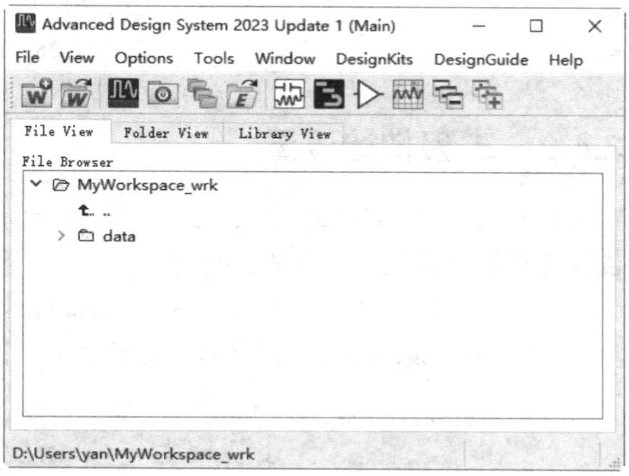

图 2-26　新建工程的文件结构

2.4.2　打开工程

在主窗口界面中，选择菜单栏中的"File"→"New"→"Workspace"命令，或单击工具栏中的"Open A Workspace"按钮 ，弹出"Open Workspace"对话框，如图 2-27 所示。选择将要打开的文件夹"MyWorkspace_wrk"，单击"选择文件夹"按钮，将其打开，在主窗口中显示打开的工程文件夹，如图 2-28 所示。

图 2-27　"Open Workspace"对话框

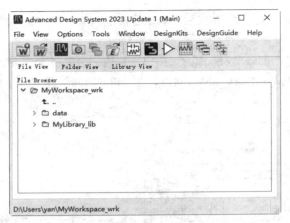

图 2-28　打开工程文件夹

2.4.3　工程初始设置

ADS 中的 Technology 中包含了当前 Workspace 下的 Cell，都要遵循的基本参数，这些参数是在创建工程时需要最先设置的。

选择菜单栏中的"Options"→"Technology"→"Technology Setup（技术设置）"命令，系统打开"Technology Setup"对话框，如图 2-29 所示。

图 2-29　"Technology Setup"对话框

（1）"View Technology for this Library（查看该库的技术）"下拉列表

在下拉列表中选择需要编辑的库。一次只能编辑一个库的信息。默认选择的是当前工程中的库"MyLibrary_lib"，该库在创建工程时已经定义了。

（2）"Show Other Technology Tabs（显示其他技术标签页）"按钮

默认显示 2 个标签页，单击该按钮，显示其他技术标签页。

（3）"Referenced Libraries（参考库）"标签页

在该标签页中显示参考库，在下方显示错误信息，未定义布局图的分辨率和布局单位。创建布局单元和定义布局图分辨率很重要，应该在创建布局图之前完成，否则容易报错。

① "Referenced Libraries" 列表框：在该列表框中显示添加的参考库，一般选择系统内置的库。

② "Add Referenced Library（添加参考库）" 按钮：添加参考库。单击该按钮，弹出 "Add Referenced Library" 对话框，如图 2-30 所示，显示可能需要引用的库，显示库是否具有布局单元、布局分辨率、布局层和原理图层。

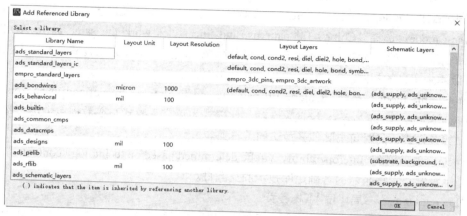

图 2-30   "Add Referenced Library" 对话框

③ "Remove Referenced Library" 按钮：单击该按钮，移除参考库。

④ "Show Advanced Options（显示高级选项）" 按钮。

单击该按钮，显示隐藏的高级选项，如图 2-31 所示。

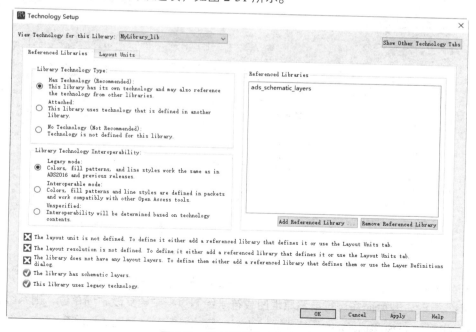

图 2-31   显示隐藏的高级选项

a. "Library Technology Type" 选项组：设置需要编辑的库的技术类型。

- Has Technology (Recommended)：选择"This library has its own technology and may also reference the technology from other libraries."选项，可以使用、编辑库中本身的技术，也可以参考其他库中的技术，或者由两个库中技术组合的技术参数。

- Attached：选择"This library uses technology that is defined in another library."选项，使用另一个库中定义的技术。

- No Technology (Not Recommended)：选择"Technology is not defined for this library."选项，未定义技术。不推荐选择该选项，该选项一般用于布局图。

b. "Library Technology Interoperability"选项组：选择库技术交互性模式。

- Legacy mode：选择"Colors, fill patterns, and line styles work the same as in ADS2016 and previous releases."选项，此模式为遗留模式，库的颜色、填充图案和线条样式与在 ADS 2016 和更早的 ADS 版本中定义的相同。

- Interoperable mode：选择"Colors, fill patterns and line styles are defined in packets and work compatibly with other Open Access tools."选项，此模式为可交互模式，在数据包中定义库的颜色、填充图案和线条样式，同时可与其他开放访问工具兼容。

- Unspecified：选择"Interoperability will be determined based on technology contents."选项，此模式为未指定模式，根据技术内容确定库技术的交互性。

（4）"Layout Units（布局单位）"标签页

在该标签页中设置布局单位和分辨率，如图 2-32 所示。布局单元和分辨率决定了在布局中进行更改的最小坐标，以及在布局中可用的最大坐标。

图 2-32　"Layout Units"标签页

- "Enable Units"复选框：勾选该复选框，进行布局单位更改，一般设置为"mil"。设定布局单位以后不能更改，若后面在进行电路原理图或符号绘制过程中再更改布局单位，则系统会报错。

- "Enable Database Resolution"复选框：勾选该复选框，定义布局图的分辨率。数值一般为 1 000。

- "Enable Manufacturing Grid"复选框：勾选该复选框，启用制造网格，制造网格是工具允许的最小刻度。

2.5 操作实例——创建串联谐振电路工程文件

在由电阻、电感及电容所组成的电路中，如果调节电路元器件的参数或电源频率，使电路两端的电压与其中电流相位相同，则整个电路呈现为纯电阻性，把电路的这种状态称为谐振。谐振电路在电子或者电力工程中应用比较多，常见的谐振电路有串联谐振电路和并联谐振电路。

本节创建串联谐振电路工程文件，同时在工程下创建用途不同的电路原理图和布局图，操作步骤如下。

① 启动 ADS 2023，打开主窗口界面。选择菜单栏中的 "File" → "New" → "Workspace" 命令，或单击工具栏中的 "Create A New Workspace" 按钮 🗔，弹出 "New Workspace" 对话框，输入工程名称 "Resonant_Circuit_wrk"，勾选 "Set up layout technology immediately after creating the library（在创建库文件后设置布局技术）" 复选框，如图 2-33 所示。

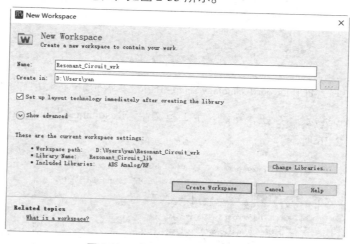

图 2-33 "New Workspace" 对话框

② 单击 "Create Workspace" 按钮，弹出 "Choose Layout Technology（选择布局技术）" 对话框，默认选择 "Create PCB Technology（创建 PCB 技术）" 选项，如图 2-34 所示。

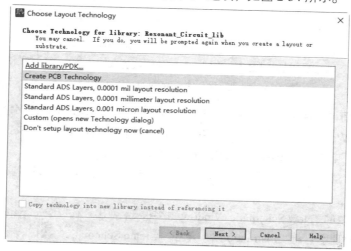

图 2-34 "Choose Layout Technology" 对话框

③ 单击"Next（下一步）"按钮，弹出"PCB Layout Technology Setup-Basic（基本布局技术设置）"对话框，设置布局图的基本参数，包括 Layout units、Layout resolution（层分辨率）、Metallayers（金属层）。本例选择默认参数，如图 2-35 所示。

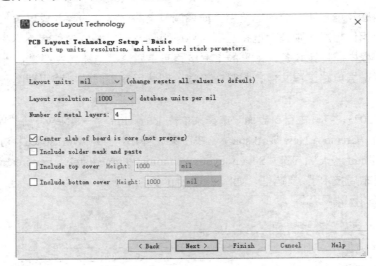

图 2-35　"PCB Layout Technology Setup - Basic（基本布局技术设置）"对话框

④ 单击"Finish（完成）"按钮，新建一个工程文件"Resonant_Circuit_wrk"，该文件包含一个布局基板文件，如图 2-36 所示。

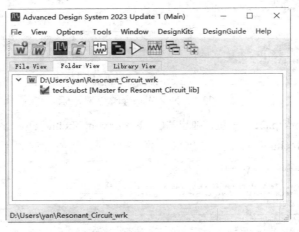

图 2-36　创建工程文件"Resonant_Circuit_wrk"

⑤ 在主窗口界面中，选择菜单栏中的"File"→"New"→"Schematic"命令，或单击工具栏中的"New Schematic Window（新建一个电路原理图）"按钮，弹出"New Schematic"对话框，在"Cell"文本框内输入电路原理图名称"Series_Circuit"，如图 2-37 所示。

⑥ 单击"Create Schematic"按钮，在当前工程文件夹下，创建电路原理图文件"Series_Circuit"，如图 2-38 所示。

⑦ 单击工具栏中的"New Schematic Window"按钮，弹出"New Schematic"对话框，在"Cell"文本框内输入电路原理图名称"Instructions"，单击"Create Schematic"按钮，在当前工程文件夹下，创建电路原理图文件"Instructions"，如图 2-39 所示。

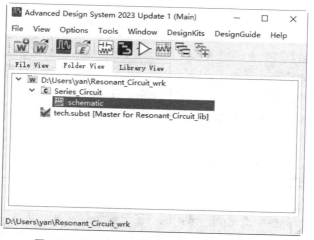

图 2-37　"New Schematic" 对话框

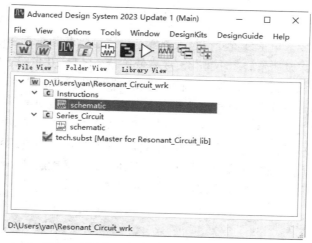

图 2-38　新建电路原理图文件 "Series_Circuit"

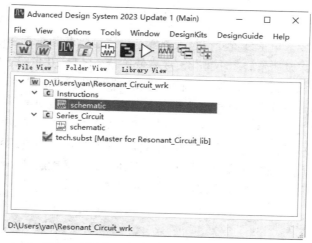

图 2-39　新建电路原理图文件 "Instructions"

⑧ 单击 "Basic" 工具栏中的 "Save" 按钮，保存工程文件结果。

第3章

元器件的管理

内容指南

元器件是电路设计的基石，如果没有元器件，电路设计便只是纸上空谈。在电子元器件技术不断更新的环境中，丰富的已有元器件库资源依旧难以满足日益更新的电路图设计要求。

ADS 有别于一般电气设计软件，根据工程的需要，建立基于元器件库的工程文件。为了在以后的电路图设计中能更加方便、快速地调入元器件、管理工程文件，用户可通过 APS 自行制作特定的元器件。

3.1 电子元器件

电子元器件是电子产品的组成基础，常用的电子元器件有电阻、电容、电感、电位器、变压器等。电子元器件是小型机器、仪器的组成部分，其本身常由若干零件构成，可以在同类产品中通用。

3.1.1 电子元器件分类

由于社会发展的需要，电子装置变得越来越复杂，这也要求电子装置必须具有可靠性、运行速度快、消耗功率小，以及质量轻、小型化、成本低等特点。自 20 世纪 50 年代集成电路（IC）的设想被提出后，由于材料技术、器件技术和电路设计等综合技术的进步，在 20 世纪 60 年代人们研制成功了第一代集成电路。在半导体发展史上，集成电路的出现具有划时代的意义——它的诞生和发展推动了通信技术和计算机的进步，使科学研究各个领域及工业社会的结构发生了历史性变革。这些更为先进的技术又进一步促使更高性能、更廉价的集成电路的出现。对电子元器件来说，体积越小，集成度越高；响应时间越短，计算处理的速度就越快；传送频率就越高，传送的信息量就越大。半导体工业和半导体技术被称为现代工业的基础，同时也已经发展成为一个相对独立的高科技产业。

1. 元器件

工厂在加工时没改变原材料分子成分的产品被称为元器件，元器件属于不需要能源的器件。它包括电阻、电容、电感。

元器件可分为以下两类。

（1）电路类元器件：二极管、电阻等。

（2）连接类元器件：连接器、插座、连接电缆、PCB。

2. 器件

工厂在生产加工时改变了原材料分子结构的产品被称为器件。

器件可分为以下两类。

（1）主动器件：它的主要特点是自身消耗电能，需要外界电源。

（2）分立器件：被分为双极性晶体三极管、场效应晶体管、晶闸管、半导体电阻电容。

下面简单介绍不同的元器件。

① 电阻

电阻在电路中可用 R 与数字的组合表示，如 R1 表示编号为 1 的电阻。电阻在电路中的主要作用为分流、限流、分压、偏置等。

② 电容

电容在电路中一般用 C 与数字的组合表示，如 C13 表示编号为 13 的电容。电容是由紧靠的两片中间用绝缘材料隔开的金属膜而组成的元器件。电容的特性主要是"隔直流、通交流"。

电容的容量大小表示能贮存电能的大小，电容对交流信号的阻碍作用被称为容抗，它与交流信号的频率和电容量有关。

③ 晶体二极管

晶体二极管在电路中常用 D 与数字的组合表示，如 D5 表示编号为 5 的晶体二极管。

二极管的主要特性是单向导电性，也就是说，在正向电压的作用下，导通电阻很小；而在反向电压的作用下，导通电阻极大或无穷大。

因为二极管具有上述特性，在无绳电话机中常把它用在整流、隔离、稳压、极性保护、编码控制、调频调制和静噪等电路中。

④ 电感

电感在电子制作中虽然使用不多，但在电路中同样重要。电感和电容一样，也是一种储能元器件，它能把电能转变为磁场能，并在磁场中储存能量。电感用 L 表示，它的基本单位是亨利（H），常以毫亨（mH）为单位。它经常和电容一起工作，构成 LC 滤波器、LC 振荡器等。另外，利用电感的特性，还可制造阻流圈、变压器、继电器等。

⑤ 继电器

继电器具有控制系统（又称"输入回路"）和被控制系统（又称"输出回路"），通常应用于自动控制电路中，它实际上是用较小的电流去控制较大电流的一种"自动开关"。故在电路中起着自动调节、安全保护、转换电路等作用。

⑥ 三极管

三极管在中文含义里面只是对拥有 3 个引脚的放大元器件的统称，而我们在电路中使用的三极管，对应 Triode。

⑦ 连接器

连接器，亦称作连接件、接头，一般是指电连接器，即连接两个有源元器件的元器件，传输电流或信号。

⑧ 电位器

用于分压的可变电阻。在裸露电阻体上的电子元器件，紧压着一至两个可移动金属触点。根据触点位置确定电阻体任一端与触点间的阻值。

⑨ 传感器

传感器能感受被测量的信息，并按照一定规律转换成可用信号的元器件或装置，通常由敏感元器件和转换元器件组成。

⑩ 电声器件

电声器件指电能和声能相互转换的器件，它是利用电磁感应、静电感应或压电效应等来完成电声转换的，包括扬声器、耳机、传声器、唱头等。

3. 集成电路

集成电路是一种采用特殊工艺，将晶体管、电阻、电容等元器件集成在硅基片上而形成的具有一定功能的器件，又称芯片。

（1）模拟集成电路是指将电容、电阻、晶体管等元器件集成在一起用来处理模拟信号的电路。有许多的模拟集成电路，如集成运算放大器、比较器、对数放大器、指数放大器、模拟乘（除）法器、锁相环、电源管理芯片等。模拟集成电路的主要构成电路有放大器、滤波器、反馈电路、基准源电路、开关电容电路等。模拟集成电路的设计主要是通过有经验的设计师进行手动的电路调试、模拟而得到的，与此相对应的数字集成电路设计，大部分是通过使用硬件描述语言在 EDA 软件的控制下自动综合产生。

（2）数字集成电路是指将元器件和连线集成于同一半导体芯片上而制成的数字逻辑电路或系统。根据数字集成电路包含的门电路或元器件数量，可将数字集成电路分为小规模集成电路（SSI）、中规模集成电路（MSI）、大规模集成电路（LSI）、超大规模集成电路（VLSI）和特大规模集成电路（ULSI）。

① 小规模集成电路包含 10 个以内门电路，或不超过 100 个元器件；

② 中规模集成电路包含 11 ~ 100 个门电路，或 101 ~ 1 000 个元器件；

③ 大规模集成电路包含 101 个以上门电路，或 1 001 ~ 10 000 个元器件；

④ 超大规模集成电路包含 10 000 个以上门电路，或 10 001 ~ 100 000 个元器件；

⑤ 特大规模集成电路包含的元器件数在 100 000 ~ 1 000 000。它包括基本逻辑门、触发器、寄存器、译码器、驱动器、计数器、整形电路、可编程逻辑器件、微处理器、单片机、DSP 等。

3.1.2　电子元器件类型定义

很多的 ADS 用户，特别是新用户，对这三者［PCB 封装、CAE（计算机辅助工程）原理图符号和元器件类型］非常容易混淆，辨别方法是，记住 PCB 封装和 CAE 封装只是一个具体的封装，不具有任何电气特性，它是元器件类型的一个组成部分，是元器件类型在设计中的一个实体表现。所以当建立好一个 PCB 封装或者 CAE 封装时，千万别忘了指明该封装所属元器件类型。元器件既可在原理图库中创建，也可以在 PCB 库中创建。

PCB 封装是一个实际零件在 PCB 上的引脚图形，如图 3-1 所示，有关这个引脚图形的相关资料都存放在库文件 XXX.PcbLib 中，它包含各个引脚之间的间距及每个引脚在 PCB 各层的参数、元器件外框图形、元器件的基准点等信息。所有的 PCB 封装只能在 ADS 的封装库中建立。

CAE 封装是零件在原理图中的一个电子符号，如图 3-2 所示。有关它的资料都存放在库文件 XXX.SchLib 中，这些资料描述了这个电子符号各个引脚的电气特性及外形等。CAE 封装只能在原理图库编辑器中建立。

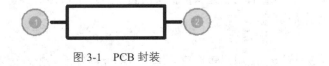

图 3-1　PCB 封装

图 3-2　CAE 封装

元器件类型在库管理器中用元器件图标来表现，它不像 PCB 封装和 CAE 封装那样每一个封装名都有唯一的元器件封装与其对应，而元器件类型是一个类的概念，所以在 ADS 中称它为元器件类型。

对于元器件封装，ADS 巧妙地使用了这种类的管理方法来管理同一个类型的元器件存在多种封装的情况。在 ADS 中，一个元器件类型（也就是一个类）可以最多包含 4 种不同的 CAE 封装和 16 种不同的 PCB 封装，当然这些封装的优先权各不同。

3.2 常用元器件库和元器件参数

ADS 中的元器件库以元器件种类（如集总参数元器件库、信号源元器件库、仿真控件元器件库、滤波器元器件库等）进行分类。下面介绍几种在电路设计中常用的元器件库及常用元器件参数。

3.2.1 集总参数元器件库

集总参数元器件是指这样一类组成电路模型的元器件，它是能反映实际电路中元器件主要物理特征的理想元器件，同时电路中的元器件在工作过程中还与电磁现象有关。

在元器件库 Lumped-Components 和 Lumped-With Artwork 中列出了各种集总参数元器件，包含各种形式的电阻、电感、电容以及上述元器件组合而成的集总参数元器件等，这些元器件除可以设置电阻值、电感值和电容值等外，还可以设置品质因数（Q 值）、温度等参数。这两个元器件库如图 3-3 所示，其中图 3-3（a）的元器件库面板上为未添加封装的集总参数元器件，图 3-3（b）的元器件库面板上为带有封装的集总参数元器件。

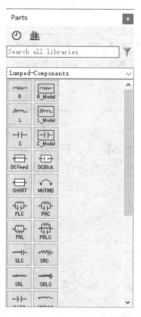

（a）Lumped-Components 元器件库面板　　　　（b）Lumped-With Artwork 元器件库面板

图 3-3　集总参数元器件库

常见的 3 种最基本的理想电路元器件有表示消耗电能的理想电阻元器件 R，表示储存电场能的理想电容元器件 C，表示储存磁场能的理想电感元器件 L。

当实际电路的尺寸远小于电路工作时电磁波的波长时，可以把元器件的作用集总在一起，用一个或有限个 R、L、C 来描述，这样的电路被称为集总参数电路。集总参数元器件是具有两个端钮的元器件，从一个端钮流入的电流等于从另一个端钮流出的电流，端点间的电压为单值量。

1. 电阻

电阻是电子电路中最基本、最常用的电子元器件。在电路中，电阻的主要作用是稳定和调节电路中的电流和电压，即起降压、分压、限流、分流、隔离、滤波等功能。

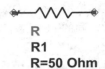

R
R1
R=50 Ohm

（1）一般电阻

一般电阻在电路图中用 R 表示，电路符号如图 3-4 所示，其主要参数见　图 3-4　电阻电路符号

表 3-1。

表 3-1　一般电阻参数

参数名称	参数说明	单位	默认值
R	电阻值	mΩ,Ω,kΩ,MΩ,GΩ	50
TEMP	温度	℃	25
Trise	电阻温度与外界温度之间的关系	℃	
Tnom	标称温度	℃	
TCl	线性温度系数	$℃^{-1}$	
TC2	二次温度系数	$℃^{-2}$	
Noise	是否产生噪声		是
wPmax	最大功率	pW、nW、μW、mW、W、kW、dBm、dBW	
wImax	最大电流	fA、pA、nA、MA、mA、A、kA	
Model	电阻模型实例名		
Width	物理宽度	μm、mm、cm、meter、mil、in、ft	
Length	物理长度	μm、mm、cm、meter、mil、in、ft	
_M	并联电阻个数		1
C	电容	F	0.0

（2）电阻模型

一般电阻模型在电路图中用 R_Model 表示，电路符号如图 3-5 所示，其主要参数见表 3-2（与一般电阻中相同的参数这里不再赘述）。

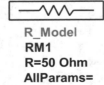

R_Model
RM1
R=50 Ohm
AllParams=

图 3-5　电阻模型电路符号

表 3-2　电阻模型参数

参数名称	参数说明	单位	默认值
Rsh	并联电阻	Ω	50
Narrow	蚀刻造成的长度和宽度变窄	℃	25

续表

参数名称	参数说明	单位	默认值
Scale (Scaler)	电阻比例系数		1
AllParams	基于 DAC 数据访问组件的参数		
Dw (Etch)	蚀刻造成的宽度变窄，以指定单位计量		
Dl (Etchl)	蚀刻造成的长度变窄，以指定单位计量		
Kf	闪烁噪声系数		0.0
Af	闪烁噪声电流指数		0.0
Wdexp	闪烁噪声 W 指数		0.0
Ldexp	闪烁噪声 L 指数		0.0
Weexp	闪烁噪声韦弗指数		0.0
Leexp	闪烁噪声左指数		0.0
Fexp	闪烁噪声频率指数		1.0
Coeffs	非线性电阻多项式系数		
Shrink	长度和宽度的收缩系数		1.0
Cap	默认寄生电容	F	0.0
Capsw	侧壁条纹电容	F/m	0.0
Cox	零偏压底部电容	F/m	0.0
Di	相对介电常数		0.0
Tc1c	电容的一阶温度系数	℃$^{-1}$	0.0
Tc2c	电容的二阶温度系数	℃$^{-2}$	0.0
Thick	介质厚度	m	0.0
Cratio	分配寄生电容的比率		0.5

2．电容

电容是具有一定储存电荷能力的元器件，它是由两个相互靠近的，中间夹着一层绝缘物质的导体构成的，是电子产品中必不可少的元器件。电容器具有"通交流、阻直流"的性能，常用于信号耦合，平滑滤波或谐振选频电路。

（1）一般电容

电路原理图中的一般电容用 C 表示，电路符号如图 3-6 所示，其主要参数见表 3-3。电容值的基本单位是法拉（F），简称法。常用单位还有毫法（mF）、微法（μF）、纳法（nF）、皮法（pF）。它们之间的换算关系是：$1F=10^3mF=10^6\mu F=10^9nF=10^{12}pF$。

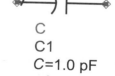

C
C1
C=1.0 pF

图 3-6 电容电路符号

表 3-3 电容参数

参数名称	参数说明	单位	默认值
C	电容值	F	1.0 pF
wBV	击穿警告电压	fV、pV、nV、μV、mV、V	
InitCond	瞬态分析初始状态		

（2）含 Q 值电容（CAPQ）

Q 值（品质因子）是衡量电容的重要指标，含 Q 值电容的电路符号如图 3-7 所示，其主要参数见表 3-4。

表 3-4　含 Q 值的电容参数

参数名称	参数说明	单位	默认值
C	电容值	F	1.0pF
Q	Q 值（品质因子） $$Q = \frac{2\pi FC}{G}$$		50.0
F	当前 Q 值时对应的工作频率，其中，$F>0$	MHz	100.0
Model	Q 值与频率的关系 Model=1：Q 值与频率成正比 Model=2：Q 值与频率平方成正比 Model=3：Q 值独立于频率		1
Alph	指数比例因子		

（3）直流阻塞电容

直流阻塞电容是用于在电路中隔掉直流成分的理想器件模型，其电路符号如图 3-8 所示，其主要参数见表 3-5。直流阻塞电容对暂态分析是非因果的，参数 C 和 L 通常用于暂态分析，且电容的值是有限值（默认为 1μF）。

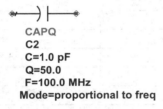

图 3-7　含有 Q 值的电容

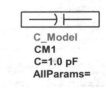

图 3-8　直流阻塞电容

表 3-5　直流阻塞电容参数

参数名称	参数说明	单位	默认值
C	电容值	fF、pF、nF、μF、mF	
Cj	单位面积电容		
Cjsw (Capsw)	侧壁或外围电容		

3．电感

电感是一种储能元器件，它可以把电能转换成磁场能并储存起来，当电流通过导体时，会产生电磁场，电磁场的大小与电流成正比。电感器就是将导线绕制成线圈的形状而制成的。

一般电感在电路图中用字母 L 表示，电路符号如图 3-9 所示，其主要参数见表 3-6。

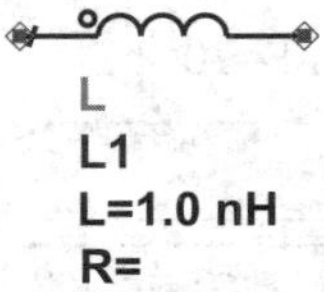

图 3-9　电感电路符号

表 3-6　一般电感参数

参数名称	参数说明	单位	默认值
L	电感值	fH、pH、nH、μH、mH	
R	串联电阻值	mΩ、kΩ、MΩ、GΩ	

3.2.2 传输线和分布参数元器件库

一般在研究分布参数电路时，常以具有两条平行导线且参数沿线均匀分布的传输线为研究对象，这种传输线被称为均匀传输线（均匀长线）。在射频电路中，传输线和分布参数元器件的作用是传输信号、连接元器件和达到匹配等。

射频电路和微波电路常用的元器件库包括"TLines-Ideal（理想传输线元器件库）""TLines-Microstrip（微带线元器件库）""TLines-Suspended Substrate（悬置微带线元器件库）""TLines-Printed Circuit Board（PCB 传输线元器件库）""TLines-Stripline（带状传输线元器件库）""TLines-Finline（鳍线传输线元器件库）""TLines-Waveguide（波导传输线元器件库）"和"TLines-Multilayer（多层传输线元器件库）"等。在这些元器件库中列出了各种传输线和分布参数元器件。

1. 理想传输线元器件库

理想传输线元器件是一种新的理想电路元器件，它具有恒定的瞬时阻抗和与之相关的时延这两个特殊属性。ADS 为各类理想传输线及分布参数元器件提供特性阻抗、使用频率和相移等参数，是传输线的理想形式，也是通用模型。

打开"TLines-Ideal"元器件库，显示 ADS 提供的各种理想传输线元器件，如图 3-10 所示。其中，包括理想两端口传输线、理想四端口传输线、理想耦合传输线、理想开路支节、理想短路支节、媒质参数的两端口传输线、四端口传输线、耦合传输线、开路支节、短路支节，还有三端口连接件和渐近线等元器件。

2. 微带线元器件库

微带线元器件及微带线分布参数元器件是射频电路中使用最多的元器件。

打开"TLines-Microstrip"元器件库，显示 ADS 提供的不同形状和特性的微带线模型、微带连接件模型和元器件模型，如图 3-11 所示。包括：微带线、耦合微带线等微带传输线模型；T 型结和十字结等微带连接件模型；开路支节和短路支节等终端元器件模型；各种适合微带线的电阻、电感和电容。

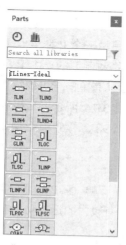

图 3-10　"TLines-Ideal"元器件库面板

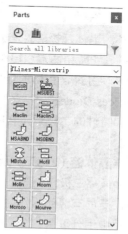

图 3-11　"TLines-Microstrip"元器件库面板

MSUB 参数元器件用来设置微带线基层的参数，只要在电路图中使用微带线，电路图中就一定出现 MSUB 参数元器件。

3．波导传输线元器件库

波导专指各种形状的空心金属波导管和表面波波导，用来传输无线电波。波导传输线在微波炉、雷达、通信卫星和微波无线电链路设备中用来连接微波发送器和接收机与它们的天线。

打开"TLines-Waveguide"元器件库，显示 ADS 提供的各种波导传输线元器件，如图 3-12 所示。在波导传输线元器件库中有共面波导元器件和金属波导元器件两类元器件。其中，共面波导元器件包括共面波导传输线元器件、共面波导终端器件和共面波导耦合器件等；金属波导元器件只有矩形金属波导，包括矩形金属波导传输线元器件和矩形金属波导终端器件等。

使用共面波导元器件时，首先需要设置基层，元器件库中的"CPW_Sub1"用来设置共面波导元器件的基层，"CPW_Sub1"的作用与微带线元器件库中的 MSUB 参数元器件的作用类似。

图 3-12　"TLines-Waveguide"元器件库面板

3.2.3　有源元器件库

电子元器件被分为有源元器件和无源元器件，也被称为主动元器件和被动元器件。电子元器件工作时，如果其内部有电源存在，则这种元器件被称为有源元器件；相反，电子元器件工作时，如果其内部没有电源存在，则这种元器件被称为无源元器件。

有源元器件是电子线路的核心，一切振荡、放大、调制、解调，以及电流变换都离不开有源元器件，有源元器件在射频电路放大器、振荡器和混频器等的设计中起着重要作用。常见的有源元器件库包括晶体管、集成电路等。

1．有源线性元器件库

有源线性元器件是指输出量和输入量成正比的有源元器件。打开"Devices-Linear"元器件库，显示二极管（贴片和封装）元器件、具有不同电流增益的三极管元器件和场效应管元器件等，如图 3-13 所示。

2．二极管元器件库

二极管又称为晶体二极管，是一种常见的半导体元器件。它是由一个 P 型半导体和 N 型半导体形成 PN 结，并在 PN 结两端引出相应的电极引线，再加上管壳密封制成的。由 P 区引出的电极被称为正极或阳极，由 N 区引出的电极被称为负极或阴极。二极管具有单向导电的特点。

打开"Devices-Diodes"元器件库，显示二极管元器件，如图 3-14 所示。二极管元器件库中有多种不同类型和特性的二极管元器件，包括 PN 结二极管模型、ADS 二极管模型等，可以在进行电路设计时选用。

3．双极结晶体管（BJT）元器件库

BJT 元器件又称三极管，通过一定的工艺将两个 PN 结结合在一起，有 PNP 和 NPN 两种组合结构，是使用最广泛的有源元器件之一，其成本低、工作频率高、有较大的运行功率容量，在当今射频和微波的应用中十分重要。

打开"Devices-BJT"元器件库，显示 BJT 元器件，如图 3-15 所示。BJT 元器件库中有 BJT 模型和多种不同类型和特性的 BJT 元器件。

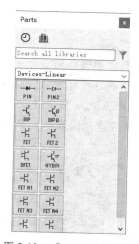

图 3-13 "Devices-Linear"
元器件库面板

图 3-14 "Devices-Diodes"
元器件库面板

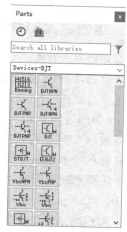

图 3-15 "Devices-BJT"
元器件库面板

4. 砷化镓晶体管元器件库

砷化镓晶体管元器件是指以化合物半导体 GaAs 为材料制成的晶体三极管，由于砷化镓的电子迁移率比硅高 6 倍，因此这种元器件具有能够实现更高的工作频率、高温和低温性能好、噪声小、抗辐射能力强等优点，成为超高速、超高频器件和集成电路的必需品。

打开"Devices-GaAs"元器件库，显示砷化镓晶体管元器件，如图 3-16 所示。

5. 结型场效应晶体管（JFET）元器件库

JFET 是利用沟道两边的耗尽层宽窄来改变沟道导电特性，并用来控制漏极电流的。JFET 有两种结构形式，它们是 N 沟道 JFET 和 P 沟道 JFET。

打开"Devices-JFET"元器件库，显示 JFET 元器件，如图 3-17 所示。

6. MOS（金属氧化物半导体）元器件库

MOS 元器件库包含一些以 MOS 为材料的绝缘栅场效应晶体管（IGFET），常被用于制作微电子元器件，广泛应用于各种电子设备中。

打开"Devices-MOS"元器件库，显示 MOS 元器件，如图 3-18 所示。

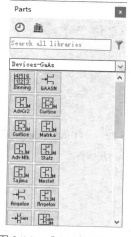

图 3-16 "Devices-GaAs"
元器件库面板

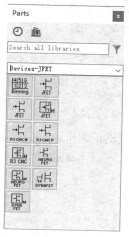

图 3-17 "Devices-JFET"
元器件库面板

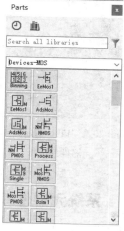

图 3-18 "Devices-MOS"
元器件库面板

3.2.4　滤波器元器件库

　　根据功能进行分类，ADS 中的滤波器元器件被分为低通滤波器元器件、高通滤波器元器件、带通滤波器元器件和带阻滤波器元器件；包括 Btrwrth（巴特沃思滤波器）、Chbshv（切比雪夫滤波器）、Elliptic（椭圆滤波器）、Bessel（贝塞尔滤波器）、Gauss（高斯滤波器）、RsdGos（升余弦滤波器）、PIZero（π型滤波器）、Plynom（多项式滤波器）、GMSK（高斯最小频移键控调制滤波器）、SAW（声表面波滤波器），这些滤波器元器件可以在进行系统级设计时选用，可以设置滤波器的中心频率和带宽等。

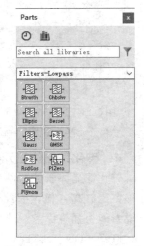

1. 低通滤波器元器件库

　　"Filters-Lowpass"元器件库中的元器件允许信号中的低频或直流分量通过，抑制高频分量或干扰、噪声，如图 3-19 所示。

2. 高通滤波器元器件库

　　"Filters-Highpass"元器件库中的元器件允许信号中的高频分量通过，抑制低频或直流分量，如图 3-20 所示。

3. 带通滤波器元器件库

　　"Filters-Bandpass"元器件库中的元器件允许一定频段的信号通过，抑制频率低于或高于该频段的信号、干扰和噪声，如图 3-21 所示。

4. 带阻滤波器元器件库

　　"Filters-Bandstop"元器件库中的元器件抑制一定频段内的信号，允许频率高于或低于该频段的信号通过，如图 3-22 所示。

图 3-19　"Filters-Lowpass"元器件库面板

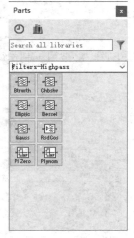

图 3-20　"Filters-Highpass"元器件库面板　　　　图 3-21　"Filters-Bandpass"元器件库面板　　　　图 3-22　"Filters-Bandstop"元器件库面板

3.2.5　系统元器件库

　　元器件库列表中的"System-Mod/Demod"元器件库、"System-PLL components"元器件库、"System-Passive"元器件库、"System-Switch&Algorithmic"元器件库、"System-Amps&Mixers"元

器件库、"System-Data Models"元器件库和"Tx/Rx Subsystems"元器件库属于系统元器件库（与下一段所述元器件库一一对应）。

在系统级仿真中，用户可以使用射频电路中的各种系统模型元器件进行仿真。ADS 列出了各种系统元器件库，包括调制与解调系统元器件库、锁相环系统元器件库、无源元器件系统元器件库、开关和运算系统元器件库、放大器和混频器系统元器件库、数据文件模型系统元器件库和收发子系统元器件库。

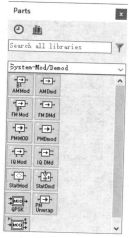

① 打开"System-Mod/Demod"元器件库，其中包含了各种调制与解调方式的元器件，包含幅度调制和解调、频率调制和解调、相位调制和解调、IQ 调制和解调、QPSK（四相移相键控）调制和 DOPSK 调制等，如图 3-23 所示。

② 打开"System-PLL components"元器件库，其中包含了在锁相环分析中经常用到的 VCO 等各种锁相环模型，如图 3-24 所示。

③ 打开"System-Passive"元器件库，其中给出了系统级的衰减器、平衡-不平衡转换器等无源电路，如图 3-25 所示。

④ 打开"System-Switch&Algorithmic"元器件库，其中包含了各种开关和运算电路元器件，如图 3-26 所示。

图 3-23　"System-Mod/Demod"元器件库面板

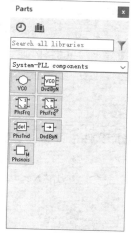

图 3-24　"System-PLL components"元器件库面板

图 3-25　"System-Passive"元器件库面板

图 3-26　"System-Switch&Algorithmic"元器件库面板

⑤ 打开"System-Amps&Mixers"元器件库，其中包含用于系统级仿真所需要的放大器模块和混频器模块等，如图 3-27 所示。

⑥ 打开"System-Data Models"元器件库，其中包含由数据文件定义的各种系统组成模块，如图 3-28 所示。

⑦ 打开"Tx/Rx Subsystems"元器件库，其中包含一个发射子系统、一个接收子系统和一个放大器模型，用于进行发射机和接收机系统分析，如图 3-29 所示。

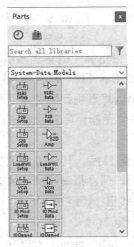

图 3-27　"System-Amps&Mixers"　　图 3-28　"System-Data Models"　　图 3-29　"Tx/Rx Subsystems"
元器件库面板　　　　　　　　　　元器件库面板　　　　　　　　　　元器件库面板

3.3 库管理

绘制自定义元器件符号时，用户可以在电路原理图文件中绘制，也可以在空白元器件符号文件中绘制。第一种方法绘制的元器件符号将专用于该电路原理图，第二种方法绘制的元器件符号可用于任何电路原理图，因此一般采用第二种方法绘制自定义元器件符号。

本节首先介绍创建库的方法，打开或新建一个元器件符号库文件，再新建一个元器件符号文件，即可进入元器件符号编辑器。

3.3.1 新建库文件

一个库文件类似于 Windows 操作系统中的"文件夹"，在元器件符号库文件中可以执行对元器件符号文件的各种操作，如新建、打开、关闭、复制与删除等。

在 ADS 2023 主窗口中，选择菜单栏中的"File"→"New"→"Library"命令，弹出"New Library（新建库）"对话框，如图 3-30 所示。

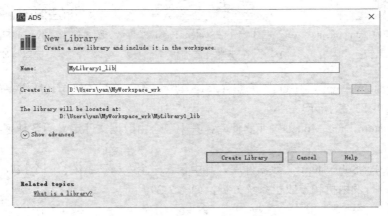

图 3-30　"New Library"对话框

下面介绍对话框中的选项。

• Name：输入新建的库名称，如"MyLibrary1_lib"。

• Create in：输入库所在的工程名称。

单击"Create Library"按钮，在"Library View"标签页中显示新建的库文件"MyLibrary1_lib"，如图 3-31 所示。此时，在源文件中的工程文件"MyWorkspace_wrk"下创建库文件夹"MyLibrary1_lib"，如图 3-32 所示。

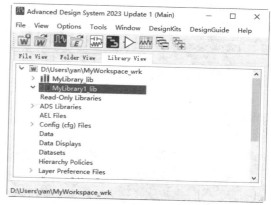

图 3-31　　"Library View"标签页

图 3-32　创建库文件夹

3.3.2　创建元器件符号文件

在需要绘制新元器件时，需要在库下创建一个新的元器件符号文件。

在 ADS 2023 主窗口中选择菜单栏中的"File"→"New"→"Symbol"命令，或单击"Basic（基本）"工具栏中的"New Symbol Window（新建符号窗口）"按钮▷，弹出图 3-33 所示"New Symbol"对话框。

下面介绍对话框中的选项。

• Library：显示符号图中使用的库，在该库下创建符号图。

• Cell：输入工程下的符号图名称，默认名称为"cell_1"。

• "Show advanced（显示高级选项）"按钮：单击该选项，展开下面的高级选项，如图 3-34 所示。

a. View：设置新建视图的类型，这里默认为 Symbol，表示创建符号图。

b. "Hide advanced（隐藏高级选项）"按钮：单击该选项，收起展开高级选项。

默认选择"Blank schematic（空白电路原理图）"，单击"Create Symbol"按钮，进入元器件符号编辑环境，如图 3-35 所示。同时自动打开"Symbol Generator（符号生成器）"对话框，可以根据参数生成符号，具体参数在后面章节中专门介绍，这里不再赘述。

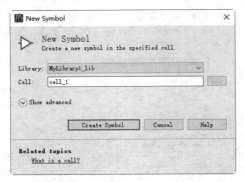

图 3-33　"New Symbol"对话框

图 3-34　展开下面的高级选项

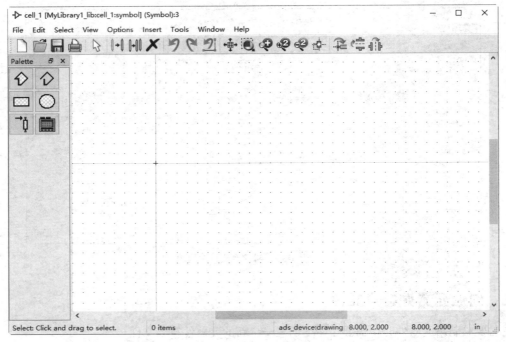

图 3-35　元器件符号编辑环境

在图 3-35 中可以看到，在当前工程文件夹"MyWorkspace wrk"的"MyLibrary1_lib"下，默认创建空白元器件符号文件"cell_1"→"symbol"，如图 3-36 所示。源文件中的"cell_1"→"symbol"文件夹包含 master.tag、symbol.oa、symbol.oa.cdslck 3 个文件。

元器件符号文件的保存、打开、复制和删除与电路原理图文件操作类似，这里不再赘述。

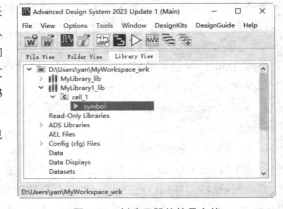

图 3-36　创建元器件符号文件

3.4 元器件符号编辑器参数设置

在元器件符号的编辑环境中，选择菜单栏中的"Options"→"Preferences"菜单命令，则弹出图 3-37 所示的编辑器工作区对话框，可以根据需要设置相应的参数。

3.4.1 选择模式参数设置

在电路原理图中，对象的选择模式参数设置通过"Select（选择）"标签页来实现，如图 3-37 所示。

图 3-37 "Select"标签页

该标签页设置包括 4 部分内容。

（1）"Select Filters（选择过滤器）"选项组

该选项组下共有 10 个选项可供选择。当电路原理图非常复杂的时候，用户若要用鼠标光标捕捉电路原理图中的一个图形，经常会受到其他图形的影响。选择过滤器可以帮助用户过滤在电路原理图中不想被捕捉到的图形。例如，只选择元器件（Components）和导线（Wires），那么在电路原理图中的其他图形则不会被鼠标光标捕捉到。默认设置时，鼠标光标可以捕捉到电路原理图中的所有图形。单击"Set All（全部选择）"按钮，选择全部 10 个对象；单击"Clear All（全部清除）"按钮，不选择任意对象。

（2）"Select Mode for Polygons（多边形的选择模式）"选项组

该选项组下，通过单击目标的不同位置来选中该元器件。

- By edge（边沿）：通过单击目标的边沿（如各种仿真控制器）来选中该元器件。
- Inside（内部）：单击多边形目标的任意位置来选中该元器件。
- Based on fill visibility（可见填充部分）：通过单击目标的填充部分来选中该元器件。

（3）"Size（选择范围）"选项组

在"Pick Box"文本框中输入鼠标光标的捕捉范围。在电路原理图上双击，在鼠标光标捕捉范围内的图形将被选中。

（4）"Color（选择颜色）"选项组

在颜色下拉列表中选择被选中图形的颜色。

3.4.2　网格参数设置

在电路原理图中显示网格可以方便地定位和放置元器件，使电路图排列更美观。"Grid/Snap（网格捕捉）"标签页如图 3-38 所示，其中包括了 3 部分内容，分别为显示（Display）、间距（Spacing）、动态捕捉模式（Active Snap Modes）。

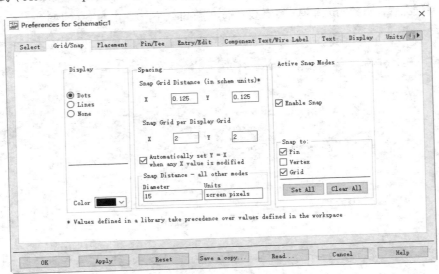

图 3-38　"Grid/Snap"标签页

（1）"Display"选项组

① 在该选项组下选择电路原理图中显示的网格线样式，主要包括下面 3 个选项。

- "Dots"选项：显示由点组成的网格。
- "Llines"选项：显示由线组成的网格。
- "None"选项：不显示网格。

② "Color"列表：在该下拉列表设置电路原理图中显示网格的点或线的颜色。

（2）"Spacing"选项组

① Snap Grid Distance (in schem units)*：设置 X、Y 方向上，实际鼠标光标移动一格单元网格的距离。

② Snap Grid per Display Grid：设置在电路原理图中显示一格网格鼠标光标需要移动几次。若在"Snap Grid Distance（in schem units）*"中输入 0.125、0.125，在"Snap Grid per Display Grid"中输入 2、2，则鼠标光标一次移动 0.125 个单位（电路原理图的单位设置见后文），鼠标光标移动 2 次刚好是一格网格的大小，即网格的边长是 0.25 个单位。

③ "Automatically set Y = X when any X value is modified"复选框：选择该复选框，当任何 X 值被修改时，自动设置 $Y=X$。

④ Snap Distance-all other modes：设置鼠标光标要捕获元器件需要靠近的距离。

（3）"Active Snap Modes"选项组

① 勾选"Enable Snap（使捕捉）"复选框，自动捕获元器件，单击时，鼠标光标自动捕获距离

鼠标光标最近的元器件。

②"Snap to（捕捉）"子选项组如下。

• "Pin"复选框：选择该复选框，当在已经存在的元器件引脚的捕获距离内放置一个新元器件的引脚时，系统自动连接两个引脚。此选项优先级最高。

• "Vertex"复选框：选择该复选框，放置的图形顶点与捕获网格的顶点自动对齐。

• "Grid"复选框：选择该复选框，单击网格即可捕获其中的元器件。此选项优先级最低。

3.4.3 注释文本设置

在"Text（文本）"标签页中设置电路原理图中注释文本的属性，如图 3-39 所示。在调用 ADS 模板时，经常可以看到，这些文本用于对该模板的功能和设置进行说明。其中，包括了字体、格式、颜色和文本外框的形状等。

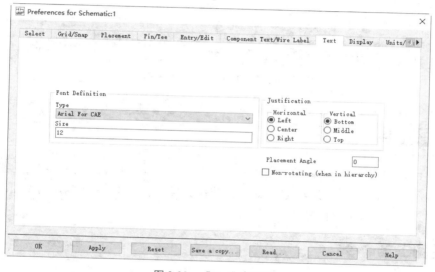

图 3-39 "Text"标签页

（1）"Font Definition（字体定义）"选项组

在该选项组下设置电路原理图中注释文本的字体类型（Type）和大小（Size），字体类型默认为"Arial For CAE"，大小为 12。

（2）"Justification（对齐方式）"选项组

• "Horizontal（水平）""Vertical（垂直）"子选项组：设置注释文本水平、垂直方向上的对齐方式，共有 6 个选项。

• Placement Angle（放置角度）：输入注释文本的旋转角度，默认角度为 0，即不旋转。

• "Non-rotating (when in hierarchy)"选项：选择该选项，在层次结构原理图中，不旋转注释文本。

3.4.4 单位/刻度设置

在"Units/Scale（单位/刻度）"标签页设置电路原理图中的常见元器件类型的默认单位和刻度，如图 3-40 所示，在 ADS 中一般采用较常用的国际单位。

如果放置的单个元器件不使用默认单位，也可以双击该元器件进行单位的修改。这样的修改方法只适用于少量元器件，不会将单位设置参数应用到整个电路原理图中。

图 3-40　"Units/Scale"标签页

3.5　绘图工具

图形符号可在电路原理图中起到说明和修饰的作用，不具有任何电气意义；将元器件符号用于元器件的外形绘制，可以提供更丰富的元器件封装库资源。本节详细讲解常用的绘图工具，从而更好地为电路原理图设计与元器件符号设计服务。

3.5.1　绘图工具命令

"Insert（插入）"子菜单主要用于绘制各种图形，可使用这些图形在元器件符号图中进行元器件符号的绘制。

选择菜单栏中的"Insert"命令，弹出图 3-41 所示的绘图工具菜单，选择菜单中不同的命令，就可以绘制各种图形了。

- Polygon：绘制多边形。
- Polyline：绘制多段线。
- Rectangle：绘制矩形。
- Circle：绘制圆。
- Arc (clockwise)：顺时针绘制圆弧（起点、圆心、终点）。
- Arc (counter-clockwise)：逆时针绘制圆弧（起点、圆心、终点）。
- Arc (start,end,circumference)：绘制圆弧（起点、终点、第 3 点）。

图 3-42 所示的"Palette（调色板）"工具栏中的各个按钮的功能与"Insert（插入）"子菜单中的各项命令具有对应关系。

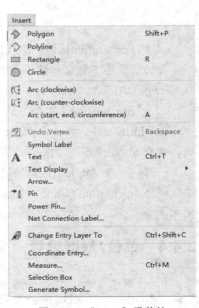

图 3-41　"Insert"子菜单

- ⬦：绘制多边形。
- ⬦：绘制多段线。
- ▭：绘制矩形。
- ○：绘制圆。
- ⬆：绘制引脚。
- ▦：元器件符号生成器。

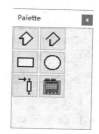

图 3-42   "Palette"工具栏

3.5.2 绘制多段线

在电路原理图中，可以用多段线来绘制一些注释性的图形，如表格、虚线等，或者在编辑元器件时绘制元器件的外形。

绘制多段线的操作步骤如下。

① 选择菜单栏中的"Insert"→"Shape"→"Polyline"命令，或单击"Palette"工具栏中的⬦图标，或按下"Shift + P"组合键，此时鼠标光标变成十字形状。同时弹出"Polyline Line Thickness（多段线线宽）"对话框，选择"Thin（细）"选项、"Medium（中）"选项、"Thick（粗）"选项其中之一，默认选择"Thin"选项，如图 3-43 所示。

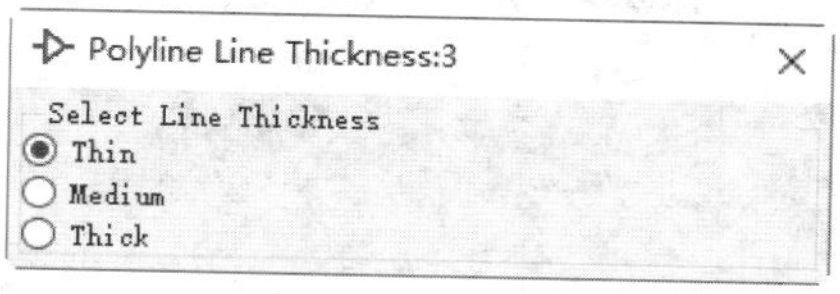

② 移动鼠标光标到需要放置多段线的位置，单击确定多段线的起点，多次单击确定多段线的多个顶点。一条多段线绘制完毕后，双击即可退出该操作，如图 3-44 所示。

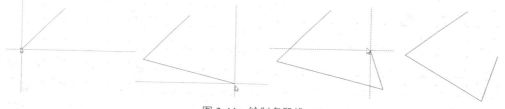

图 3-43   "Polyline Line Thickness"对话框

③ 此时鼠标光标仍处于绘制多段线的状态，重复步骤 2 的操作即可绘制其他的多段线。按下"Esc"键或单击鼠标右键选择"End Command（结束命令）"命令，即可退出操作。

图 3-44   绘制多段线

④ 在多段线的绘制过程中，需要撤销上一个顶点时，可以选择菜单栏中的"Insert"→"Shape"→"Undo Vertex（撤销顶点）"命令，或按下"Backspace"键来撤销上一个确定的多段线顶点。

⑤ 在多段线绘制结束后，需要在多段线中间添加上一个顶点时。选中多段线，多段线的每个顶点上显示为矩形块，单击鼠标右键，选择"Add Vertex（添加顶点）"命令，在多段线指定位置单击，确定新顶点，移动该顶点，在适当位置单击，确定新顶点的最终位置，此时，完成了一个新顶点的添加。此时鼠标光标仍处于添加多段线顶点的状态，重复上面步骤的操作即可添加其他的多段线顶点，如图 3-45 所示。

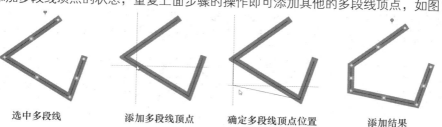

选中多段线   添加多段线顶点   确定多段线顶点位置   添加结果

图 3-45   添加多段线顶点

⑥ 设置多段线属性。双击需要设置属性的多段线，系统将弹出相应的多段线属性设置面板，如图 3-46 所示。

在该面板中可以对多段线的属性进行设置，其中各属性的说明如下。

（1）"All Shapes（全部形状）"选项组

• Layer：设置多边形和多段线所在图层，默认为"ads_device:drawing"。

• Line thickness：设置线条粗细，包含 Thin、Medium、Thick，默认值为"Thin"。不同线型的多段线结果如图 3-47 所示。

（2）"Polygons and Polylines（多边形和多段线）"选项组

在 Vertices 行显示多边形或多段线顶点的个数，默认为 4，因此，下方显示多边形或多段线各个顶点 Vertex1～Vertex4 的位置坐标。用户可以通过改变每一个顶点中的 X、Y 值来改变各顶点的位置。

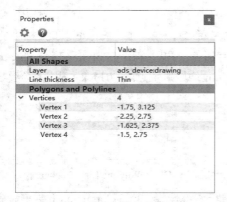

图 3-46　设置多段线属性面板

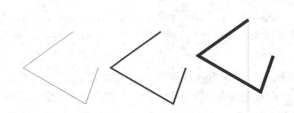

图 3-47　设置线条粗细（不同线型的多段线）

3.5.3　绘制多边形

绘制多边形相当于绘制闭合的多段线，绘制的步骤具体如下。

① 选择菜单栏中的"Insert"→"Shape"→"Polygon"命令，或单击"Palette"工具栏中的 ◇ 图标，此时鼠标光标变成十字形状。同时弹出"Polygon Line Thickness（多边形线宽）"对话框，选择"Thin"选项、"Medium"选项、"Thick"选项其中之一，默认选择"Thin"选项，如图 3-48 所示。

② 移动鼠标光标到需要放置多边形的位置，单击确定多边形的起点，多次单击确定多个顶点，双击即可退出该操作。该命令与多段线命令基本相同，不同

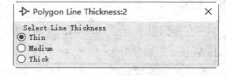

图 3-48　"Polygon Line Thickness"对话框

的是，绘制多边形时自动连接选择的最后一点与第一点，形成闭合图形，如图 3-49 所示。

③ 此时鼠标光标仍处于绘制多边形的状态，重复步骤②的操作即可绘制其他的多边形。按下"Esc"键或单击鼠标右键选择"End Command"命令，即可退出操作。

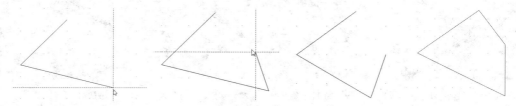

图 3-49　绘制多边形

多边形属性设置与多段线属性设置相同，这里不再赘述。

3.5.4 绘制矩形

绘制矩形的步骤具体如下。

① 选择菜单栏中的"Insert"→"Shape"→"Rectangle"命令，或单击"Palette"工具栏中的 ▭ 图标，此时鼠标光标变成十字形状，同时弹出"Rectangle Line Thickness（矩形线宽）"对话框，选择"Thin"选项、"Medium"选项、"Thick"选项其中之一，默认选择"Thin"选项。

② 将十字光标移动到指定位置，单击，确定矩形左上角的位置，拖曳鼠标光标，调整矩形至合适大小，再次单击，确定矩形右下角的位置，如图 3-50 所示。

③ 矩形绘制完成。此时系统仍处于绘制矩形状态，若需要继续绘制矩形，则按上面的方法绘制，否则按下"Esc"键或单击鼠标右键选择"End Command"命令，即可退出操作。

④ 矩形属性设置

双击需要设置属性的矩形，弹出图 3-51 所示的"Properties（属性）"面板。在该面板中可以对矩形的属性进行设置。

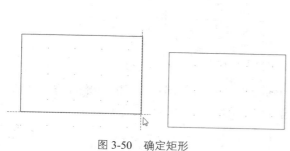

图 3-50 确定矩形

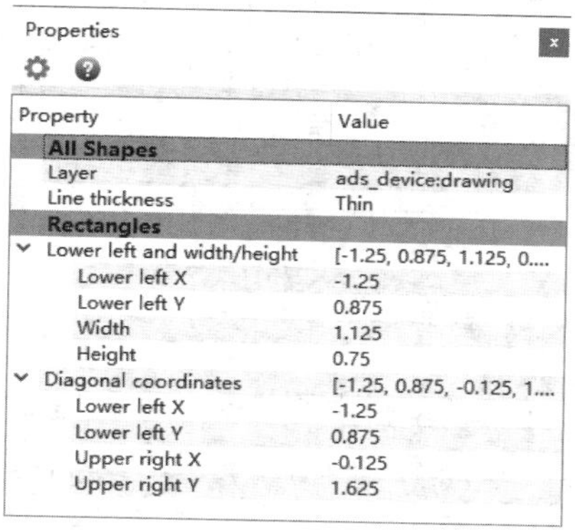

图 3-51 "Properties"面板

（1）"All Shapes"选项组

- Layer：设置多边形和多段线所在图层，默认为"ads-device:drawing"。
- Line thickness：设置线条粗细，包含 Thin、Medium、Thick，默认值为 Thin。

（2）"Rectangles"选项组

在该选项组中显示两种设置矩形大小的方法。

① Lower left and width/height：矩形左下角的坐标和宽度/高度。

- Lower left X：设置矩形左下角 X 坐标值。
- Lower left Y：设置矩形左下角 Y 坐标值。
- Width：设置矩形的宽度。
- Height：设置矩形的高度。

② Diagonal coordinates：对角坐标。

- Lower left X：设置矩形左下角 X 坐标值。
- Lower left Y：设置矩形左下角 Y 坐标值。
- Upper right X：设置矩形右上角 X 坐标值。
- Upper right Y：设置矩形右上角 Y 坐标值。

3.6 图形编辑工具

图形编辑工具主要是对绘制的多边形和多段线进行修改，图形编辑工具配合绘图工具的使用可以进一步完成复杂图形的绘制工作，并可使用户合理安排和组织图形，保证作图准确，减少重复，因此，对"Edit（编辑）"→"Modify（修改）"下的图形编辑命令的熟练掌握和使用有助于提高设计和绘图的效率，如图 3-52 所示。

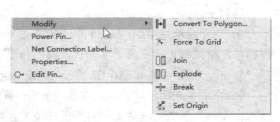

图 3-52 图形编辑命令菜单

3.6.1 强制对象网格化

从 ADS 2016 开始，用户可以通过预先选择布局对象，然后将选中的对象强制移动到距离最近的网格点上，如图 3-53 所示。

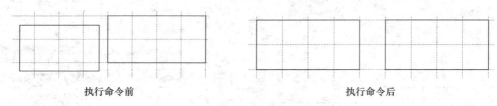

执行命令前 　　　　　　　　　执行命令后

图 3-53 强制对象网格化

选择菜单栏中的"Edit"→"Modify"→"Force To Grid（强制对象网格化）"命令，在工作区中单击顶点不在网格上的对象，对象的顶点将自动移动到距离最近的网格点上。

3.6.2 设置坐标原点

默认情况下，坐标（0,0）位于布局窗口的中心，但有些时候需要根据绘制的图形重新设置坐标原点，如图 3-54 所示。

选择菜单栏中的"Edit"→"Modify"→"Set Origin（设置原点）"命令，在工作区适当位置单击，坐标原点将移动到该位置。

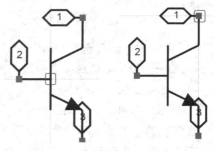

图 3-54 修改坐标原点

3.6.3 转换为多边形

ADS 提供将圆及包含弧的多边形转换为简单多边形的命令，执行该命令可以将所有曲线都转换为接近其原始形状的线段。

选择菜单栏中的"Edit"→"Modify"→"Convert To Polygon（转换为多边形）"命令，弹出"Flatten/Convert to Polygon（多边形扁平化）"对话框，如图 3-55 所示。

下面介绍该对话框中的各个选项。

（1）"Options"选项组

• "Flatten one level of hierarchy"选项：将层次结构转换同层结构。

● "Flatten all levels of hierarchy to shapes"
选项：将所有层次结构转换为同层结构。

● "Convert to polygons (flattens all levels of
hierarchy)"选项：转换为多边形。

● "Convert to polygons without arcs (flattens
all levels of hierarchy)"选项：转换为不包含圆
弧的多边形。

（2）"Preserve top level nets for shapes being
flattened"复选框

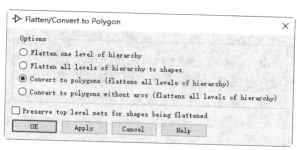

图 3-55   "Flatten/Convert to Polygon"对话框

勾选该复选框，保留顶层网，用来放置被压平的符号。

3.7 符号属性设置

符号的属性事实上是元器件本身的参数（电气特性）等。除了如名称、描述、制造商、图标和
电气特性等一般信息，还包括元器件仿真信息和封装信息。

3.7.1 放置引脚

引脚是元器件与元器件连接、元器件与导线连接的唯一接口，是元器件符号设计不可或缺的重
要部分。ADS 中包含两种引脚，即一般引脚和电源引脚。

1. 一般引脚

一般引脚表示网络端口的引脚，需要在另一种设计中将该网络连接为子网。

注意：

引脚 1 应放置在坐标（0,0）处，引脚间应有 0.125 英寸（3.175mm）的间隔，以便自定义符号
连接到提供的符号集。

（1）选择菜单栏中的"Insert"→"Pin"命令，或单击"Palette"工具栏中的"Insert Pin"按钮
，鼠标光标变成十字形状，并附有一个引脚符号，如图 3-56 所示。

（2）移动该引脚到元器件符号边框处，单击完成引脚放置，如图 3-57 所示。在放置引脚时，一
定要保证具有电气连接特性的一端即带有实心方块的一端朝向元器件符号轮廓。

（3）放置引脚的同时，自动弹出"Create Pin"对话框，如图 3-58 所示。下面介绍该对话框中的
选项。

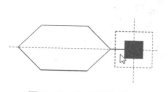

图 3-56   显示引脚符号

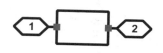

图 3-57   放置引脚

图 3-58   "Create Pin"对话框

① Term：用于设置引脚显示选项类型，包括"By name（通过名称）"选项和"By number（通

过编号）"选项。

② Name：用于设置元器件引脚的名称。

③ Number：用于设置元器件引脚的编号，应该与实际的引脚编号相对应，这里输入"1"。这个数字会随着每个引脚的添加而自动增加。

④ Type：用于设置元器件引脚的电气特性。包括 input（输入端口）、output（输出端口）、inOut（输入/输出端口）、switch（转换端口）、jumper（模块化跳线端口）、unused（未使用端口）、tristate（三态端口）。

⑤ Shape：用于设置元器件引脚的形状。

2．电源引脚

（1）电源引脚也代表一个网络的端口，但不会出现在电路原理图中，通过电源引脚创建的连接是隐含连接。

（2）选择菜单栏中的"Insert"→"Power Pin（电源引脚）"命令，弹出"Add Power Pin（添加电源引脚）"对话框，如图 3-59 所示。

① Term name：用于设置引脚的选项名称。

② Term number：用于设置引脚的选项编号。

③ Property：仅电源引脚。输入属性名称（唯一标识符）。

④ Default net：输入网络名称，如层次结构包含的全局节点的名称，用冒号分隔。

⑤ Term Type：用于设置元器件引脚的电气特性，包括 Input（输入端口）、Output（输出端口）、Input/Output（输入/输出端口）。

⑥ Connection Term：用于设置引脚连接类型，包括"By termname"选项和"By termnumber"选项。

3．编辑元器件属性

选择菜单栏中的"Edit"→"Edit Pin"命令，或者双击引脚，弹出图 3-60 所示的"Edit Pin"对话框。在该对话框中可以设置引脚参数。具体参数与"Create Pin"对话框中的主要设置内容相同，这里不再赘述。

图 3-59　"Add Power Pin"对话框

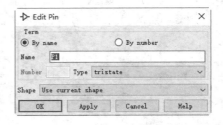

图 3-60　"Edit Pin"对话框

3.7.2　符号标签

符号标签是元器件的特性描述，可以描述库元器件功能。在 ADS 中，符号标签包括 NLP 标签和 ILL 标签。

选择菜单栏中的"Insert"→"Symbol Label（符号标签）"命令，弹出"Create Symbol Label"对话框，如图 3-61 所示。

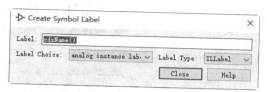

图 3-61　"Create Symbol Label"对话框

- Label：输入标签名称。
- Label Choice：选择符号的标签选项。
- Label Type：选择符号标签类型。

同时，在工作区中，鼠标光标变成十字形状，移动鼠标光标到元器件符号处，单击完成标签的放置，如图 3-62 所示。完成绘制后，单击"Close"按钮，关闭该对话框。

双击符号标签，或选择菜单栏中的"Edit"→"Properties"命令，弹出"Properties"面板来修改符号标签属性，可以更改字体类型，大小和各种其他属性，如图 3-63 所示。

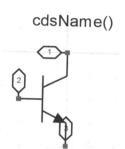

图 3-62　放置符号标签

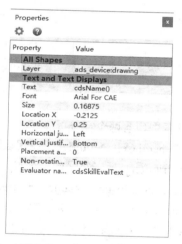

图 3-63　"Properties"面板

表 3-7 显示 ADS 中符号标签可以描述的信息和标签格式，即符号标签格式和说明。

表 3-7　符号标签格式和说明

类型	格式	说明
instance label	[@instanceName]	显示实例的当前值
device annotate	I@refDes]	显示设备标注的值
logical label	[@partName]	显示逻辑标签
physical label	[@userPartName:%:[@phyPartName]]	显示物理标签
pin annotate	[@p_]cdsName()	显示引脚注释
analog instance label	cdsName()	显示模拟实例标签
analog pin annotate	cdsTerm("")	显示模拟引脚注释
analog device annotate	cdsParam(1)	显示模拟设备注释

3.7.3 参数设置

如果需要将元器件符号值设计成变量，以便电路设计使用，那么就需要进行参数设计。

选择菜单栏中的"File"→"Design Parameters（设计参数）"命令，打开图 3-64 所示的"Design Parameters"对话框，显示元器件符号所在的 Library 和 Cell。

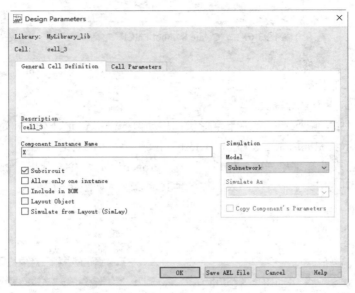

图 3-64 "Design Parameters"对话框

该对话框中包含两个标签页。

（1）"General Cell Definition（通用设计单元定义）"标签页

① Description：显示符号的标识符。

② Component Instance Name：显示元器件实例名称。

③ "Simulation（仿真）"选项组：有 3 项设置。

· "Model"下拉列表：选择仿真模型类型，包括 Subnetwork（子网络模型）、Built-in Component（内置元器件模型）和 Not Simulated（非仿真模型）。

· "Simulate As"下拉列表：若在"Model"下拉列表中选择"Built-in Component（内置元器件模型）"，则会激活该选项，选择元器件类别，如 C、R、L、SRL、PRL、SLC、PLC、LQ、CQ、PLCQ。

· "Copy Component's Parameters"复选框：勾选该复选框，为绘制的符号复制该系列元器件的参数。

④ "Subcircuit"复选框：勾选该复选框，表示该符号为分支电路的层次符号。

⑤ "Allow only one instance"复选框：勾选该复选框，表示只显示一个实例。

⑥ "Include in BOM"复选框：勾选该复选框，在输出的 BOM 报表中显示该符号信息。

⑦ "Layout Object"复选框：勾选该复选框，表示该符号为布局图对象。

⑧ "Simulate from Layout (SimLay)"复选框：勾选该复选框，该符号用于在白图中进行仿真设计。

（2）"Cell Parameters（单元参数）"标签页

在该标签页中添加自定义的参数，如图 3-65 所示。

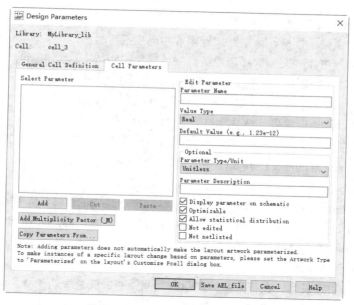

图 3-65　"Cell Parameters" 标签页

3.8 符号生成器

ADS 元器件向导通过 "Symbol Generator（符号生成器）" 对话框来让用户输入参数，最后根据这些参数自动创建一个元器件。

选择菜单栏中的 "Insert" → "Generate Symbol" 命令，或单击 "Palette" 工具栏中的 "Open Symbol Generator dialog（打开符号生成器对话框）" 按钮，弹出 "Symbol Generator（符号生成器）" 对话框，如图 3-66 所示。

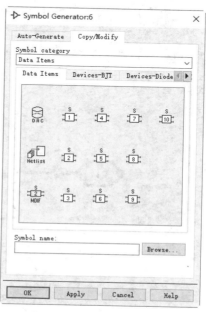

图 3-66　"Symbal Generator" 对话框

（1）"Anto-Generate（自动生成）"标签页

在该标签页中提供最小规格，为电路原理图或布局生成符号。

① "Source view"下拉列表：选择源视图，默认选择"No Views Available（没有可用视图）"。

② "Symbol Type"选项组：使用符号生成器自动生成 3 种类型的符号。

• "Dual"选项：矩形符号，将引脚限制在符号主体的左右两侧。

• "Quad"选项：四边形符号，允许在符号主体的四面都有引脚。

• "Look-alike"选项：相似符号，用作布局视图的简化缩放表示，作为电路原理图的符号。

③ "Create one Symbol Pin per EM Port"复选框：如果源视图是 Layout 类型，则可以使用一个附加选项来为每个 EM 端口仅创建一个符号引脚。当在连接大量引脚的布局中定义端口时，启用此选项以减少符号引脚的数量。EM 协同仿真视图需要一个引脚数量与布局视图中的引脚数量相同的 Symbol 视图。

④ "Order Pins by"选项组：控制符号引脚的位置。在"Orientation/Angle（方向/角度）"选项组下选择不同的方向和角度排列的选项。

⑤ Symbol Size：符号大小。

• Lead Length：引线长度，在符号主体和引脚之间绘制的任意线的长度，默认值为 25。

• Distance Between Pins：在符号主体同一侧绘制引脚之间的距离，默认值为 25。

• Shape：形状，引脚使用的形状类型。

• Symbol Pin Label：符号引脚标签，指定必须在符号上的每个引脚旁边添加文本标签，包括 Pin Name（引脚名称）、Pin Name::Net Name（引脚名称::网络名称）。

（2）"Copy/Modify（复制/修改）"标签页

在该标签页中可以复制和修改现有的符号。或者可以手动创建符号视图。

• "Symbol category"下拉列表：符号类别，在下拉列表中选择所需要的符号类别（Data Items、Devices-BJT、Devices-Diode 等），每个符号类别标签页将显示该类别的符号图标。

• Symbol name：单击所需要的符号图标，在该文本框内显示其名称，也可以单击"Browse（搜索）"按钮，选择需要使用的实际符号名称。

单击"Apply（应用）"按钮，在设计窗口中显示符号，如图 3-67 所示。

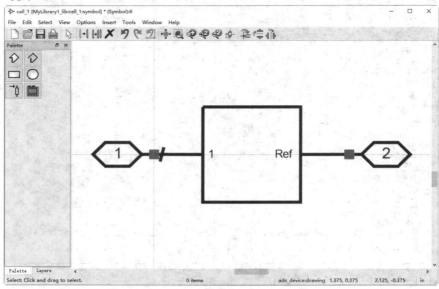

图 3-67　显示符号

完成参数设置后，单击"OK（确定）"按钮，关闭该对话框，在工作区创建新的元器件符号，此时，原始的元器件符号被覆盖（若工作区已经存在原始的元器件符号）。

3.9 操作实例——绘制探测器符号

本节将讲解如何绘制探测器符号"Detector"。

1. 新建工程文件

启动 ADS 2023，打开主窗口界面。选择菜单栏中的"File"→"New"→"Workspace"命令，或单击工具栏中的"Create A New Workspace"按钮，弹出"New Workspace"对话框，设置工程文件名称和路径，新建工程文件"NewLib_wrk"，同时，自动在工程下新建元器件库名称"NewLib_lib"，如图 3-68 所示。

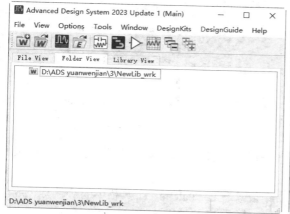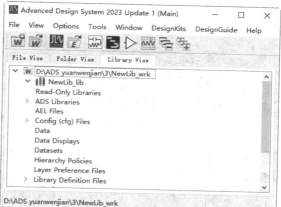

图 3-68 新建工程文件

2. 新建元器件符号文件

（1）选择菜单栏中的"File"→"New"→"Symbol"命令，或单击"Basic"工具栏中的"New Symbol Window"按钮，弹出"New Symbol"对话框，在"Library"下拉列表中选择新建的元器件库"NewLib_lib"，在该元器件库中创建元器件符号文件。在"Cell"文本框内输入符号图名称"Detector"，如图 3-69 所示。

（2）单击"Create Symbol"按钮，进入元器件符号编辑环境，如图 3-70 所示。同时自动打开"Symbol Generator"对话框，可以根据参数向导生成符号。

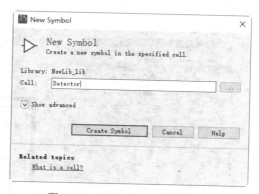

图 3-69 "New Symbol"对话框

3. 确定元器件符号的轮廓，即放置矩形

（1）单击"Palette"工具栏中的 图标，此时鼠标光标变成十字形状，同时弹出"Rectangle Line Thickness（矩形线宽）"对话框，选择"Thick"选项，如图 3-71 所示。

（2）在工作区捕捉原点，单击鼠标左键，确定矩形左上角位置，拖动鼠标，再次单击鼠标左键，确定右下角位置，捕捉网格，根据右下角状态栏绘制矩形大小为 0.875×0.625，如图 3-72 所示。

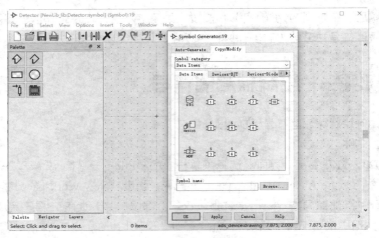

图 3-70　元器件符号编辑环境

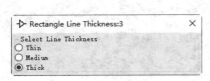

图 3-71　"Rectangle Line Thickness" 对话框

图 3-72　确定矩形 1

（3）在上面绘制的矩形内部绘制一个大小适当的矩形，按照图 3-73 所示的 "Properties" 面板上设置内部矩形，结果如图 3-74 所示。

（4）选择菜单栏中的 "Insert" → "Polyline" 命令，或单击 "Palette" 工具栏中的图标，或按下 "Shift＋P" 组合键，在矩形内部绘制多段线，结果如图 3-75 所示。

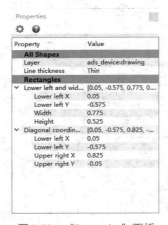

图 3-73　"Properties" 面板

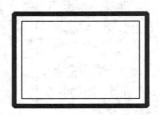

图 3-74　确定矩形 2

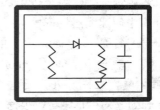

图 3-75　绘制多段线

（5）在绘制多段线的过程中，需要调整网格值，如图 3-76 所示，避免捕捉导致图形绘制有误。

4．放置好矩形后，再放置引脚

（1）选择菜单栏中的 "Insert" → "Pin" 命令，或单击 "Palette" 工具栏中的 图标，鼠标光标变成十字形状，并附有一个引脚符号，移动该引脚到元器件符号边框处，单击完成放置引脚 1、引脚 2，如图 3-77 所示。

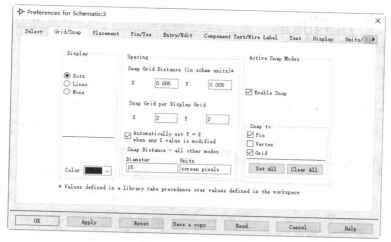

图 3-76　设置网格值

（2）绘制过程中，鼠标光标上附着一个引脚的虚影，用户可以按下"Ctrl+R"组合键改变引脚的方向，然后单击放置引脚。

由于引脚号码具有自动增量的功能，如果第一次放置的引脚号码为 1，则紧接着放置的引脚号码会自动变为 2，所以最好按照顺序放置引脚。另外，如果引脚名称后面是数字，同样具有自动增量的功能。

图 3-77　放置引脚

5．绘制连线。

单击"Palette"工具栏中的 图标，弹出"Polyline Line Thickness"对话框，选择"Medium"选项，绘制引脚和元器件边框的连接线，如图 3-78 所示。

6．添加文本标注

选择菜单栏中的"Insert"→"Text"命令，此时鼠标光标变成十字形状，进入放置文字状态，在合适的位置单击，在文本编辑框中输入"Detector"，结果如图 3-79 所示。

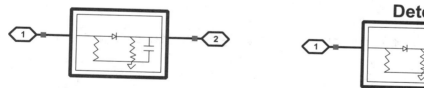

图 3-78　绘制引脚和元器件边框的连接线

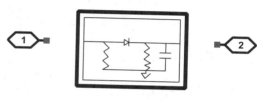

图 3-79　添加文本

7．放置标签

（1）选择菜单栏中的"Insert"→"Symbol Label"命令，弹出"Create Symbol Label"对话框，输入标签"cdsName()"，在符号上方单击完成放置，如图 3-80 所示。

（2）选择菜单栏中的"Edit"→"Modify"→"Set Origin"命令，在工作区引脚 1 位置单击，将坐标原点移动到该位置，如图 3-81 所示。

8．添加形式参数

（1）选择菜单栏中的"File"→"Design Parameters"命令，打开"Design Parameters"对话框，再打开"Cell Parameters"标签页。

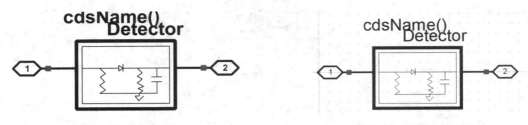

图 3-80　放置符号标签　　　　　　　　　　　图 3-81　定义坐标原点

（2）在"Parameter Name"文本框内输入"Temp（温度）"，在"Value Type（参数值类型）"下拉列表中默认选择"Real"，在"Default Value (e. g., 1.23e-12)（默认值）"文本框内输入 0。单击"Add"按钮，将新建的参数（Temp）添加到左侧"Select Parameter"列表中，如图 3-82 所示。

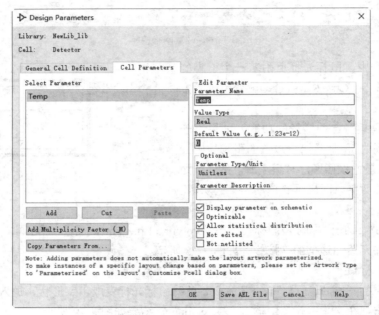

图 3-82　"Cell Parameters"标签页

（3）单击"OK"按钮，关闭对话框。

（4）单击"default0（默认）"工具栏中的"Save"按钮 📄，保存绘制结果。

第 4 章

电路原理图设计

内容指南

在前面的章节中，已对 ADS 系统进行了一个总体且较为详细的介绍，目的是让读者对 ADS 的应用环境，以及各项管理功能有初步的了解。

本章将详细讲解电路原理图的绘制流程，在图纸上放置好所需要的各种元器件并且对它们的属性进行了相应的编辑之后，根据电路设计的具体要求，可以着手将各个元器件连接起来，以建立实际连通的电路。

4.1 电路原理图文件管理系统

本节将介绍有关电路原理图文件管理的一些基本操作方法，包括新建电路原理图文件、打开已有电路原理图文件和保存电路原理图文件等，这些都是进行电路原理图设计的最基础的知识。

4.1.1 新建电路原理图文件

一个工程文件类似于 Windows 操作系统中的"文件夹"，在工程文件中可以执行对文件的各种操作，如新建、打开、关闭、复制与删除等。

1. 新建空白电路原理图文件

ADS 2023 包含两种创建电路原理图文件的方法。

（1）主窗口创建

在 ADS 2023 主窗口中，首先需要打开工程文件，如图 4-1 所示。选择菜单栏中的"File"→"New"→"Schematic"命令，或单击工具栏中的"New Schematic Window"按钮，弹出"New Schematic"对话框，如图 4-2 所示。

（2）Schematic 视图窗口创建

在电路原理图编辑环境中，选择菜单栏中的"File"→"New"命令，或单击"Basic"工具栏中的"New"按钮，弹出图 4-2 所示的"New Schematic"对话框。

下面介绍"New Schematic"对话框中的选项。

- Library：显示电路原理图中使用的元器件库，在创建工程文件时已经指定。

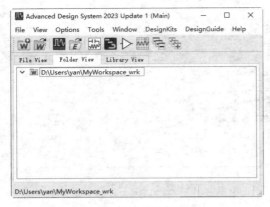

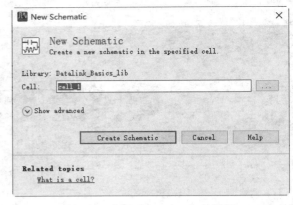

图 4-1　打开工程文件　　　　　　　图 4-2　"New Schematic"对话框

● Cell：输入工程下的电路原理图名称，默认名称为"cell_1"。单击右侧的"…"按钮，弹出"Cells in "MyLibrary_lib"（设计单元选择）"对话框，可以在当前视图窗口中选择电路原理图文件，如图 4-3 所示。

单击"Show advanced"选项，展开下面的高级选项，如图 4-4 所示。单击"Hide advanced"选项，收起展开的高效选项。

● View（视图）：设置工程文件中的元器件库名称，如"MyLibrary_lib"。

根据不同的要求，选择相应的类型新建电路原理图文件。ADS 包含 3 种不同的创建方法。

● "Blank schematic"选项：空白电路原理图。

● "Run the Schematic Wizard"选项：运行电路原理图向导。

● "Insert template"选项：插入模板。

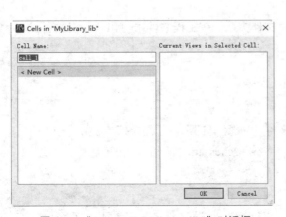

图 4-3　"Cells in "MyLibrary_lib""对话框　　　图 4-4　展开下面的高级选项

默认选择"Blank schematic"选项，单击"Create Schematic"按钮，进入电路原理图编辑环境，如图 4-5 所示。

在当前工程文件夹下，默认创建空白电路原理图文件"cell_1"→"schematic"，如图 4-6 所示。

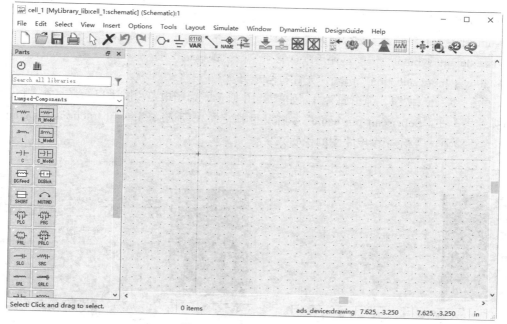

图 4-5　电路原理图编辑环境

2. 根据向导新建电路原理图

在 "New Schematic" 对话框中选择 "Run the Schematic Wizard" 选项，弹出 "Schematic Wizard" 对话框，如图 4-7 所示。根据向导可以创建 3 种应用电路原理图。下面分别进行介绍。

（1）"Circuit（子电路）"选项

① 选择该选项，按照向导步骤 "Start" → "Circuit Setup" → "Name Pins" → "Finish" 创建子电路，并进行引脚放置和符号选择。选择 "Do not show this dialog again" 复选框，则不再显示该对话框。

② 单击 "Next" 按钮，弹出下一步对话框，如

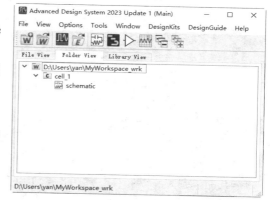

图 4-6　创建空白电路原理图文件

图 4-8 所示，选择电路类型，包括 "Empty Circuit（空电路）" "S-Parameter Circuit（S 参数电路）"。

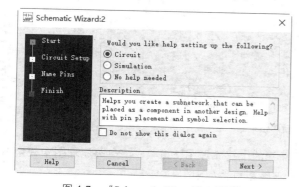

图 4-7　"Schematic Wizard" 对话框

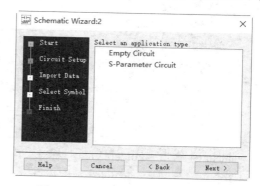

图 4-8　"Schematic Wizard:2" 对话框 1

③ 选择 "Empty Circuit"，单击 "Next" 按钮，弹出 "Schematic Wizard" 对话框，如图 4-9 所

示，设置子电路属性。

- Number of pins：设置引脚数量，默认为 2。
- "Use default symbol" 选项：使用默认符号，默认选择该选项。
- "Allow symbol selection" 选项：允许符号选择。

④ 单击 "Next" 按钮，弹出向导 4，如图 4-10 所示，为子电路引脚进行命名。在 "Pin #" 列输入引脚编号，在 "Subcircuit pin name" 列输入引脚名称，勾选 "Show instructions for completing schematic" 复选框，显示整个电路图的说明文字。

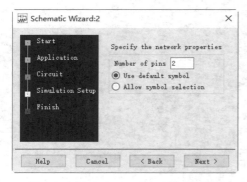

图 4-9　"Schematic Wizard:2" 对话框 2　　　图 4-10　"Schematic Wizard:2" 对话框 3

⑤ 单击 "Finish" 按钮，新建子电路，如图 4-11 所示，该电路中包含两个电路端口。

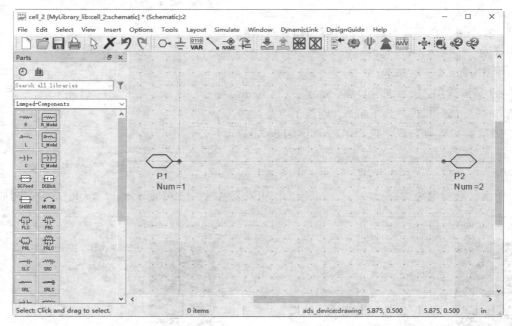

图 4-11　新建子电路

此时，主窗口 "Folder View" 标签页中显示新建的电路原理图 cell_2，该电路原理图中包含两个视图窗口，分别为 schematic 视图窗口、symbol 视图窗口，如图 4-12 所示。

（2）"Simulation（仿真电路）" 选项

① 选择该选项，按照向导步骤 "Start" → "Application" → "Circuit" → "Simulation Setup" →

"Finish"，选择继续进行仿真电路的创建，如图 4-13 所示。

② 单击 "Next" 按钮，弹出下一步对话框，如图 4-14 所示，选择仿真电路的应用程序类型，如 "Active Device Characterization（有源元器件特性分析）" → "BJT"。

③ 单击 "Next" 按钮，弹出下一步对话框，如图 4-15 所示，定义 BJT 仿真电路，如 NPN BJT。

④ 单击 "Next" 按钮，弹出 "Schematic Wizard:4" 对话框，如图 4-16 所示，为 BJT 指定仿真模板，如 "Device IV Curves（元器件失真曲线）"。

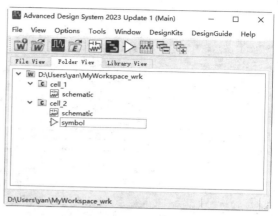

图 4-12　新建电路原理图 cell_2

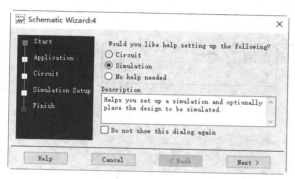

图 4-13　选择 "Simulation" 选项

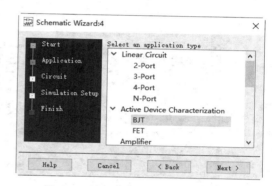

图 4-14　选择仿真电路的应用程序类型

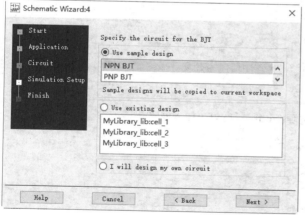

图 4-15　定义 BJT 仿真电路

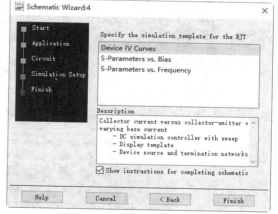

图 4-16　为 BJT 指定仿真模板

⑤ 单击 "Next" 按钮，弹出 "Schematic Wizard:4" 对话框，如图 4-17 所示，显示仿真电路创建成功的结果信息，并对 BJT 仿真电路进行文字说明。

⑥ 单击 "Finish" 按钮，新建 BJT 仿真电路，如图 4-18 所示。此时，主窗口 "Folder View" 标签页中显示新建的电路原理图 cell_3 和 SW_BJT_NPN。cell_3 包含 schematic 窗口，SW_BJT_NPN 包含两个视图窗口，分别为 schematic 视图窗口、symbol 视图窗口，如图 4-19 所示。

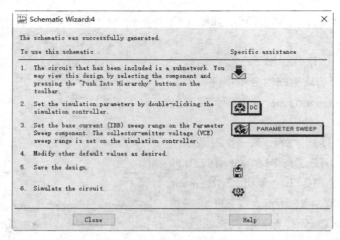

图 4-17　仿真电路创建成功

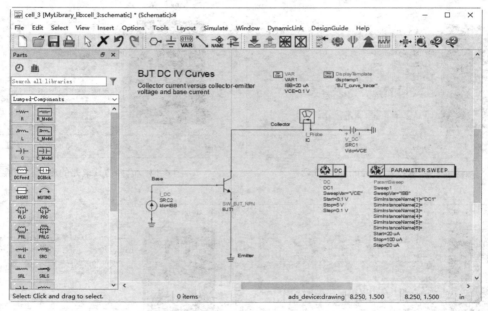

图 4-18　显示新建电路原理图 cell_3 和 SW_BJT_NPN

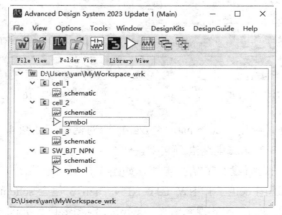

图 4-19　新建电路原理图 cell_3 和 SW_BJT_NPN

（3）"No help needed（不需要帮助）"选项

① 选择该选项，不需要按照向导的指导与帮助创建电路原理图，只包含"Start"→"Finish"两步，如图 4-20 所示。

② 单击"Finish"按钮，新建空白电路原理图，如图 4-21 所示。此时，主窗口"Folder View"标签页中显示新建的电路原理图 cell_4，如图 4-22 所示。

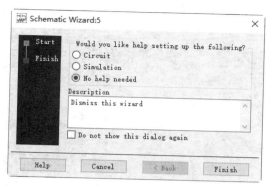

图 4-20   选择"No help needed"选项

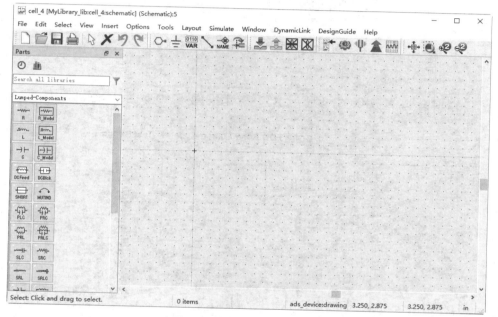

图 4-21   新建空白电路原理图

3. 插入模板新建电路原理图

ADS 2023 系统中包括了众多电路原理图文件模板，如 3GPP 标准的测试、晶体管元器件的直流测试、谐波平衡仿真和 S 参数仿真等。这些电路原理图文件模板都有默认设置好的参数和符号，并且有相应的数据显示模板。用户也可以根据自己的需要修改这些参数，熟练应用模板可以省时完成电路设计。

① 在"New Schematic"对话框中选择"Insert template（插入模板）"选项，在下面的模板列表中选择模板，如"ads_templates:3GPPFDD_BS_RX_test"（第三代合作伙伴计划接收器性能测试），如图 4-23 所示。

② 单击"Create Schematic"按钮，新建电路原理图模板，如图 4-24 所示。此时，主窗口"Folder View"标签页中显示新建电路原理图 cell_5，如图 4-25 所示。

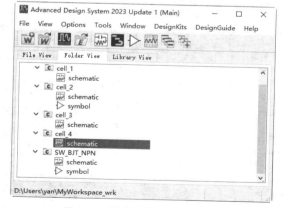

图 4-22   新建电路原理图 cell_4

图 4-23 选择"Insert template"选项

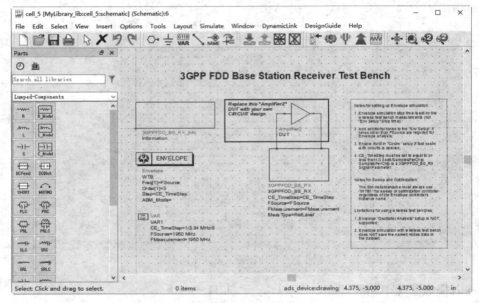

图 4-24 新建电路原理图模板

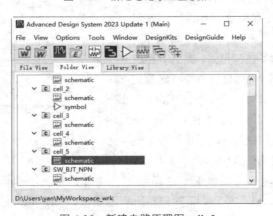

图 4-25 新建电路原理图 cell_5

4.1.2　保存电路原理图文件

在 ADS 电路原理图编辑环境中，文件的保存命令包括保存、另存为、保存副本和保存全部。

1. 保存

保存是指将新建的文件直接保存在文件夹中，一般不更改保存位置，或原有文件经过修改后覆盖未修改的原文件保存。

选择菜单栏中的"File"→"Save"命令，或单击"Basic"工具栏中的"Save"按钮 💾，也可以直接按下"Ctrl+S"组合键，直接保存当前的电路原理图文件。

2. 另存为

另存为是一种对保存方式的选择，可以对文件名称和文件保存路径进行修改。

选择菜单栏中的"File"→"Save As"命令，弹出图 4-26 所示的"Save Design As（另存为）"对话框，读者可以更改 Library 的名称、Cell 的名称、View 的名称、所保存的文件路径 File path 等。

执行此命令一般至少需要修改文件保存路径或文件名称中的一种，否则直接选择保存命令即可。完成修改后，单击"OK"按钮，完成文件另存为。

3. 保存副本

有时为了避免误操作，丢失文件，需要为电路原理图新建一个副本文件。副本文件是该文件的复制件。

选择菜单栏中的"File"→"Save a Copy As（保存副本）"命令，弹出图 4-27 所示的"Save a Copy As"对话框。

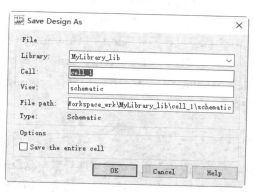

图 4-26　"Save Design As"对话框

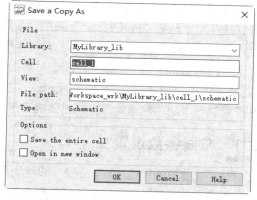

图 4-27　"Save a Copy As"对话框

"Save a Copy As"对话框和"Save Design As"对话框类似，只是多了下面几个选项。

- "Save the entire cell"选项：保存电路原理图视图时，同时保存整个设计单元。
- "Open in new window"选项：在新的窗口中打开保存的副本文件。

4.1.3　打开电路原理图文件

选择菜单栏中的"File"→"Open"→"Schematic"命令，打开图 4-28 所示的"Open Cellview"对话框。选择将要打开的"Library"→"Cell"，打开其中的电路原理图文件。

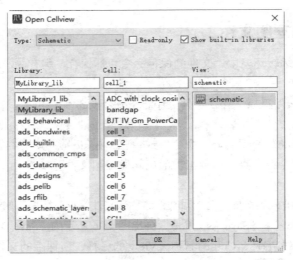

图 4-28 "Open Cellview" 对话框

4.2 设置电路原理图工作环境

在电路原理图的绘制过程中,绘制效率和正确性,往往与工作环境参数的设置有着密切的关系。在 ADS 2023 中,电路原理图编辑器工作环境参数的设置是通过电路原理图的"Preferences(优选参数设置)"命令来完成的。

选择菜单栏中的"Options"→"Preferences"命令,或在编辑窗口中单击鼠标右键,在弹出的右键快捷菜单中单击"Preferences"命令,系统将弹出"Preferences for Schematic:1"对话框。

在"Preferences for Schematic:1"对话框中主要有 10 个标签页,即"Select""Grid/Snap(网格捕捉)""Placement""Pin/Tee(引脚节点)""Entry/Edit(接口/编辑)""Component Text/Wire Label(元器件文本/导线标签)""Text""Display""Units/Scale""Tuning"。下面对其中部分标签页的具体参数设置进行说明(前面章节介绍过的内容这里不再赘述)。

4.2.1 布局参数设置

设计不是简单的线性流程。在整个设计周期内会经常进行修改和更新,最终可能导致电路原理图与布局图不一致。如果只进行电路原理图或布局图仿真,则不需要对此项进行设置,如图 4-29 所示。

(1)"Schematic Control of simultaneous placement of components in layout and schematic"选项组:ADS 支持整个工程的自动同步。当用户同时使用电路原理图和布局图仿真的时候,可以在此对话框中选择同时布局模式。

● "Single Representation(schematic DR layout)"选项:选择此项后,则电路原理图或布局图中的任何修改均不会相互影响。适用于进行电路原理图或布局图仿真。

● "Dual Representation(schematic AND layout)"选项:选择此项后,若在电路原理图中放置或者更改一个元器件,则在相应的布局图中也会自动放置或更改该元器件。适用于同时进行电路原理图和布局图仿真。

● "Always Design Synchronize(schematic AND layout)"选项:选择此项后,电路原理图与布局图中的任何操作都会保持实时同步,但也会消耗更多的系统资源。适用于同时进行电路原理图和布局图仿真。

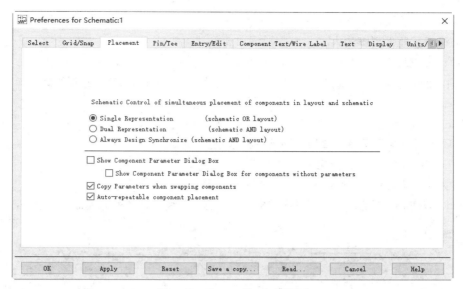

图 4-29　"Placement" 标签页

（2）"Show Component Parameter Dialog Box" 复选框：勾选该复选框，设置显示元器件参数对话框中的选项；勾选 "Show Component Parameter Dialog Box for components without parameters" 复选框，在显示元器件参数对话框中显示没有进行参数设置的元器件。

（3）"Copy Parameters when swapping components" 复选框：勾选该复选框，交换元器件时复制参数。

（4）"Auto-repeatable component placement" 复选框：勾选该复选框，放置重复的元器件。

4.2.2　引脚/节点参数设置

为了方便辨认元器件的引脚和节点是否连接正确，在 "Pin/Tee" 标签页中用户可以根据自己的使用习惯设置引脚和节点的大小、颜色，如图 4-30 所示。

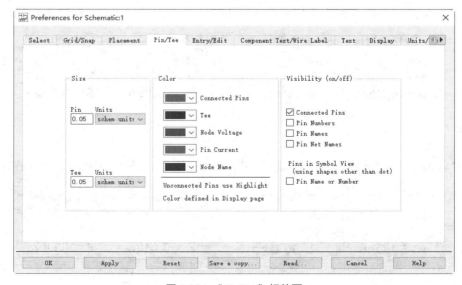

图 4-30　"Pin/Tee" 标签页

（1）"Size"选项组

- Pin：设置元器件引脚的大小。
- Tee：设置连线节点的大小。
- Units：设置元器件引脚或连线节点的单位，包含 schem units（电路原理图默认单位）、screen pixels（屏幕像素）。

（2）"Color"选项组

在该选项组下设置元器件引脚和连线节点的颜色。

（3）"Visibility（0~1 off）"选项组

在该选项组下设置元器件引脚和连线节点在电路原理图上的标示方式。

- "Connected Pins"复选框：选择该复选框，在已连接导线的首尾两端添加实心点标记，如图 4-31 所示。

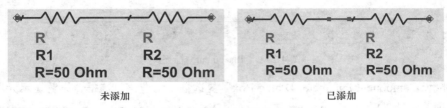

图 4-31　导线添加标记

- "Pin Numbers"复选框：选择该复选框，在元器件引脚上方显示引脚编号，如图 4-32 所示。

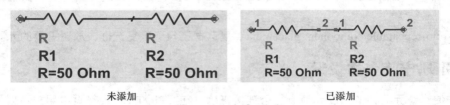

图 4-32　添加引脚编号

- "Pin Names"复选框：选择该复选框，在元器件引脚上方显示引脚名称，如图 4-33 所示。

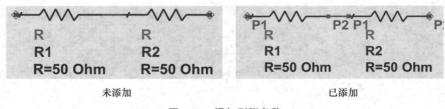

图 4-33　添加引脚名称

- "Pin Net Names"复选框：选择该复选框，在元器件引脚上方显示引脚网络名称，如图 4-34 所示。

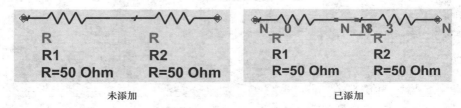

图 4-34　添加网络名称

4.2.3 接口/编辑参数设置

"Entry/Edit"标签页用于设置电路原理图中各种连线的基本规则，包括连线的绕行、连线的转角、连线的形状等，如图 4-35 所示。

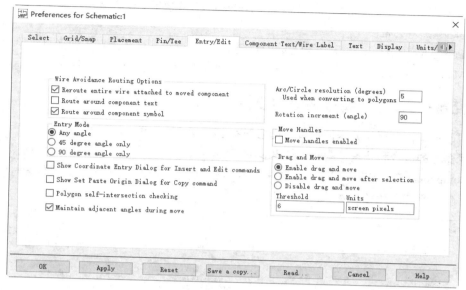

图 4-35 "Entry/Edit"标签页

（1）"Wire Avoidance Routing Options（连线的绕行选项）"选项组

• "Reroute entire wire attached to moved component"选项：选择该选项，在绘制两个引脚之间的导线时，连线直接穿过两个引脚之间的阻挡对象，但不会与阻挡物发生电气连接。

• "Route around component text"选项：选择该选项，在绘制两个引脚之间的导线时，导线会自动地绕过两个引脚之间的文本显示图形，如在电路原理图中的注释文本、元器件或仿真器的参数标注等。

• "Route around component symbol"选项：选择该选项，在绘制两个引脚之间的导线时，导线会自动地绕过两个引脚之间的元器件或仿真器。

（2）"Entry Mode（接口模式）"选项组

• "Any angle"选项：可以绘制任意角度的折线。

• "45 degree angle only"选项：只绘制 45° 的折线。

• "90 degree angle only"选项：只绘制水平或者垂直的折线。

（3）Arc/Circle resolution（degrees）Used when converting to polygons：在 ADS 中绘制的弧线或者圆是由许多小线段构成的。在该文本框内输入每一个小线段的弧度，该值越小，绘制的圆弧越光滑。

（4）Rotation increment（angle）：设置元器件或导线每次旋转的角度。

（5）"Drag and move（拖动和移动）"选项组

① 为了防止用户拖曳元器件出现误操作，选择不同的拖动和移动模式。

• "Enable drag and move"选项：启用拖动和移动。

• "Enable drag and move after selection"选项：选择后启用拖动和移动。

• "Disable drag and move"选项：禁用拖动和移动。

② Threshold：设置拖曳元器件的最大移动距离。

③ Units：设置拖曳元器件的最大移动距离的单位。

（6）"Show Coordinate Entry Dialog for Insert and Edit commands"复选框：选择该复选框，选择插入和编辑命令时显示坐标项对话框。

（7）"Show Set Paste Origin Dialog for Copy command"复选框：选择该复选框，选择复制命令时显示设置粘贴原点对话框。

（8）"Polygon self-intersection checking"复选框：选择该复选框，进行多边形自交检验。

（9）"Maintain adjacent angles during move"复选框：选择该复选框，在移动过程中保持辐射角。

4.2.4　元器件文本/导线标签参数设置

为了便于理解，调用的元器件或者仿真控制器中都有各种注释文本，其中包括了该元器件的唯一编号、元器件的参数和仿真控制器的仿真参数。

在"Component Text/Wire Label（元器件文本/导线标签）"标签页中，可以设置元器件文本和导线标签的字体、格式、颜色和属性，如图 4-36 所示。

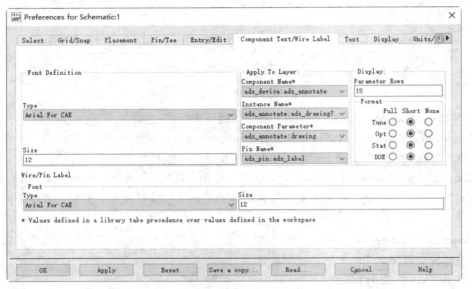

图 4-36　"Component Text/Wire Label"标签页

（1）"Font Definition（字体定义）"选项组

在该选项组下设置元器件或者仿真控制器中的注释文本的字体类型和大小，默认为"Arial For CAE"，默认大小为 12。

（2）"Wire/Pin Label"选项组

在该选项组下设置导线标签和引脚标签的字体类型和大小。

（3）"Apply To Layer（图层应用）"选项组

在该选项组下显示不同文本对象所在图层，可以设置的文本对象包括 Component Name*、Instance Name*、Component Parameter*、Pin Name*。

（4）"Display"选项组

在该选项组下设置参数列的格式。

① Parameters Rows：代表在一列中显示元器件文本行的最大数目。

② Format：设置电路原理图上标注的显示形式。

- Full：完整显示标注，如 50 Ohm tune{25 Ohm to 75 Ohm by 5 Ohm}。

- Short：以缩写形式显示标注，如 50 Ohm{t}。

- None：仅显示标注的一个值，如 50 Ohm。

4.2.5 编辑环境显示设置

在"Display"标签页中可以设置 ADS 电路原理图中的前景颜色、背景颜色、高亮标注部分的颜色、固定元器件的颜色、无效元器件的文本颜色，如图 4-37 所示。

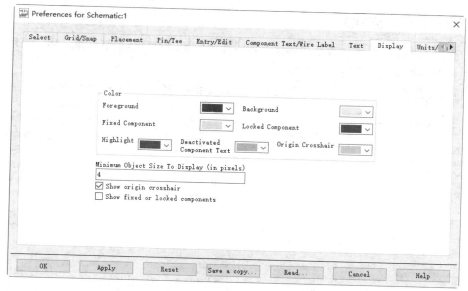

图 4-37 "Display"标签页

（1）"Color"选项组

- "Foreground"下拉列表：设置电路原理图视窗编辑器工作区的前景颜色。

- "Background"下拉列表：设置电路原理图视窗编辑器工作区的背景颜色，为使书中图形显示更清楚，设置背景颜色为白色。

- "Fixed Component"下拉列表：设置电路原理图视窗编辑器中固定元器件的颜色。

- "Locked Component"下拉列表：设置电路原理图视窗编辑器锁定元器件的颜色。

- "Highlight"下拉列表：设置电路原理图视窗编辑器中高亮元器件显示的颜色。

- "Deactivated Component Text"下拉列表：设置电路原理图视窗编辑器中无效元器件（未激活元器件）的文本颜色。

- Origin Crosshair：设置电路原理图视窗编辑器中坐标原点十字线的颜色。

（2）"Minimum Object Size To Display (in pixels)（显示的最小对象大小）"选项组

- "Show origin crosshair"选项：选择该选项，显示坐标原点的水平、垂直十字辅助线，如图 4-38 所示。

- "Show fixed or locked components"选项：选择该选项，显示固定或锁定的元器件。

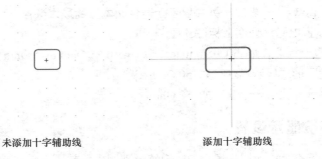

未添加十字辅助线　　　　　　　添加十字辅助线

图 4-38　显示坐标原点

4.2.6　调谐分析参数设置

调谐分析功能是用户在手动改变元器件参数或变量值的同时显示求解结果，用户可以实时查看设计中的某个参数对整个电路性能的影响。

"Tuning（调谐）"标签页用于设置调谐分析功能的基本参数，如图 4-39 所示。

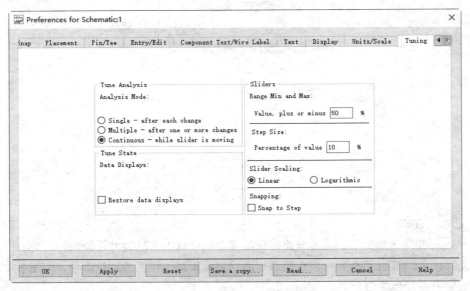

图 4-39　"Tuning"标签页

（1）"Tune Analysis（调谐分析）"选项组

Analysis Mode：调谐分析模式选择。

● "Single-after each change"选项：元器件值每改变一次就进行一次调谐分析。

● "Multiple- after each or more changes"选项：只在按下调谐键后才进行调谐分析。该选项适用于多个参数的调谐。

● "Continuous-while slider is moving"选项：跟随显示元器件值的滑动条实时地进行分析，默认选择该选项。

（2）"Tune State（调谐状态）"选项组

Data Displays：选择"Restore data display"选项，则调谐开始时会自动打开数据显示窗口并显示先前保存的数据文件。

（3）"Sliders（滑块）"选项组

• Range Min and Max：在该文本框内设置被调谐元器件的数值范围，以百分比（%）的形式显示。

• Step Size：在该文本框内设置调谐元器件值的步长，以百分比（%）的形式显示。

• Slider Scaling：选择元器件值滑动条按 Linear（线性）或 Logarithmic（对数比例）变化。

• Snapping：选择"Snap to Step"选项，滑动条按设置的步长变化；不选择该选项，则滑动条连续变化。

4.3 搜索元器件

ADS 2023 提供了强大的元器件搜索能力，帮助用户轻松地在元器件库中定位元器件。

4.3.1 直接搜索

在"Parts（元器件）"面板的"Search all libraries（搜索元器件）"栏中，可以输入一些与查询内容有关的过滤语句表达式，有助于使系统进行更快捷、更准确的查找。在文本框中输入"RES"，系统开始自动搜索，在下面的元器件列表中显示符合搜索条件的元器件，如图 4-40 所示。

单击"Select Libraries to Search（选择搜索库）"按钮 ▼，弹出"Select Libraries to Search（选择搜索库）"对话框，如图 4-41 所示。勾选元器件库前的复选框，则该元器件库文件被加载。否则，不加载其元器件库。

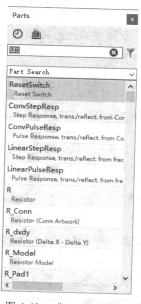

图 4-40 "Parts"面板

图 4-41 "Select Libraries to Search"对话框

4.3.2 按钮查找元器件

在"Parts"面板中单击"Open the Library Browser（打开搜索库）"按钮 ，弹出"Component Libraries（元器件库）"对话框，在左侧列表中选择指定的元器件库，在右侧列表中显示该元器件库中的所有元器件。

在右侧列表上方的"Search"文本框内输入关键词（如"RES"），即可开始搜索元器件，在下面的列表中显示符合条件的元器件，如图 4-42 所示。

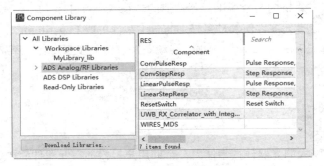

图 4-42　搜索元器件

可以看到，符合搜索条件的元器件名称、所属元器件库文件在该对话框上被一一列出，供用户浏览参考。

4.4　放置元器件

在元器件库中找到元器件后，就可以在电路原理图上放置该元器件了。

在 ADS 2023 中有两种元器件放置方法，分别是通过"Parts"面板放置和通过菜单命令放置。下面以放置电阻元器件"Resistor"为例，以下简称"R"，对这两种放置过程进行详细说明。

在放置元器件之前，应该首先选择所需要的元器件，并且确认所需要的元器件所在的库文件已经被装载。若没有装载库文件，将无法找到该元器件。

1. 通过"Parts"面板放置元器件

通过"Parts"面板放置元器件的操作步骤如下。

（1）打开"Parts"面板，选择所要放置元器件所属的库文件。在这里，需要的元器件全部在元器件库"Lumped-Components（集总参数元器件）"面板中，其中主要包括电感、电容和电阻等常用集总参数元器件。

（2）选择想要放置的元器件所在的元器件库。在下拉列表框中选择电阻 R 所在的元器件库"Lumped-Components"。该元器件库出现在文本框中，这时可以放置其中的元器件。在后面的列表中将显示库中所有的元器件。

（3）在浏览器中选中所要放置的元器件，该元器件将以高亮显示，同时自动显示该元器件的详细信息，本例为电阻 R，如图 4-43 所示。

此时可以放置该元器件的符号。"Lumped-Components"元器件库中的元器件很多，为了快速定位元器件，可以在上面的文本框中输入所要放置元器件的名称或元器件名称的一部分，名称包含输入内容的元器件会以列表的形式出现在浏览器中。

（4）单击选中该元器件，鼠标光标将变成十字形状并附带着电阻 R 的符号出现在工作窗口中，如图 4-44 所示。

（5）移动鼠标光标到合适的位置，单击，在鼠标光标停留的位置放置电阻 R。此时系统仍处于放置元器件的状态，可以继续放置电阻 R，如图 4-45 所示。在完成电阻 R 的放置后，单击鼠标右键或者按下"Esc"键退出元器件放置的状态，结束元器件的放置。

图 4-43　选择电阻 R

图 4-44　放置电阻 R

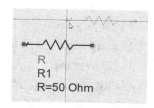

图 4-45　继续放置电阻 R

（6）完成多个元器件的放置后，可以对元器件的位置进行调整，设置这些元器件的属性。然后重复刚才的步骤，放置其他元器件。

2. 通过菜单命令放置元器件

（1）选择菜单栏中的"Insert"→"Component"→"Component Library"命令，弹出"Component Library"对话框，如图 4-46 所示。

（2）在对话框中，在选中的元器件上双击，或单击鼠标右键，选择"Place Component"命令，即可在电路原理图中放置元器件。

（3）放置步骤和通过"Parts"面板放置元器件的步骤完全相同，这里不再赘述。

3. 显示历史元器件列表

（1）用户在进行电路原理图设计时，经常会用到前面曾经用到过的电路元器件或仿真元器件。再次通过元器件库列表按类型进行选择的步骤过于烦琐，ADS 提供了显示历史元器件的功能，当用户用到前面曾经使用过的元器件时，可以非常方便地在历史元器件列表中选取元器件。

（2）单击"Parts"面板左上角的"Show Recent Parts（显示历史元器件）"按钮，在中间的元器件类型中显示为"Recent Parts"，在下面的列表中列出了全部用户曾经使用过的元器件，如图 4-47 所示。

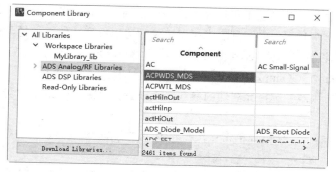

图 4-46　显示元器件库中的元器件

图 4-47　显示历史元器件

4.5 元器件的属性设置

在电路原理图上放置的所有元器件都具有自身的特定属性，在放置好每一个元器件后，应该对其属性进行正确的编辑和设置，以免使后面的网络表生成及 PCB 的制作产生错误。

双击电路原理图中的元器件，选择菜单栏中的"Edit"→"Component"→"Edit Component Parameters（编辑元器件参数）"命令，或单击鼠标右键选择"Component"→"Edit Component Parameters"命令，系统会弹出"Edit Instance Parameters（编辑实例参数）"对话框，如图 4-48 所示。

（1）Library name：显示元器件所在电路原理图使用的元器件库名称。

（2）Cell name：显示元器件所在元器件库的类别名称。

（3）View name：显示视图文件名称。

（4）Instance name：显示元器件的实例名称，标识名称是由系统自动分配的，必要时可以修改，但必须保证标识名称的唯一性。

（5）"Swap Component（替换元器件）"按钮：单击该按钮，弹出"Swap Component"对话框，如图 4-49 所示，在该对话框中选择替换该元器件的对象。

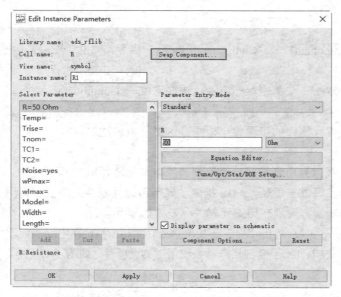

图 4-48　"Edit Instance Parameters"对话框

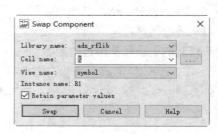

图 4-49　"Swap Component"对话框

（6）"Select Parameter"下拉列表：在该列表中显示元器件的参数列表，如"Temp="表示设置元器件温度。在该列表中选择其中一个参数，在该列表中显示该参数可以设置的值，包括具体的参数值、单位等。在图 4-48 中，选择设置电阻值 R，默认值为 50，单位为 Ohm，还可以在下拉列表中选择 None、mOhm、kOhm、MOhm、GOhm、TOhm。

（7）"Parameter Entry Mode"下拉列表：选择元器件的参数接口模型，包括 Standard（标准）、File Based（根据文件定义）两种。

（8）"Equation Editor（公式编辑器）"按钮：单击该按钮，弹出"Equation Editor"对话框，如图 4-50 所示，利用参数定义变量。

（9）"Tune/Opt/Stat/DOE Setup"按钮：单击该按钮，弹出"Setup"对话框，如图 4-51 所示，

对元器件调整参数、优化设计参数、统计参数、DOE 仿真参数进行设置。

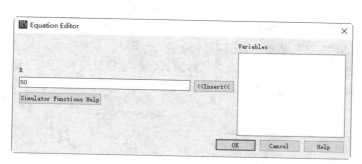

图 4-50　"Equation Editor" 对话框

图 4-51　"Setup" 对话框

（10）"Display parameter on schematic" 复选框：勾选该复选框，在电路原理图中元器件符号附近显示元器件的参数。反之，隐藏元器件参数值 "R=50 Ohm"，如图 4-52 所示。

（11）"Component Options" 按钮：单击该按钮，弹出 "Component Options" 对话框，如图 4-53 所示。

- "Parameter Visibility" 选项框：设置元器件参数的可见性，选择 "Set All（选择全部）" 选项，显示元器件全部参数；选择 "Clear All（清除全部）" 选项，隐藏元器件全部参数。
- "Scope" 选项框：设置元器件参数范围，包括 "Nested（嵌套）" 选项、"Global（全局）" 选项。
- "Display Component Name" 复选框：选择该复选框，在电路原理图中显示元器件名称。

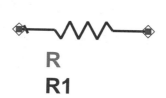

图 4-52　隐藏元器件参数值

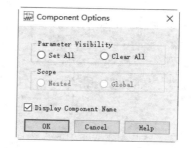

图 4-53　"Component Options" 对话框

完成元器件参数设置后，单击 "Apply（应用）" 按钮，将参数设置结果应用到当前元器件上；单击 "Reset（恢复）" 按钮，将参数设置恢复为初始状态。单击 "OK" 按钮，关闭对话框。

4.6　电路原理图的电气连接

元器件之间的主要是通过来导线进行连接的。导线是电路原理图中最重要也是用得最多的图元，它具有电气连接的意义，不同于一般的绘图工具，一般绘图工具没有电气连接的意义。

4.6.1　放置导线

导线是电气连接中最基本的组成单位，放置导线的操作步骤如下。

（1）选择菜单栏中的"Insert"→"Wire"命令，或单击"Insert"工具栏中的"Insert Wire"按钮◥，或按下"Ctrl+W"组合键，此时鼠标光标变成十字形状。

（2）将鼠标光标移动到想要完成电气连接的元器件的引脚上，单击放置导线的起点。由于启用了栅格捕捉的功能，因此，电气连接很容易完成。移动鼠标光标，多次单击可以确定多个固定点，最后放置导线的终点，完成两个元器件之间的电气连接，如图 4-54 所示。

此时鼠标光标仍处于放置导线的状态，重复上述操作可以继续放置其他的导线。按下"Esc"键或单击鼠标右键选择"End Command"命令，即可退出操作。

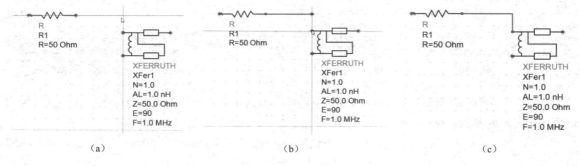

图 4-54　两个元器件间的电气连接

（3）设置导线标签。双击导线，弹出图 4-55 所示的"Edit Wire Label（编辑导线标签）"对话框，在"Net name（网络名称）"中可以对导线的标签进行设置。标签设置完成的导线显示图 4-56 所示的网络标签。

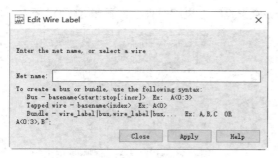

图 4-55　"Edit Wire Label"对话框 1

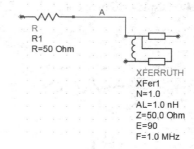

图 4-56　添加导线标签

4.6.2　放置总线

总线是一组具有相同性质的并行信号线的组合，如数据总线、地址总线、控制总线等的组合。在大规模的电路原理图设计，尤其是数字电路的设计中，如果只用导线来完成各元器件之间的电气连接，那么整个电路原理图的连线就会显得杂乱而烦琐。而总线的运用可以大大简化电路原理图的连线操作，使电路原理图更加整洁、美观。

电路原理图编辑环境下的总线没有任何实质的电气连接意义，仅仅是为了绘图和读图方便而采取的一种简化连线的表现形式。

总线的放置与导线的放置相同，可以先绘制普通导线，再通过设置网络名称来进行导线与总线的转换，其操作步骤如下。

（1）选择菜单栏中的"Insert"→"Wire"命令，或单击"Insert"工具栏中的"Insert Wire"按钮✎，或按下"Ctrl+W"组合键，绘制导线。

（2）设置总线的属性。双击总线，弹出图 4-57 所示的"Edit Wire Label"对话框，在"Net name"中输入总线格式的网络名称，如"A<0:3>"，即可将导线转换为总线，总线一般比导线粗。结果如图 4-58 所示。

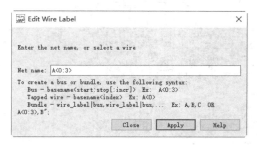

图 4-57 "Edit Wire Label"对话框 2

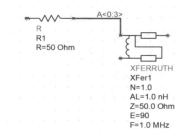

图 4-58 创建总线

4.6.3 放置 GROUND（接地符号）

接地符号是电路原理图中必不可少的组成部分。放置接地符号的操作步骤如下。

（1）单击菜单栏中的"Insert"→"GROUND"命令，或单击"Insert"工具栏中的"GROUND"按钮⏚，此时鼠标光标变成十字形状，并带有一个接地符号 ⏚。

（2）移动鼠标光标到需要放置 GROUND 的地方，单击即可完成放置，如图 4-59 所示。此时鼠标光标仍处于放置 GROUND 的状态，重复操作即可放置其他的 GROUND。

按下"Esc"键或单击鼠标右键选择"End Command"命令，即可退出操作。

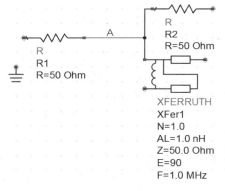

图 4-59 放置 GROUND

4.6.4 放置 VAR（变量和方程组成部分）

在进行电路设计的过程中，在进行系统优化设计时需要使用 VAR。ADS 提供了别的电气设计软件没有的功能，引入元器件 VAR，VAR 可以定义多个变量或方程。放置 VAR 的操作步骤如下。

（1）选择菜单栏中的"Insert"→"VAR"命令，或单击"Insert"工具栏中的"Insert VAR"按钮，此时鼠标光标变成十字形状，并带有一个矩形虚线框。

（2）移动鼠标光标到需要放置 VAR 的位置，单击即可完成放置，如图 4-60 所示。此时鼠标光标仍处于放置 VAR 的状态，重复操作即可放置其他的 VAR。按下"Esc"键或单击鼠标右键选择"End Command"命令，即可退出操作。

（3）设置 VAR 的属性。双击 VAR，弹出图 4-61 所示的"Edit Instance Parameters"对话框。在该对话框中可以对 VAR 的实例参数进行设置，对

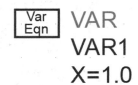

图 4-60 放置 VAR

话框中的实例参数与元器件基本属性设置对话框基本相同，这里不再赘述。

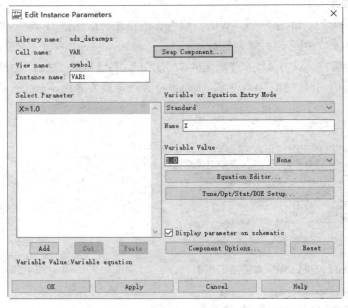

图 4-61　"Edit Instance Parameters" 对话框

4.6.5　放置文本

在绘制电路原理图时，为了提升电路原理图的可读性，设计者会在电路原理图的关键位置添加文字说明，即添加文本。

（1）选择菜单栏中的 "Insert" → "Text" 命令，此时鼠标光标变成十字形状。

（2）移动鼠标光标到需要放置文本的位置，单击显示文本编辑框，如图 4-62 所示，在鼠标显示处输入说明文字，在文本编辑框外单击，即可结束本次文本输入。

图 4-62　放置文本

此时鼠标光标仍处于放置文本的状态，重复操作即可放置其他的文本。按下 "Esc" 键或单击鼠标右键选择 "End Command" 命令，即可退出操作。

（3）设置文本的属性。双击文本，弹出图 4-63 所示的 "Properties" 面板。在该面板中可以对文本的属性进行设置。

① "All Shapes" 选项组

在该选项组下的"Layer"下拉列表中选择文本所在图层，默认为 "ads_device:drawing" 。

② "Text and Text Displays（文本和文本显示）" 选项组

- Text：用于输入具体的元器件的文字说明。
- "Font" 下拉列表：显示文本字体名。
- Point：显示文本字体大小。
- Location X：定义文本 X 坐标值。
- Location Y：定义文本 Y 坐标值。
- "Horizontal justification" 下拉列表：用于调整文本在水

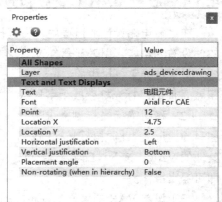

图 4-63　 "Properties" 面板

平方向上的位置。有 3 个选项，分别为 Left（左对齐）、Middle（居中）和 Right（右对齐）。默认为 Left。

- "Vertical justification"下拉列表：用于调整文本在垂直方向上的位置。也有 3 个选项分别为 Bottom（底对齐）、Center（居中）和 Top（顶对齐），默认为 Bottom。

- Placement angle：设置文本放置角度，默认角度为 0°。放置角度不是任意值，一般情况下，可以设置的角度为 0°、90°、180° 和–90°。

- "Non-rotating (when in hierarchy)"下拉列表：设置在生成层次电路时，文本是否进行旋转，默认选择"False（否）"，即不旋转。

4.6.6 放置文本注释

在 ADS 中，元器件本身的属性包括一些系统的文本注释参数，包含 Library Name（库名称）、Cell Name（设计单元名称）、View Name（视图名称）、Last Time and Date Saved（最后保存时间）如图 4-64 所示。若需要放置这些文本注释时，不需要文本输入，只需要选择文本注释对应的参数即可。

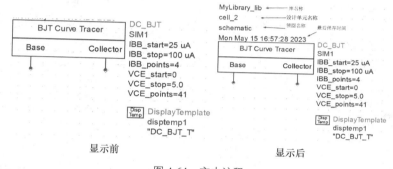

显示前　　　　　　　　　显示后

图 4-64　文本注释

（1）选择菜单栏中的"Insert"→"Text Display"命令，弹出下面的子菜单，如图 4-65 所示。选择子菜单中的任意命令，此时鼠标光标变成十字形状。

（2）移动鼠标光标到需要放置系统参数的位置单击，在元器件上方显示对应的文本注释。此时鼠标光标仍处于放置文本注释的状态，重复操作即可放置其他的文本注释。按下"Esc"键或单击鼠标右键选择"End Command"命令，即可退出操作。

（3）设置文本注释的属性。双击文本注释，弹出图 4-66 所示的"Properties"面板。在该面板中可以对文本注释的实例属性进行设置。面板中参数与文本的属性设置选项相同，这里不再赘述。

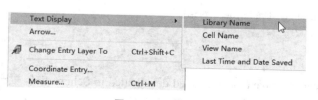

图 4-65　子菜单

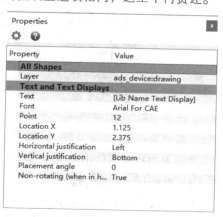

图 4-66　文本注释属性面板

4.7 从电路原理图生成布局图

在 Schematic 视图窗口中，选择菜单栏中的"Schematic"→"Generate/Update Layout（生成更新布局图）"命令，直接创建与电路原理图同名的布局图，如图 4-67 所示。同时，弹出"Generate/Update Layout"对话框，用来设置更新的布局图的参数选项，如图 4-68 所示。

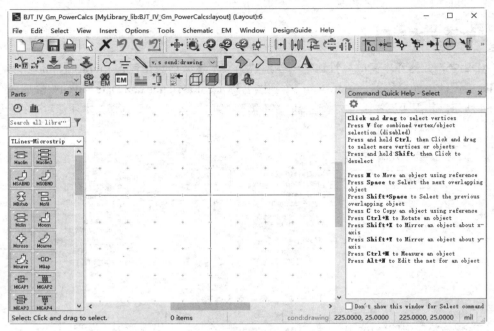

图 4-67　自动生成布局图

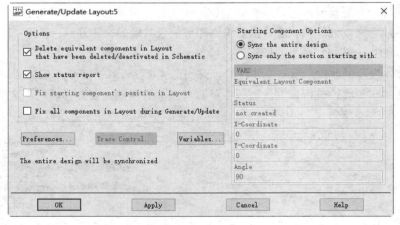

图 4-68　"Generate/Update Layout"对话框

下面介绍该对话框中的选项。

（1）"Options"选项组

① "Delete equivalent components in Layout that have been deleted/deactivated in Schematic"复选框：勾选该复选框，在布局图中删除在电路原理图中删除/停用的等效元器件。

② "Show status report" 复选框：勾选该复选框，显示状态报告。

③ "Fix starting component's position in Layout" 复选框：勾选该复选框，固定启动元器件在布局图中的位置。

④ "Fix all components in Layout during Generate/Update" 复选框：勾选该复选框，固定生成/更新过程图布局图的所有元器件。

⑤ "Preferences" 按钮：单击该按钮，弹出 "GenerateUpdatePreferences（生成更新属性）" 对话框，设置布局图中连接线的长度、元器件文本字体和大小、负片的大小和单位、引脚和 GROUND 的大小和单位、默认图层，如图 4-69 所示。

⑥ "Trace Control" 按钮：设置走线控制参数。

⑦ "Variables" 按钮：单击该按钮，弹出 "Variables" 对话框，设置定义顶层设计，用于连接不同的层次结构，如图 4-70 所示。

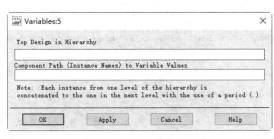

图 4-69　"GenerateUpdatePreferences" 对话框　　　　图 4-70　"Variables" 对话框

（2）"Starting Component Options（启动元器件选项）" 选项组

① "Sync the entire design" 选项：同步整个设计。

② "Syne only the section starting with" 选项：只同步以下选项为开头的部分。

- Equivalent Layout Component：指定同步等效布局元器件名称。
- Status：指定元器件状态。
- X-Coordinate：指定同步元器件的 X 轴坐标。
- Y-Coordinate：指定同步元器件的 Y 轴坐标。
- Angle：指定同步元器件的角度。

4.8　操作实例

4.8.1　RLC 串联谐振电路

图 4-71 为 RLC 串联谐振电路图。RLC 串联谐振电路由电阻 R、电感 L 和电容 C 与交流电源串

联而成。

在 RLC 串联谐振电路中，流经各部分的电流都相等，电阻上的电压降与电流相位相同，电感上的电压降超前于电流 90°，电容上的电压降滞后于电流 90°。在该电路中，电阻、电感和电容上的电压降取决于电路电流，以及 R、X_L 和 X_C，如式（4-1）所示。

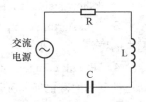

图 4-71 RLC 串联谐振电路

$$U_R = IR \qquad U_L = IX_L \qquad U_C = LX_C \qquad （4\text{-}1）$$

电路的总阻抗如式（4-2）所示。

$$Z = R + j\left(\omega L - \frac{1}{\omega C}\right) \qquad （4\text{-}2）$$

当调节信号源的频率或者 L 或者 C 的值，使得 $\omega L=1/\omega C$（$\omega=2\pi f$）时，电路呈现纯阻性，发生串联谐振，谐振频率如式（4-3）所示。

$$f_0 = \frac{1}{2\pi\sqrt{LC}} \qquad （4\text{-}3）$$

1. 设置工作环境

启动 ADS 2023，打开主窗口界面。选择菜单栏中的"File"→"Open"→"Workspace"命令，或单击工具栏中的"Open New Workspace"按钮 ，弹出"New Workspace"对话框，选择打开工程文件"Resonant_Circuit_wrk"。双击"Series Circuit"下的 Schematic 视图窗口，进入电路原理图编辑环境，如图 4-72 所示。

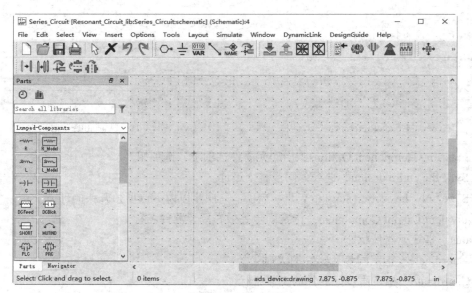

图 4-72 电路原理图编辑环境

2. 电路原理图图纸设置

（1）选择菜单栏中的"Options"→"Preferences"命令，或者在电路原理图编辑区内单击鼠标右键，并在弹出的快捷菜单中选择"Preferences"命令，弹出"Preferences for Schematic"对话框。在该对话框中可以对电路原理图图纸进行设置。

（2）单击"Grid/Snap"标签页，在"Snap Grid per Display Grid"选项组下的"X"文本框中输入 1。

（3）单击"Display"标签页，在"Background"选项下选择白色背景，如图 4-73 所示。

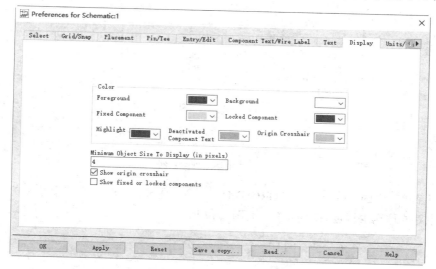

图 4-73　"Display"标签页

3. 元器件的放置

（1）激活"Parts"面板，在库文件列表中选择名为"Basic Components"的基本元器件库。在该元器件库中依次单击选择电阻（R）、电容（C）、电感（L），在电路原理图中合适的位置上放置这些元器件，放置结果如图 4-74 所示。

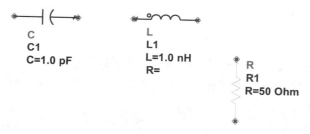

图 4-74　放置基本元器件

（2）在"Basic Components"中依次选择交流电压源 V_AC，在电路原理图中合适的位置上放置 SRC1，如图 4-75 所示。

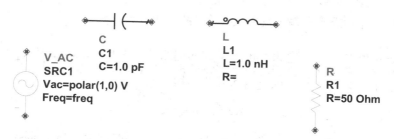

图 4-75　放置电源元器件

4. 电路原理图连线

（1）选择菜单栏中的"Insert"→"Wire"命令，或单击"Insert"工具栏中的"Insert Wire"按

钮 ，或按下 "Ctrl+W" 组合键，进入导线放置状态，连接元器件，结果如图 4-76 所示。

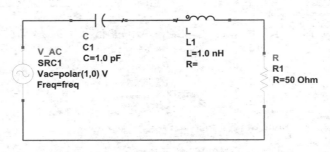

图 4-76　电路原理图布线

（2）选择菜单栏中的 "Insert" → "GROUND" 命令，或单击 "Insert" 工具栏中的 "GROUND" 按钮 ，在电路原理图中放置 GROUND，如图 4-77 所示。

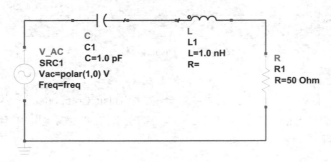

图 4-77　放置 GROUND

5. 添加说明

（1）选择菜单栏中的 "Insert" → "Text" 命令，此时鼠标光标变成十字形状。移动鼠标光标到需要放置文本的位置，单击显示文本编辑框，在显示处输入说明文字，如图 4-78 所示。

电容和电感头尾相连，并与交流信号连接在一起就构成了串联谐振电路。
其中，V_AC为交流信号，C为电容，L为电感，R为电感的直流等效电阻。

图 4-78　放置文本 1

（2）双击 "Instructions" 下的 "Schematic" 视图窗口，进入电路原理图编辑环境。选择菜单栏中的 "Insert" → "Text" 命令，此时鼠标光标变成十字形状。移动鼠标光标到需要放置文本的位置，单击显示文本编辑框，在显示处输入说明文字，如图 4-79 所示。

谐振电路是一种由电感和电容构成的电路，故又称 LC 谐振电路。
谐振电路在工作时会表现出一些特殊的性质，这使它得到了广泛应用。
谐振电路分为串联谐振电路和并联谐振电路。

图 4-79　放置文本 2

（3）双击文本，弹出 "Properties" 面板，在 "Layer" 下拉列表中选择 "ads_annotate:ads_drawing1"，在 "Font" 下拉列表中选择 "楷体"，在 "Point" 文本框内输入 "20"，如图 4-80 所示。键入回车键，在工作区应用文本属性设置，结果如图 4-81 所示。

（4）单击 "Basic" 工具栏中的 "Save" 按钮 ，保存电路原理图绘制结果。

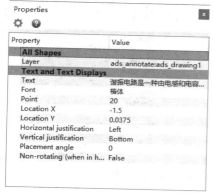

图 4-80　"Properties" 面板

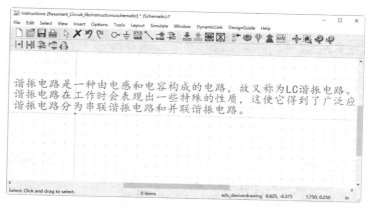

图 4-81　文本编辑结果

4.8.2　二极管限幅电路

限幅电路是利用二极管的单向导电性和正向导通时其正向导通电压基本为一定值的特点，来限制输出电压变化幅度的电路，操作步骤如下。

1. 设置工作环境

（1）启动 ADS 2023，打开主窗口界面。选择菜单栏中的 "File" → "New" → "Workspace" 命令，或单击工具栏中的 "Create A New Workspace" 按钮 ，弹出 "New Workspace" 对话框，输入工程名称 "Diode_Limiting_wrk"，新建一个工程文件 "Diode_Limiting_wrk"。

（2）在主窗口界面中，选择菜单栏中的 "File" → "New" → "Schematic" 命令，或单击工具栏中的 "New Schematic Window" 按钮 ，弹出 "New Schematic" 对话框，在 "Cell" 文本框内输入电路原理图名称 "Transient_Analysis"。单击 "Create Schematic" 按钮，在当前工程文件夹下，创建电路原理图文件 "Transient_Analysis"，如图 4-82 所示。同时，自动打开 Schematic 视图窗口。

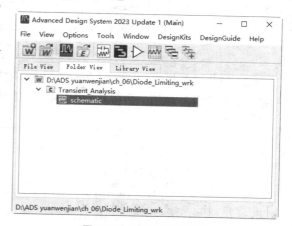

图 4-82　新建电路原理图

2. 电路原理图图纸设置

（1）选择菜单栏中的 "Options" → "Preferences" 命令，或者在电路原理图编辑区内单击鼠标右键，并在弹出的快捷菜单中选择 "Preferences" 命令，弹出 "Preferences for Schematic" 对话框。在该对话框中可以对电路原理图图纸进行设置。

（2）单击 "Grid/Snap" 标签页，在 "Snap Grid per Display Grid" 选项组下的 "X" 文本框中输入 1。

（3）单击 "Display" 标签页，在 "Background" 选项下选择白色背景。

3. 元器件的放置

（1）激活 "Parts" 面板，在库文件列表中选择名为 "Basic Components" 的基本元器件库。在该元器件库中依次单击选择电阻（R）、二极管（Diode），在电路原理图中合适的位置上放置这些元器件，结果如图 4-83 所示。

（2）在 "Basic Components" 中选择脉冲电源 VtPulse，在电路原理图中合适的位置上放置 SRC1，如图 4-84 所示。

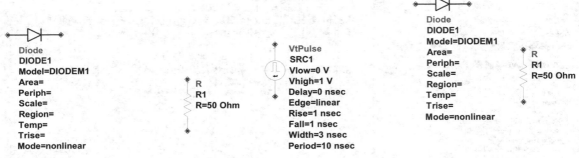

图 4-83　放置基本元器件　　　　　　　图 4-84　放置电源元器件

4．电路原理图连线

（1）选择菜单栏中的"Insert"→"Wire"命令，或单击"Insert"工具栏中的"Insert Wire"按钮＼，或按下"Ctrl+W"组合键，进入导线放置状态，连接元器件，结果如图 4-85 所示。

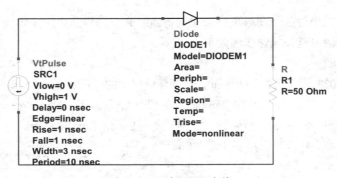

图 4-85　电路原理图布线

（2）选择菜单栏中的"Insert"→"GROUND"命令，或单击"Insert"工具栏中的"GROUND"按钮╧，在电路原理图中放置 GROUND，如图 4-86 所示。

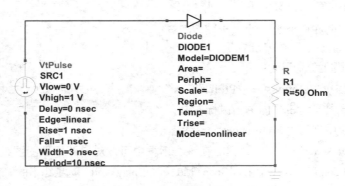

图 4-86　放置 GROUND

（3）单击"Basic"工具栏中的"Save"按钮▦，保存电路原理图绘制结果。

第 5 章

高级电路原理图设计

内容指南

本章主要介绍了层次电路原理图的相关概念及设计方法、电路原理图之间的切换等。对于大规模的复杂电路系统，采用层次电路原理图设计是一个很好的选择。层次电路原理图的设计方法有 2 种，一种是自上而下的层次电路原理图设计，另一种是自下而上的层次电路原理图设计。

掌握层次电路原理图的设计思路和方法，对用户进行大规模电路设计而言非常重要。

5.1 高级电路原理图设计概述

如果电路规模过大，幅面最大的图纸也容纳不下整个电路设计，则必须采用特殊设计的层次电路结构。但是在以下几种情况下，即使电路的规模不是很大，完全可以放置在一页图纸上，也往往会采用层次电路结构。

（1）将一个复杂的电路设计分为几个部分，分配给几个工程技术人员同时进行电路设计。

（2）按功能将电路设计分成几个部分，让具有不同特长的设计人员负责不同部分的电路设计。

（3）采用的打印输出设备不支持幅面过大的电路原理图图纸。

（4）目前自上而下的设计策略已成为电路和系统设计的主流策略，这种设计策略与层次电路结构一致，因此相对复杂的电路和系统设计，大多采用层次电路结构，使用平坦电路结构的情况已相对减少。

5.2 层次电路

层次电路在空间结构上是属于不同空间层次的，在设计层次电路时，一般是先在一张图纸上用框图的形式设计电路的总体结构，然后在另一张图纸上设计每个子电路框图代表的结构，直到最后一层电路图不包含子电路框图为止。

5.2.1 层次电路原理图的基本概念

层次电路原理图的设计理念是对实际的总体电路进行模块划分，划分的原则是每一个电路模块都应具有明确的功能特征和相对独立的结构，而且还要有简单、统一的接口，便于进行模块间的连接。

针对每一个具体的电路模块，可以分别绘制相应的电路原理图，该电路原理图一般被称为子电路原理图，而各个电路模块之间的连接关系则采用一个顶层电路原理图来表示。顶层电路原理图主要由若干个电路原理图符号即层次块符号组成，用来表示各个电路模块之间的系统连接关系，描述了整体电路的功能结构。这样，把整个系统电路分解成顶层电路原理图和若干个子电路原理图以分别进行电路设计。

ADS 2023 提供的层次电路原理图设计功能非常强大，能够实现多层的层次化设计功能。用户可以将整个电路系统划分为若干个子系统，每一个子系统可以划分为若干个功能模块，而每一个功能模块还可以再细分为若干个基本的小模块，这样依次划分下去，就把整个系统划分为多个层次了，这是电路设计化繁为简的过程。

5.2.2 层次电路原理图的基本结构和组成

图 5-1 所示是一个二级层次电路原理图的基本结构，由顶层电路原理图（母图）和子电路原理图共同组成，是一种模块化结构。

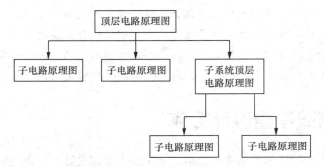

图 5-1 二级层次电路原理图基本结构

其中，子电路原理图就是用来描述某一电路模块具体功能的普通电路原理图，只不过增加了一些输入输出端口，作为与上层进行电气连接的通道口。普通电路原理图的绘制方法在前面已经学习过了，主要由各种具体的元器件、导线等构成。

顶层电路原理图的主要构成元素却不再是具体的元器件，而是代表子电路原理图的层次块，图 5-2 所示是一个电路设计实例采用层次电路结构设计时的顶层电路原理图。

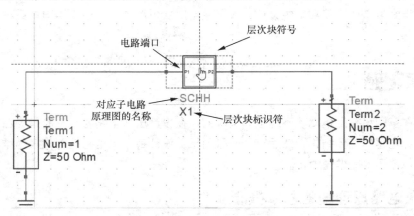

图 5-2 顶层电路原理图的基本组成

该顶层电路原理图主要由 1 个层次块组成，每一个图纸符号都代表一个相应的子电路原理图文件，共有 1 个子电路原理图。在层次块的内部给出了一个或多个表示连接关系的电路端口，对于这

（2）将鼠标光标移动到指定位置单击，放置全局节点，如图 5-8 所示。此时鼠标光标仍处于放置全局节点的状态，重复上述操作可以继续放置其他的全局节点。

（3）设置全局节点的属性。

双击全局节点，系统会弹出"Edit Instance Parameters"对话框，设置全局节点属性，如图 5-9 所示。

在"Select Parameter"列表中显示电路中的全局节点，默认添加 Node[1]，单击"Add"按钮，在该列表中添加节点。在"Enter global node name（输入全局节点名称）"文本框中输入选定节点的名称。默认勾选"Display parameter on schematic（显示电路原理图参数）"复选框，显示该全局节点参数。图 5-10 显示添加 4 个全局节点。

图 5-8　添加全局节点

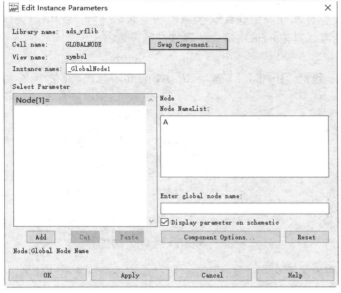

图 5-9　"Edit Instance Parameters"对话框

GLOBAL NODES
GLOBALNODE
_GlobalNode1
Node[1]=A
Node[2]=B
Node[3]=INPUT
Node[4]=OUTPUT

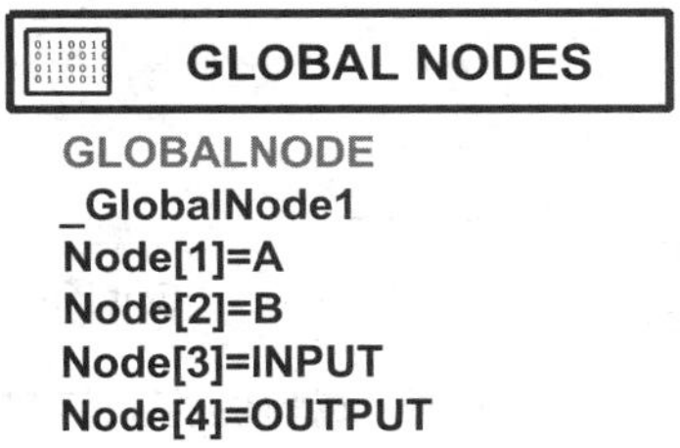

图 5-10　添加 4 个全局节点

5.3.3　放置输入/输出端口

通过前面的学习我们知道，在设计电路原理图时，对于实现两点之间的电气连接，可以直接使用导线，也可以通过设置相同的网络标签来完成。还有一种方法，就是使用电路的输入/输出端口。相同名称的输入/输出端口在电气关系上是连接在一起的。一般情况下，在一张图纸中是不使用输入/输出端口连接的，但在层次电路原理图的绘制过程中经常用到这种电气连接方式。放置输入/输出端口的操作步骤如下。

（1）选择菜单栏中的"Insert"→"Pin"命令，或单击"Insert"工具栏中的"Insert Pin"按钮，此时鼠标光标变成十字形状，并带有一个输入/输出端口符号。

（2）移动鼠标光标到需要放置输入/输出端口的元器件引脚末端或导线上，单击确定输入/输出端口的位置，即可完成输入/输出端口的一次放置。此时鼠标光标仍处于放置输入/输出端口的状态，重复操作即可放置其他的输入输出端口，如图 5-11 所示。

按下"Esc"键或单击鼠标右键选择"End Command"命令，即可退出操作。

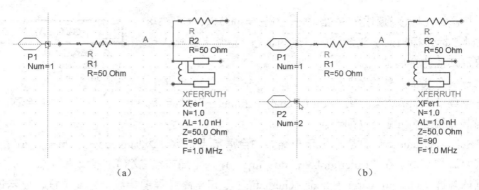

（a）   （b）

图 5-11　放置输入/输出端口

（3）设置输入/输出端口的属性。在放置输入/输出端口的过程中，用户可以对输入/输出端口的属性进行设置。双击输入/输出端口或者在鼠标光标处于放置输入/输出端口的状态时，弹出图 5-12 所示的"Edit Pin"对话框，在该对话框中可以对输入/输出端口的属性进行设置。

其中各选项的说明如下。

① Term：设置新建同项端口的顺序，包括"By name"选项和"By number"选项，如图 5-13 所示。

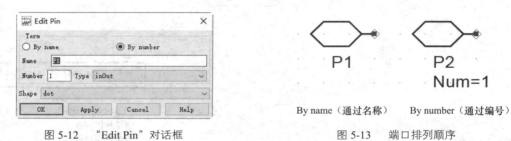

图 5-12　"Edit Pin"对话框   图 5-13　端口排列顺序

② Name：端口名称。这是端口最重要的属性之一，具有相同名称的端口在电气上是连通的。

③ Number：端口编号。

④ Type：用于设置端口的电气特性，为后面的 ERC 提供一定的依据。包括 input、output、inOut、switch、jumper、unused、tristate。

⑤ Shape：用于设置端口外观风格，包括 dot（点形式）、Instances based on term type（根据同项类型的实例）。

5.4　层次电路的设计方法

层次电路的设计方法按照设计顺序可分为自上而下的设计方法、自下而上的设计方法，本节详细讲述这两种设计方法。

5.4.1　自上而下的层次电路原理图设计

采用自上而下的层次电路的设计方法，首先创建顶层电路原理图，在顶层添加层次块代表每个模块，再将这些层次块代表的模块转换成子网络电路原理图，完成每个模块代表的下一层电路原理图并保存。这些电路原理图应该与上一层的模块有同样的名称，这些名称应该确保能将电路原理图

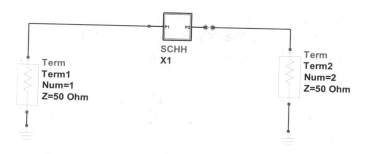

图 5-20 插入层次块元器件 X1

同时，自动生成与层次块同名的子网络设计文件 SCHH，该设计下包含 Schematic 和 Symbol。在 Schematic 中显示选中对象生成的子网络电路原理图，如图 5-21 所示。

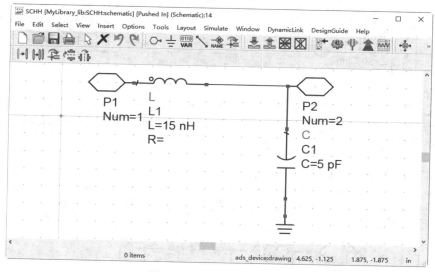

图 5-21 子网络电路原理图

按照同样的方法，将其余子网络电路原理图转换为生成的层次块，放置到顶层电路原理图中，完成顶层电路原理图的绘制，这样就完成了自下而上的层次电路的设计。

5.5 层次电路原理图之间的切换

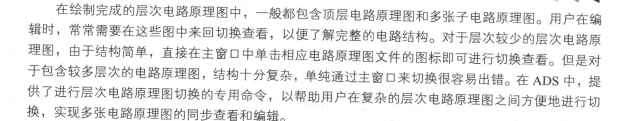

在绘制完成的层次电路原理图中，一般都包含顶层电路原理图和多张子电路原理图。用户在编辑时，常常需要在这些图中来回切换查看，以便了解完整的电路结构。对于层次较少的层次电路原理图，由于结构简单，直接在主窗口中单击相应电路原理图文件的图标即可进行切换查看。但是对于包含较多层次的电路原理图，结构十分复杂，单纯通过主窗口来切换很容易出错。在 ADS 中，提供了进行层次电路原理图切换的专用命令，以帮助用户在复杂的层次电路原理图之间方便地进行切换，实现多张电路原理图的同步查看和编辑。

5.5.1 由顶层电路原理图中的层次块符号切换到相应的子电路原理图

由顶层电路原理图中的层次块符号切换到相应的子电路原理图的操作步骤如下。

打开顶层电路原理图，选择菜单栏中的"View"→"Push Into Hierarchy（推入层次结构）"命令，或按下"Shift+E"组合键，在指定的层次块符号上单击，如图 5-22 所示。自动打开层次块符号表示的子网络设计文件 SCHH 下的 Schematic，如图 5-23 所示。

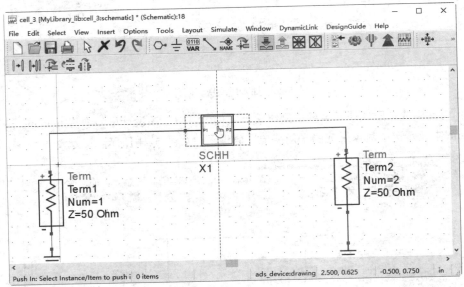

图 5-22　选择层次块符号

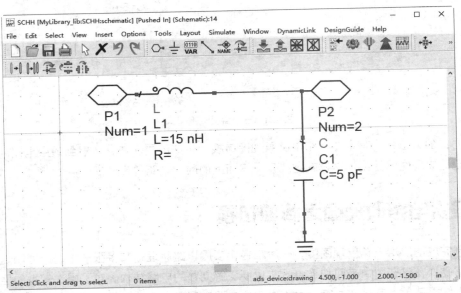

图 5-23　打开子网络设计文件 SCHH 下的 Schematic

5.5.2　由子电路原理图切换到顶层电路原理图

由子电路原理图切换到顶层电路原理图的操作步骤如下。

打开任意一个子电路原理图，选择菜单栏中的"View"→"Push Out of Hierarchy（推出层次结构）"命令，或按下"B"键，自动打开子网络电路原理图视图对应的顶层文件，如图 5-24 所示。

（4）选择菜单栏中的"Insert"→"Pin"命令，或单击"Insert"工具栏中的"Insert Pin"按钮 ⃝－，在 FDD4P 左侧放置输入/输出端口符号 P1、P2，按下"Shift+Y"组合键，左右翻转输入/输出端口，在 FDD4P 右侧放置输入/输出端口符号 P3、P4，如图 5-29 所示。

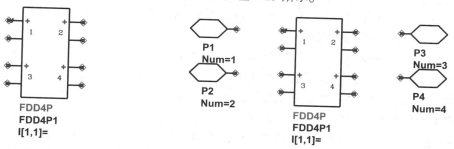

图 5-28　放置 FDD4P 元器件

图 5-29　放置输入/输出端口

（5）单击菜单栏中的"Insert"→"GROUND"命令，或单击"Insert"工具栏中的"GROUND"按钮 ⏚，单击放置 GROUND，如图 5-30 所示。

（6）选择菜单栏中的"Insert"→"Wire"命令，或单击"Insert"工具栏中的"Insert Wire"按钮 ╲，或按下"Ctrl+W"组合键，进入导线放置状态，连接元器件，结果如图 5-31 所示。

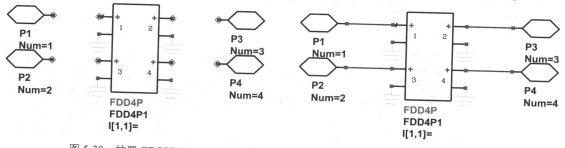

图 5-30　放置 GROUND

图 5-31　电路原理图布线

（7）双击 FDD4P1，弹出"Edit Instance Parameters"对话框，如图 5-32 所示。

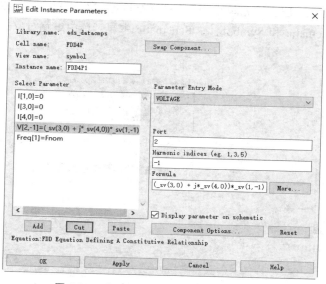

图 5-32　"Edit Instance Parameter"对话框

● 在"Parameter Entry Mode（参数入口模型）"列表中选择"CURRENT"，添加 3 个电流参数，分别为 I[1,0]=0、I[3,0]=0、I[4,0]=0，表示端口 1、端口 3、端口 4 的电流值为 0。

● 在"Parameter Entry Mode"列表中选择"VOLTAGE"，添加电压参数 V[2,-1]= (_sv(3,0) + j*_sv(4,0))*_sv(1,-1)，"表示端口 2 处频率为 Freq[1]的频谱电压等于端口 3 的基带频谱电压+j*端口 4 的基带频谱电压*端口 1 的基带频谱电压"。

● 在"Parameter Entry Mode"列表中选择"FREQUENCY"，在左侧列表中添加频率模型参数 Freq[1]=Fnom，表示将 Freq[1]处的频率定义为 Fnom。

至此完成子电路原理图的绘制，绘制结果如图 5-33 所示。

3．创建层次电路

（1）选择上面绘制完成的子电路原理图，选择菜单栏中的"Edit"→"Component"→"Create Hierarchy"命令，弹出"Create Hierarchy"对话框，在"Cell Name"文本框中输入层次块符号的名称（IQ_modulator），如图 5-34 所示。

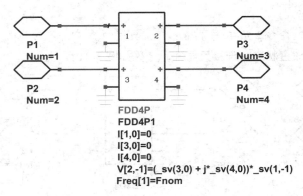

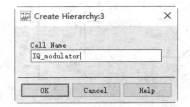

图 5-33　子电路原理图绘制结果　　　　　　　图 5-34　"Create Hierarchy"对话框

（2）单击"OK"按钮，自动将绘制的子电路原理图替换为一个层次块元器件 X1（IQ_modulator），如图 5-35 所示。

（3）同时，自动生成与层次块元器件同名的子网络设计文件"IQ_modulator"，如图 5-36 所示，该设计文件下包含 Schematic 和 Symbol。在 Schematic 中显示选中电路对象生成的子网络电路原理图，如图 5-37 所示。

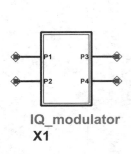

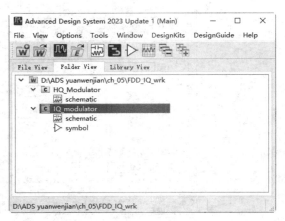

图 5-35　插入层次块元器件 X1　　　　　　　图 5-36　生成子网络设计文件

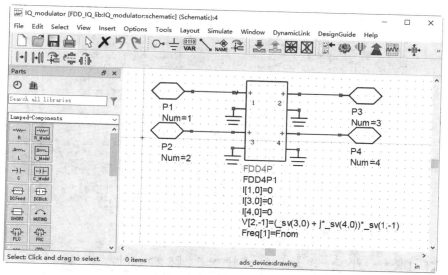

图 5-37　子网络电路原理图

（4）在 Symbol 中显示选中电路对象生成的层次块元器件 X1，如图 5-38 所示。

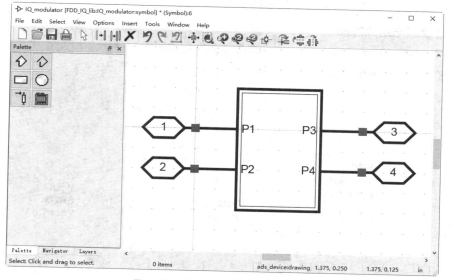

图 5-38　层次块元器件 Symbol 视图

（5）选择菜单栏中的"File"→"Design Parameters"命令，弹出"Design Parameters"对话框，打开"Cell Parameters"标签页。

- 在"Parameter Name"文本框内输入"Fnom"。
- 在"Value Type"下拉列表中选择"Real"。
- 在"Default Value(e.g., 1.23e-12)"文本框内输入"1 GHz"。
- 在"Parameter Type/Unit（参数类型/单位）"下拉列表中选择"Frequency"。
- 在"Parameter Description（参数描述）"文本框内输入"Nominal carrier frequency"。

（6）单击"Add"按钮，即可在左侧"Select Parameter（选择参数）"列表中添加该变量，如图 5-39 所示。

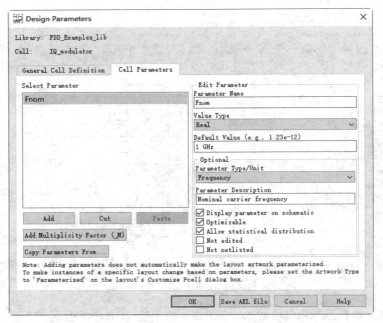

图 5-39　"Design Parameters" 对话框

4．绘制顶层电路原理图

（1）在 "Sources-Freq Domain" 中依次选择单频交流电压源 V_1Tone 和直流电压源 V_DC，在电路原理图中合适的位置上放置 SRC1、SRC2、SRC3，如图 5-40 所示。

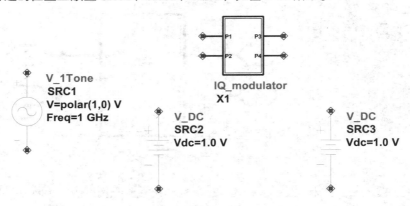

图 5-40　放置电源元器件

（2）在库文件列表中选择名为 "Basic Components" 的基本元器件库，在该元器件库中单击选择电阻（R），在电路原理图中合适的位置上单击放置元器件 R1，结果如图 5-41 所示。

（3）选择菜单栏中的 "Insert" → "Wire" 命令，或单击 "Insert" 工具栏中的 "Insert Wire" 按钮，或按下 "Ctrl+W" 组合键，进入导线放置状态，连接电路原理图。

（4）选择菜单栏中的 "Insert" → "GROUND" 命令，或单击 "Insert" 工具栏中的 "GROUND" 按钮，在电路原理图中放置 GROUND，如图 5-42 所示。

（5）单击 "Basic" 工具栏中的 "Save" 按钮，保存电路原理图绘制结果。

至此，完成了自下而上的层次电路设计，完整介绍了从子电路原理图生成顶层电路原理图的方法。

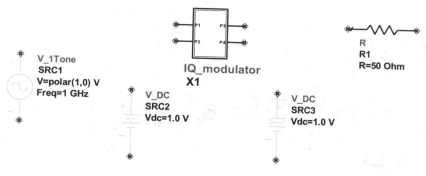

图 5-41　放置电阻 R1

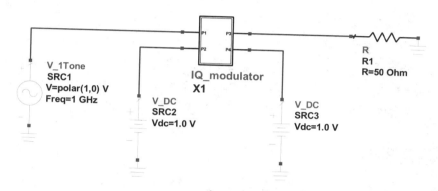

图 5-42　绘制顶层电路原理图

第6章

电路仿真设计

内容指南

ADS 可以为电路设计者提供设计模拟、射频与微波等电路和通信系统的仿真分析方法，其提供的仿真分析方法大致可以被分为时域仿真、频域仿真、系统仿真和电磁仿真。与其他仿真软件不同，ADS 可以通过添加和配置仿真优化控制器（控件）来进行仿真、优化。

6.1 电路仿真步骤

下面来介绍一下 ADS 电路仿真的具体操作步骤。

1. 编辑仿真电路原理图

绘制仿真电路原理图时，图中所使用的元器件都必须具有仿真属性。如果某个元器件不具有仿真属性，则将在仿真时出现错误信息，则需要设置一些具体的参数，如三极管的放大倍数、变压器的原边和副边的匝数比等。

2. 设置仿真激励源

所谓仿真激励源就是输入信号，它使电路可以开始工作。常用仿真激励源有直流源、脉冲信号源及正弦信号源等。放置好仿真激励源之后，就需要根据实际电路的要求修改其属性参数，如仿真激励源的电压电流幅度、脉冲宽度、上升沿和下降沿的宽度等。

3. 放置节点网络标签

将这些网络标签放置在需要测试的电路位置上。

4. 设置仿真方式及参数

不同的仿真方式需要设置不同的参数，显示的仿真结果也不同。用户要根据具体电路的仿真要求设置合理的仿真方式。

5. 执行仿真命令

以上设置完成后，执行菜单命令"Simulate（仿真）"→"Runl（运行）"，启动仿真命令。若仿真电路原理图中没有错误，系统将给出仿真结果；若仿真电路原理图中有错误，系统自动中断仿真，显示仿真电路原理图中的错误信息。

6. 分析仿真结果

用户可以在文件中查看、分析仿真的波形和数据。若对仿真结果不满意，可以修改仿真电路原理图中的参数，再次进行仿真，直到满意为止。

6.2 仿真分析设置

在电路仿真中，选择合适的仿真元器件并对相应的参数进行合理的设置，这是仿真能够正确运行并获得良好仿真效果的关键保证。

6.2.1 仿真参数的设置

在电路原理图编辑环境中，选择菜单栏中的"Simulate"→"Simulation Settings"命令，系统将弹出如图 6-1 所示的"Simulation Settings"对话框。

图 6-1 "Simulation Settings"对话框

在该对话框的"Simulation mode（仿真模式）"列表框中，列出了若干选项供用户选择，一般选择"Local（本地控制）"选项。

- "Local"选项：选择该选项，在本地计算机上进行仿真。
- "Design Cloud（设计云控制）"选项：在设计云中进行仿真，选择该选项，激活"Design Cloud"标签页中的选项。
- "Simulation Manager（仿真管理器控制）"选项：使用仿真管理器运行分布式仿真，选择该选项，激活"Simulation Manager"标签页中的选项。

（1）"DC Annotation Options（直流标注选项）"标签页

默认情况下，直流工作点分析结果显示直流节点电压和支路/引脚电流，这些注释信息在电路原理图中显示。直流仿真是大多数其他类型仿真的一部分，因此该特性可用于大多数仿真。

打开"DC Annotation Options"标签页，在该标签页中设置直流工作点分析结果。

① "Save"选项组：可选择"Node Voltages（节点电压）"选项、"Pin Currents（引脚电流）"

选项。

② "Device Operating Point（设备工作点）"选项组：选择"None（无）"选项之外的选项，会减慢大型电路的仿真速度。

• "None"选项：如果只有一个仿真控制器，选择该选项，表示不保存任何设备工作点信息。

• "Brief"选项：当仿真中存在多个仿真控制器时，可以保存仿真过程中元器件的所有工作点信息，保存设备电流、功率和一些线性化的设备参数。

• "Detailed"选项：保存工作点值，包括设备的电流、功率、电压和线性化的设备参数。

③ "Number of DC Solutions to Save（要保存的 DC 解决方案的数量）"选项组。

• "One—the first DC solution"选项：选择该选项，在第一次直流仿真分析时进行扫描分析。

• "All—at each sweep point for each controller"选项：选择该选项，在每次直流仿真分析时都需要进行一次扫描分析。

（2）"Output Setup（输出设置）"标签页

运行仿真时，系统将仿真结果保存在数据集中，最后使用该数据集查看结果、显示数据。在该标签页下设置数据集和数据显示选项，如选择要用于仿真的数据集的名称和位置，如图 6-2 所示。

图 6-2　"Output Setup"标签页

① "Dataset（数据集）"选项组

"Use cell name"复选框：勾选该复选框，使用设计名称作为数据集的名称，数据集默认保存在工作空间/数据子目录中。取消勾选该复选框，单击"Browse"按钮，数据集名称从现有名称中进行选择。在使用现有名称时，新结果将覆盖现有内容。

② "Data Display（数据显示）"选项组

• "Use cell name"复选框：勾选该复选框，使用设计名称作为数据显示文件的名称，也就是打开的数据显示窗口的标题。

• "Open Data Display when simulation completes"复选框：勾选该复选框，仿真运行结束后，自

动打开数据显示窗口。

③ "Simulation Hierarchy（仿真层次结构）"选项组

• Hierarchy Policy：选择仿真层次结构策略。这里 Schematic 视图窗口默认的仿真层次结构策略被称为 Standard，还包括 Only Schematic、Only Layout。

• "Choose Hierarchy Policy" 按钮：单击该按钮，选择新的仿真层次结构策略。

• "Choose Config View" 按钮：单击该按钮，查看或更改配置视图。配置视图将忽略电路原理图设计仿真层次结构中的所有专门化实例。

④ "Simulate equivalent traces from layout" 复选框

勾选该复选框，在不修改 Layout 或 Schematic 视图的情况下以不同的精度级别模拟走线。

（3）"Design Cloud" 标签页

ADS 提供了一些简单而强大的方式来运行远程仿真，包括跨平台环境，用于 EM 仿真和电路仿真，总体目的是将仿真从 ADS 发送到几种类型的远程机器（云、云合作伙伴、集群、服务器等），并在 EM 仿真和电路仿真之间进行统一设置。在该标签页上利用 "Design Cloud" 进行远程仿真，如图 6-3 所示。

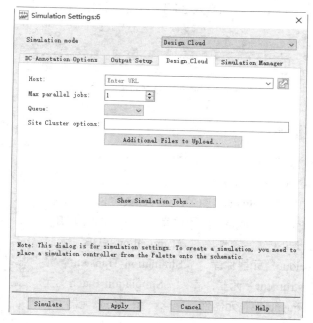

图 6-3　"Design Cloud" 标签页

（4）"Simulation Manager" 标签页

在该标签页中提供使用仿真管理器模式来控制分布式仿真，如图 6-4 所示。仿真管理器主要支持扫描类型仿真，使用一个或多个扫描类型控制器（ParamSweep/BatchSim/MonteCarlo）来扫描一个或多个不同的仿真分析类型（S-Param/Tran/ChannelSim/HB/Env/Budget/DataBasedLoadPull 等）。使用此种仿真模式时，每个扫描点的仿真需要耗费很长时间。

• "Type of parallel simulation" 下拉列表：选择并行仿真类型，默认值为 "Parallel runs on local computer（在本地计算机上并行运行）"。有时在多台机器上并行分解扫描并运行仿真，在每台机器上运行单独的仿真扫描点，并将仿真结果合并到本地机器上的单个数据集中。

• "Disable threading (Local Computer Mode Only) to avoid potential resource competition" 复选框：

禁用线程（仅限本地计算机模式），避免潜在的资源竞争。

- "Maximum number of simulations to run in parallel"列表：并行运行的最大仿真数，默认值为 2。

图 6-4   "Simulation Manager"标签页

6.2.2   常用仿真控制器

ADS 提供了一系列仿真元器件库，其中列出了各种仿真控制器，可以通过手工添加仿真控制器的方式来执行仿真分析。

常用元器件库列表中的"Simulation-DC"元器件库、"Simulation-AC"元器件库、"Simulation-S Param"元器件库、"Simulation-HB"元器件库、"Simulation-LSSP"元器件库、"Simulation-XDB"元器件库、"Simulation-Envelope"元器件库、"Simulation-Transient"元器件库、"Simulation-Instrument"元器件库、"Simulation-Batch"元器件库和"Simulation-Sequencing"元器件库包含一系列仿真元器件，如图 6-5 所示。

图 6-5   仿真元器件库

6.2.3   信号源元器件库

ADS 提供了多种信号源元器件库，信号源包括受控源、频域信号源、调制信号源、噪声信号源和时域信号源。每一类信号源都有其对应的元器件库。

1. 受控源

受控源是指电压源的电压和电流源的电流是受电路中其他部分的电流或电压控制的。

打开"Sources-Controlled"元器件库，显示 ADS 中的受控源元器件，包括电流控制电流源（CCCS）、电流控制电压源（CCVS）、电压控制电流源（VCCS）和电压控制电压源（VCVS），以及它们的 z 域形式，如图 6-6 所示。

2. 频域信号源

频域信号源是指能产生射频信号的信号源，产生周期波形或叠加的周期波形，可用于分析电路或系统的稳态响应。

打开 "Sources-Freq Domain（频率电源库）" 元器件库，显示 ADS 提供的频域信号源，包括直流电压/电流源、交流电压/电流源、单频信号源、多频信号源及带有相位噪声的本振源等，如图 6-7 所示。

3. 调制信号源

调制信号源直接用于产生用户需要的标准调制信号，不需要通过混频器等信号调制模块。调制信号源一般为功率源或电压源。

打开 "Sources-Modulated" 元器件库，显示 ADS 提供的调制信号源，包括 CDMA 调制信号源、GSM（全球移动通信系统）调制信号源，以及各种脉冲信号源和阶跃信号源，如图 6-8 所示。

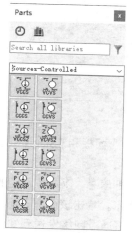

图 6-6 "Sources-Controlled" 元器件库面板

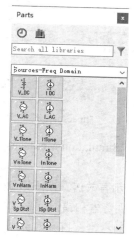

图 6-7 "Sources-Freq Domain" 元器件库面板

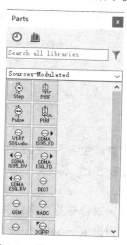

图 6-8 "Sources-Modulated" 元器件库面板

4. 噪声信号源

噪声信号源用来分析电路或系统的噪声系数等噪声指标。

打开 "Sources-Noise" 元器件库，显示 ADS 提供的电流噪声源和电压噪声源，用户可通过选择元器件来添加各种噪声信号源，如图 6-9 所示。

5. 时域信号源

时域信号源用于时域仿真。ADS 提供的时域信号源有时钟信号源、数字信号源、正弦信号源和余弦信号源等。

打开 "Sources-Time Domain" 元器件库，显示 ADS 提供的各种时域信号源，如图 6-10 所示。

图 6-9 "Sources-Noise" 元器件库面板

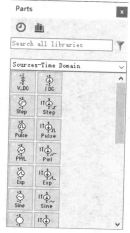

图 6-10 "Sources-Time Domain" 元器件库面板

6.2.4　仿真方法

选择菜单栏中的"Simulate"→"Simulate"命令，或单击"Simulate"工具栏中的"Simulate"按钮, 或按下 F7 键，系统将弹出图 6-11 所示的"hpeesofsim（仿真信息）"对话框，显示有关当前进程状态的信息，以及警告和错误信息。每个仿真均会生成自己的一组信息，并将信息存储在内存中。

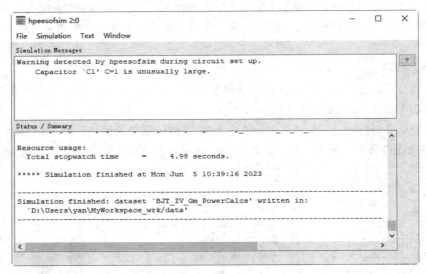

图 6-11　"hpeesofsim"对话框

该窗口包含两个信息面板，分别为"Simulation Messages（仿真信息）"面板和"Status/Summary（状态/总结）"面板。

（1）"Simulation Messages"面板显示有关仿真期间遇到的问题的详细信息，以及在可能的情况下，应采取哪些措施来解决问题。若出现警告和错误信息，如图 6-12 所示。单击该面板右侧的"?"按钮，弹出 Keysight EEsof 知识中心启动搜索，打开网页浏览器，显示将通过网络发送到知识中心的确切信息，如图 6-13 所示。

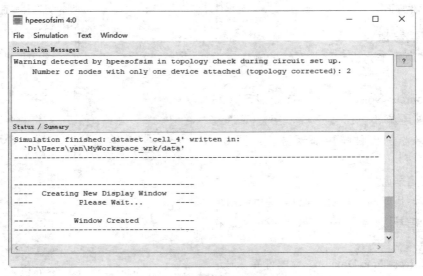

图 6-12　显示警告和错误信息

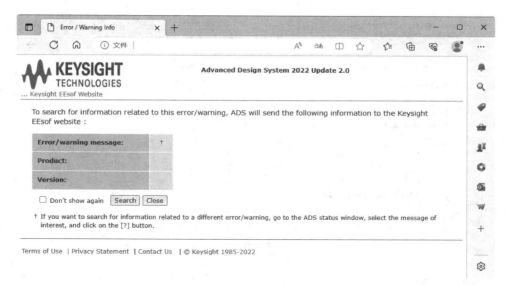

图 6-13　网页浏览器

（2）"Status/Summary"面板显示仿真完成信息、统计信息，如仿真或仿真完成花费的时间及使用的系统资源，如图 6-14 所示。

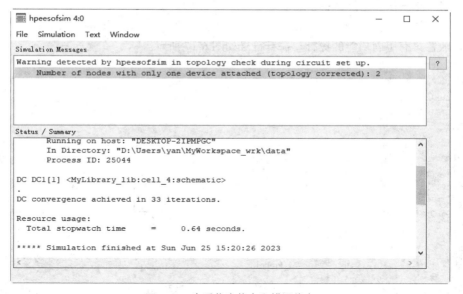

图 6-14　查看仿真状态和错误信息

仿真完成后，用户可以将显示的信息保存到文件中，或直接将显示的消息发送到打印机，也可以搜索相关信息。

（3）选择菜单栏中的"File"→"Save Text"命令，将当前显示的信息保存到具有默认文件名的文件中，并将文本文件保存到当前工作空间目录，如图 6-15 所示。默认文件名由模拟进程号（来自窗口的标题栏）、字符串"sessloghpeesofsim"的前缀和文件扩展名".txt"组成。

由于每个仿真都会生成一组由唯一名称标识的信息，因此可以查看当前会话期间生成的任何信息。用户可以在同一窗口中查看文本，或者可以打开多个窗口并同时显示不同的窗口。

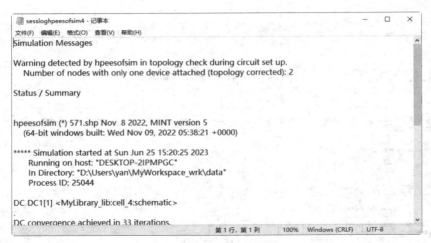

图 6-15　保存文本

6.2.5　探针仿真

在进行电路仿真时，将各种测量探针（如电流探针）连接到电路中的测量点上，探针即可测量出支路的电流、电压、S 参数等，但无法在示波器中显示电流波形。在某些程度上，电压探针、电流探针可以替代电压表和电流表等仪表。

在"Part"面板中选择"Probe Components（探针元器件）"元器件器库，如图 6-16 所示，显示探针列表，放置具有不同功能的探针，探针符号如图 6-17 所示。

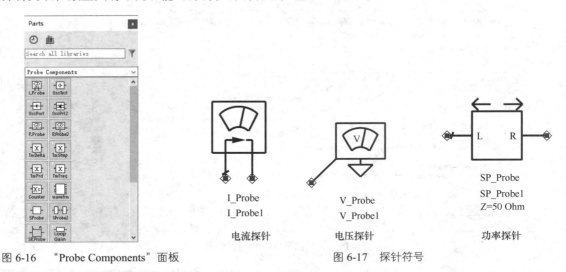

图 6-16　"Probe Components"面板

图 6-17　探针符号

1. 电流探针

电流探针用来显示电路中节点的电流参数，放置电流探针必须使探针上的箭头指向（正）电流的方向。

双击电流探针（I_Probe1），弹出的"Edit Instance Parameters"对话框如图 6-18 所示。"Select Parameter"列表中包含 7 个默认参数，下面分别对这 7 个默认参数进行介绍。

- (Mode=0)：定义使用模式，0 表示 short（短路，未使用）。
- C=：直流块电容，仅用于瞬态分析。

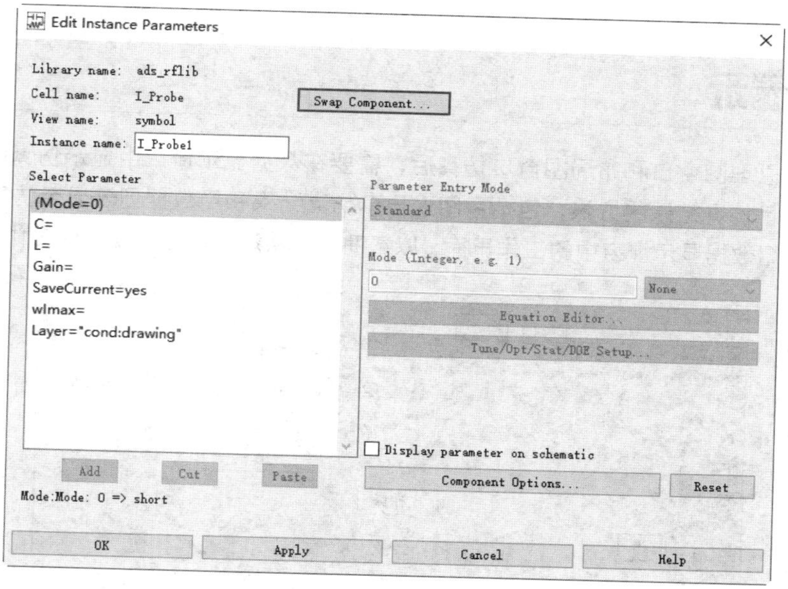

图 6-18　"Edit Instance Parameters"对话框

- L=：直流馈电电感，仅用于瞬态分析。
- Gain=：电流增益。
- SaveCurrent=yes：保存支路电流。
- wImax=：最大电流（警告）。
- Layer="cond:drawing"：探针连接的层。

2. 电压探针

电压探针用来显示电路中节点与接地之间的电压值。

双击电压探针（V_Probe1），弹出的"Edit Instance Parameters"对话框如图 6-19 所示。"Select Parameter"列表包含 1 个默认参数。上面已经进行过介绍，这里不再赘述。

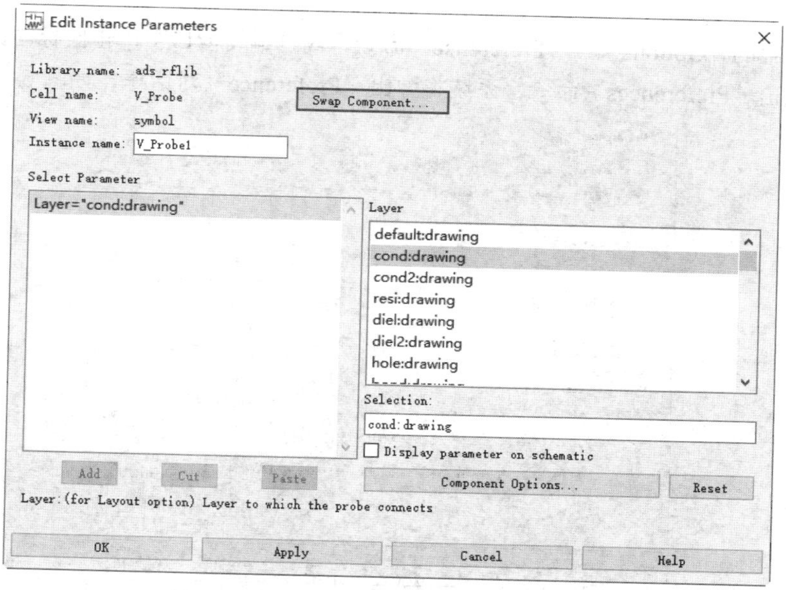

图 6-19　"Edit Instance Parameters"对话框

6.3 数据显示

电路在电路原理图窗口和布局图窗口仿真后，需要在数据显示窗口中显示仿真结果。数据显示视窗口有多种显示仿真结果的方法，包括用图形显示仿真结果和用数据列表显示仿真结果等。

下面分别介绍数据显示视窗中的工作界面，以帮助读者熟悉数据显示视窗的工作环境，如图 6-20 所示。

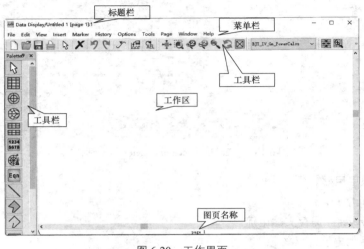

图 6-20　工作界面

6.3.1　工作环境设置

在数据显示窗口中，环境参数的设置尤为重要，一般是通过"Preference"对话框来完成设置的。需要注意的是，在该对话框中设置的参数只能应用于新绘制的图形，不会自动更新已经存在的图形的参数设置。

选择菜单栏中的"Options"→"Preference"命令，或在编辑窗口中单击鼠标右键，在弹出的右键快捷菜单中单击"Preferences"命令，系统将弹出"Preference"对话框，如图 6-21 所示。

图 6-21　"Preferences"对话框

在"Preferences"对话框中主要有 11 个标签页,即"Trace(轨迹线)""Plot(绘图)""Marker(标记)""Text(文本)""Equation(方程)""Picture(图片)""Shapes(轮廓)""Limit Line(限制线)""Mask(掩膜)""Grid/Snap(网格/捕捉)""Entry/Edit(输入/编辑)"。

6.3.2 数据显示图

数据显示图由一个或多个坐标区和其中的轨迹线(包含数据注释和标记点注释)组成。本节使用矩形图的显示方式(一个直角坐标系)来介绍数据显示图的绘制方法。

选择菜单栏中的"Insert"→"Plot"命令,或单击"Palette"工具栏中"Rectangular Plot(矩形图)"按钮▦,在工作区显示浮动的矩形图符号,如图 6-22 所示,在适当位置单击鼠标,在数据显示区创建一个直角坐标系的矩形图(坐标图)。同时"Plot Traces & Attributes(绘图轨迹和属性)"对话框自动弹出,用于设置数据显示参数,如图 6-23 所示。

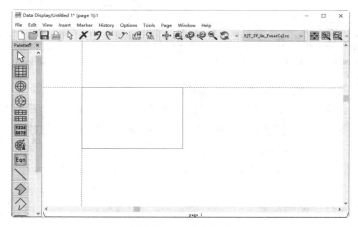

图 6-22 放置坐标图

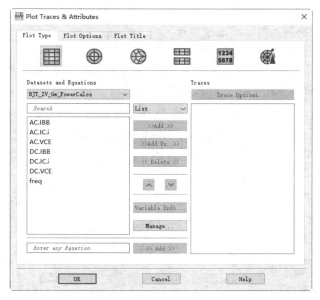

图 6-23 "Plot Traces & Attributes"对话框

该对话框包含 3 个标签页,下面分别进行介绍。

1."Plot Type（绘图类型）"标签页

在该标签页的顶部显示绘图类型，可随时更改绘图类型，该操作与在"Palette"工具栏中选择不同的数据显示方式类似。

（1）"Datasets and Equations"下拉列表：在该列表中显示可以选择的数据集和方程中的参数变量。

（2）"Manage（管理）"按钮：单击该按钮，弹出"Dataset Alias Manager（数据集别名管理器）"对话框，用于添加、删除、编辑数据集别名，如图 6-24 所示。单击"Add Alias（添加别名）"按钮，弹出"Add Dataset"对话框，输入数据集别名和数据集名称，如图 6-25 所示。

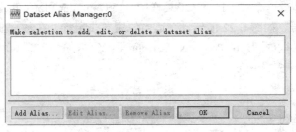

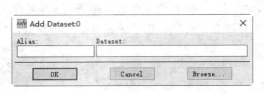

图 6-24　"Dataset Alias Manager"对话框　　　　图 6-25　"Add Dataset"对话框

（3）Traces：设置在坐标图中显示的参数轨迹。

① 单击"Add"按钮，使用系统默认的仿真自变量，在左侧列表中选择因变量，将列表中的参数和变量添加到右侧列表中。对于复数变量，弹出"Complex Data（复数数据）"对话框，选择添加变量的属性参数，如图 6-26 所示。

- "dB"选项：分贝。在直角坐标系的显示方式中，不同频率的 Sii（S 参数）用分贝表示。
- "dBm"选项：毫瓦分贝。
- "Magnitude"选项：幅值。
- "Phase"选项：相位。
- "Real part"选项：复数的实数部分。
- "Imaginary part"选项：复数的虚数部分。
- "Time domain signal"选项：时域信号

在数据列表的显示方式和极坐标系的显示方式中，不同频率的 Sn 用幅值和相位表示。在史密斯圆图的显示方式中，不同频率的 Sii 用幅值和相位表示，并给出了输入阻抗的值。

② 单击"Add As（添加为）"按钮，弹出"Select Independent Variable（选择自变量）"对话框，选择自变量和因变量，如图 6-27 所示。在"Select the independent variable"列表中选择函数 plot_vs 的自变量，在左侧列表中选择因变量，如图 6-28 所示。

图 6-26　"Complex Data"对话框　　　　图 6-27　"Select Independent Variable"对话框

③ 单击"Delete（删除）"按钮，从右侧列表中删除选择的参数和变量。

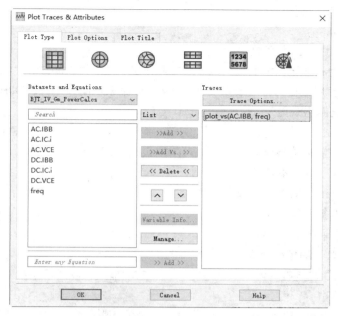

图 6-28　添加函数变量

2."Plot Options（绘图选项）"标签页

在该标签页中设置绘图属性，如图 6-29 所示。图中显示的是矩形图的绘图属性，若绘图类型为极坐标图或史密斯圆图，则绘图属性略有不同。

图 6-29　"Plot Options"标签页

（1）"Select Axis"列表：在该列表中选择矩形坐标系的 4 个方向的坐标轴。

（2）Axis Label：定义指定方向坐标轴的标签名称。单击"More"按钮，弹出"Axis Label（坐标轴标签）"对话框，设置标签文本的格式，如图 6-30 所示。

① "Format"列表：选择标签中数值类型的格式。

- Auto：自动格式。
- Full：显示小数点前的所有数字。
- Scientific：采用科学记数法的格式显示，如将 1 000 显示为 1.00e3。
- Engineering：使用工程符号显示。例如以 Hz 为单位表示的频率，1 000Hz 显示为 1.0 kHz。
- Hex：以十六进制格式显示。
- Octal：以八进制格式显示。
- Binary：以二进制格式显示。
- Dataset Aliasing：数据集别名。

② Significant Digits：输入有效数字个数。

③ Font Type：选择所需的字体。

④ Font Size：选择所需的字体大小。

⑤ Text Color：单击颜色栏选择新的文本颜色。

（3）"Auto Scale"复选框：勾选该复选框，设置自动缩放，以显示绘图上变量的整个范围，并给出数据的最佳视图。

（4）Min、Max、Step：手动设置轴的起始值、结束值和增量值，以显示有限范围内的数据。在极坐标图和史密斯圆图中，可以指定图的半径和自变量的数据范围。

（5）Scale：设置矩形、堆叠图及史密斯圆图的比例，可以设置为 Linear（线性）或 Log（对数）格式。

（6）"Add Axis"按钮：单击该按钮，弹出"Create New Axis"对话框，添加新的坐标轴，如图 6-31 所示。

（7）"Grid"按钮：单击该按钮，弹出"Grid"对话框，更改网格中线条的类型、粗细和颜色，如图 6-32 所示。

（8）"ADS Logo"按钮：单击该按钮，可以隐藏或取消隐藏 ADS 图标。

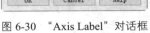

图 6-30　"Axis Label"对话框　　图 6-31　"Create New Axis"对话框　　图 6-32　"Grid"对话框

3."Plot Title（绘图标题）"标签页

在该标签页中输入图形的标题，如图 6-33 所示。

图 6-34 给出了参数的 6 种数据显示区的显示方式，分别为直角坐标系显示方式、极坐标系显示方式、数据列表显示方式、史密斯圆图显示方式、堆叠直角显示方式和天线（远场仿真结果）显示方式。

图 6-33　"Plot Title"标签页

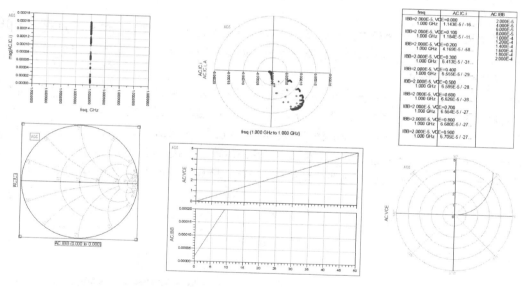

图 6-34　数据显示区的显示方式

6.3.3　轨迹线操作

在数据显示图中，根据数据集中的自变量和因变量绘制轨迹线。下面介绍关于轨迹线的基本操作。

1. 插入多条轨迹线

在数据显示图中，不止可以显示一条轨迹线，还可以继续添加轨迹线，下面介绍具体步骤。

选中数据显示图，单击鼠标右键，选择"Insert Trace（插入轨迹线）"命令，弹出"Insert Plot Traces（插入绘图轨迹线）"对话框，如图 6-35 所示。

该对话框中的选项与"Plot Traces & Attributes"对话框中的选项类似，这里不再赘述。

在"Datasets and Equations（数据集和方程）"列表中选择变量，单击"Add"按钮，将其添加到"Traces"列表中，即可绘制以该变量为因变量的轨迹线，如图 6-36 所示。

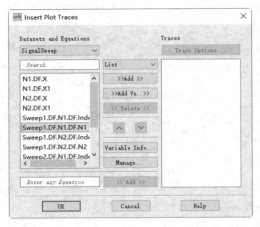

图 6-35　"Insert Plot Traces"对话框

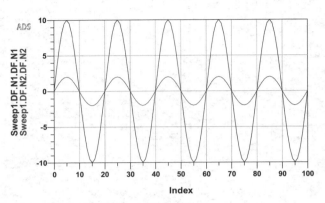

图 6-36　插入轨迹线

2．选择轨迹线

复杂的图形包含多种对象，如标记、注释等对象，ADS 提供了可以一次性直接选择所有轨迹线的命令。

选中数据显示图，单击鼠标右键，选择"Select Traces（选择轨迹线）"命令，直接选中图中所有的轨迹线。选中的轨迹线的线条变宽并高亮显示，如图 6-37 所示。

3．设置轨迹线属性

根据给定数据集中的仿真数据，在数据显示区中可以显示不同的参数变量的轨迹线图。为了让所绘制的图形令人看起来舒服并且易懂，ADS 提供了许多设置轨迹线属性的命令。

在数据显示区中双击轨迹线，或选择菜单栏中的"Edit"→"Item Options（项选项）"命令，弹出"Trace Options（轨迹线选项）"对话框，用于修改现有的轨迹线，如图 6-38 所示。该对话框包含 4 个标签页，分别用来设置轨迹线的类型、轨迹线选项属性、绘制轴和轨迹线说明。

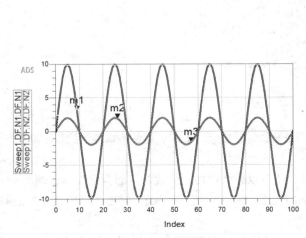

图 6-37　选择轨迹线

图 6-38　"Trace Options"对话框

六进制）、Octal（八进制）、Binary（二进制）。

- "Font Type"列表：选择文本字体类型，默认为系统字体"Arial For CAE"。
- "Text Color"列表：选择文本的字体颜色。

② "Line"选项组

- "Type"列表：选择轨迹线的线条类型，Solid Line（实线）、Dot（点线）、Dot Dot（双点线）、Short Dash（短虚线）、Short Dot Dash（短点画线）、Long Dash（长虚线）、Long Dot Dash（长点画线）。
- Thickness（0-10）：选择轨迹线的线条粗细。
- "Color"列表：选择轨迹线的颜色。

③ "Always display transitions even if the data doesn't change"复选框

勾选该复选框，总是显示图形转换。

（3）"Plot Axes（绘制轴）"标签页

在该标签页下选择 X、Y 坐标轴，如图 6-42 所示。

（4）"Trace Expression（轨迹线说明）"标签页

在该标签页下设置国际线的坐标轴文本内容，如图 6-43 所示。

图 6-42　"Plot Axes"标签页

图 6-43　"Trace Expression"标签页

6.3.4　插入图例

通常情况下，若图形中存在多条轨迹线，在轨迹线的顶部显示标签，这样很难识别分配给特定轨迹线的值。使用图例，不仅可帮助用户快速识别绘图中的特定轨迹线，还可以帮助识别特定表达式。

1. 绘制图例

选择绘图区图形，选择菜单栏中的"Insert"→"Plot Legend（绘制图例）"命令，直接在工作区右侧添加图例，如图 6-44 所示，可以将图例移动到任意指定位置。

2. 编辑图例

双击图例，弹出"Edit Legend Properties（编辑图例属性）"对话框，如图 6-45 所示。下面介绍该对话框中的选项。

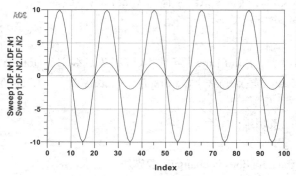

图 6-44　添加图例

- "Number Format"列表：设置图例中的数值显示格式。
- "Significant Digits"列表：选择图例中数值的有效数字个数。
- "Font Type"列表：选择图例中的字体样式。
- "Font Size"列表：选择图例中的字体对象。
- "Text Color"列表：选择图例中的文本颜色。
- "Display Units"列表：控制是否显示单位，包括 Show Units（显示单位）和 Hide Units（隐藏单位）。
- "Legend Format"列表：设置图例格式，包括 Indented（缩进）和 Nomal（正常）两种样式，如图 6-46 所示。

图 6-45　"Edit Legend Properties"对话框

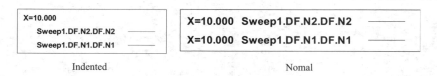

图 6-46　图例格式

6.3.5　插入曲线标记

为了提升图形的可读性，可以在直角坐标系、极坐标系和史密斯圆图中的曲线上插入标记，通过标记可以清楚地看到在指定参数下不同显示方式的数据，如图 6-47 所示。

1. 添加标记

选择菜单栏中的"Marker（标记）"→"New（新建标记）"命令，或单击"Basic"工具栏中的 ♪ 按钮，弹出"Insert Marker（插入标记）"对话框，激活添加标记操作，如图 6-48 所示。

将鼠标光标放置在数据显示区，鼠标光标上显示倒三角标记符号，如图 6-49 所示。在曲线上的指定位置处单击鼠标，在该处添加标记，同时在图形左上角显示标记的数据值，如图 6-50 所示。数据值以矩形框为边界，其中包括标记点名称 m1 和坐标值。

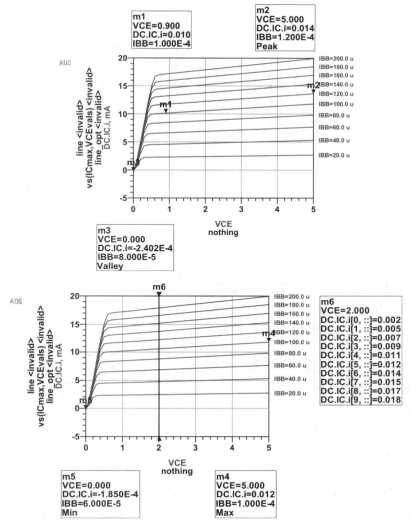

图 6-47　不同类型的标记点

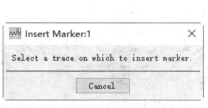

图 6-48　"Insert Marker" 对话框

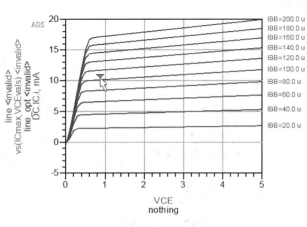

图 6-49　显示倒三角标记符号

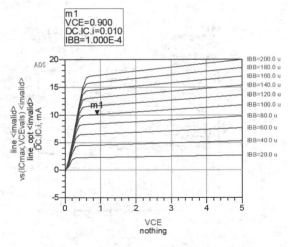

图 6-50　添加标记

2. 标记类型

"Marker"工具栏中包含多种标记类型，如图 6-51 所示，图中的 m1~m5 表示不同类型的标记点，不同类型标记点的绘制方法相同，这里不再赘述。

- Normal：显示标记的数据，如 m1。
- Peak：查找跟踪的局部峰值，如 m2。
- Valley：查找跟踪的局部谷值，如 m3。

图 6-51　"Marker"工具栏

- Max：查找反映最大数据值的数据点，如 m4。
- Min：查找反映最小数据值的数据点，如 m5。
- Line：显示标记线上所有的数据，如 m6。

不同的标记类型之间还可以相互切换。

选中当前标记符号，单击鼠标右键，选择"Marker Type（标记类型）"命令，该命令子菜单如图 6-52 所示，选择该菜单下的标记命令，即可切换标记类型。

3. 编辑标记

双击标记，弹出"Edit Marker Properties（编辑标记属性）"对话框，更改单个标记的属性，如图 6-53 所示。

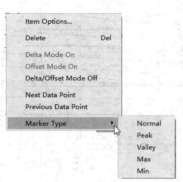

图 6-52　"Marker Type"命令子菜单

图 6-53　"Edit Marker Properties"对话框

该对话框中包含 5 个标签页。

（1）"Main（主要）"标签页

① Marker Name：输入标记标签文本。通过将标记标签添加到方程中，可以在方程中使用标记。

② "Marker Type"列表：更改标记类型。

③ "Marker Mode"列表：选择标记模式，包括 Off（关闭）、Delta（增量）、Offset（偏移）。

④ Peak/Valley Marker：使用峰/谷标记区域控制光圈大小，包括 Aperture Width %（孔径宽度）和 Aperture Height %（孔径高度）。

⑤ Delta/Offset Marker：选择 Offset 模式，根据 Delta/Offset 标记。

• Reference Marker：选择参考标记点。

• Relative Offset：输入相对偏移值。

⑥ "Enable Sweep Index Equations"复选框：勾选该复选框，启用扫描索引方程。表示创建一个方程，该方程是标记当前位置的数据索引。

（2）其余标签页

其余标签页中内容与"Preferences"对话框中的标签页类似，这里不再赘述。

4．添加标记线

选择菜单栏中的"Insert"→"Marker"→"Line"命令，鼠标光标上显示十字交叉的红色基准虚线，在曲线上依次单击选择两点，从而确定标记线，显示标记线上所有跟踪值，如图 6-54 所示。

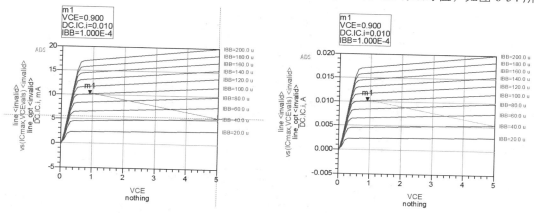

图 6-54　添加标记线

除此之外，还可以绘制不同形状的曲线标记，包括矩形、多边线和多边形，如图 6-55 所示。

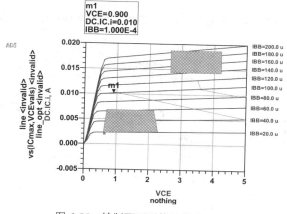

图 6-55　绘制不同形状的曲线标记

6.4 操作实例——HQ 调制器电路仿真分析

HQ 调制器电路添加了非线性系统模型 FDD，用户通过将频谱端口电压和电流定义为其他频谱电压和电流的函数，利用电路包络仿真分析对输出信号进行时域分析。电路包络仿真多用于涉及调制解调及混合调制信号的电路和系统中。

1. 设置工作环境。

启动 ADS 2023，打开主窗口界面。选择菜单栏中的"File"→"Open"→"Workspace"命令，或单击工具栏中的"Open New Workspace"按钮🗔，弹出"Open Workspace"对话框，选择打开工程文件"FDD_IQ_wrk"。

2. 设置仿真激励源

电路原理图中已经放置好仿真激励源，下面就需要根据实际电路的要求修改其属性参数。

（1）双击单频交流电压源 SRC1，弹出"Edit Instance Parameters"对话框，设置电压（V）为 1V，如图 6-56 所示。

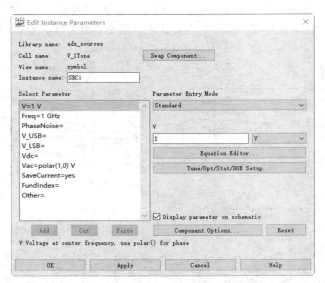

图 6-56 "Edit Instance Parameters"对话框

（2）使用同样的方法，设置直流电压源 SRC2 的直流电压 $Vdc=Vi$，设置 SRC3 的直流电压 $Vdc=Vq$，设置结果如图 6-57 所示。

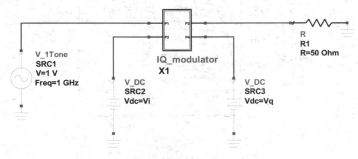

图 6-57 电路原理图参数编辑结果

3．放置节点网络标签

（1）为了分析节点电压、电流，需要将网络标签放置在需要测试的电路位置上。

（2）双击 R1 左侧导线，弹出"Edit Wire Label"对话框，在"Net name"中添加网络标签"vout"，如图 6-58 所示。单击"Apply"按钮，关闭该对话框，结果如图 6-59 所示。

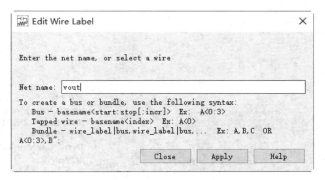

图 6-58　"Edit Wire Label"对话框

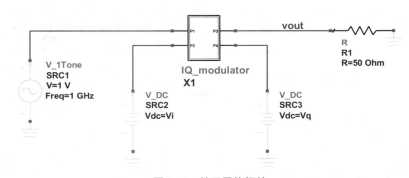

图 6-59　放置网络标签

4．添加 VAR

（1）选择菜单栏中的"Insert"→"VAR"命令，或单击"Insert"工具栏中的"Insert VAR"按钮，放置 VAR。

（2）双击 VAR，弹出图 6-60 所示的"Edit Instance Parameter"对话框，在"Variable or Equation Entry Mode（变量/方程入口模式）"下拉列表中选择"Name=Value"，在"Variable Value（变量值）"文本框内输入变量表达式，单击"Add"按钮，即可在左侧列表中添加该 VAR 方程；使用同样的方法，添加其余 VAR。

（3）单击"OK"按钮，在电路原理图中显示 VAR 设置结果，如图 6-61 所示。

5．设置仿真方式及参数

（1）不同的仿真方式需要不同的仿真控制器设置不同的参数，显示的仿真结果也不同。用户要根据具体电路的仿真要求设置合理的仿真方式。

（2）在"Simulation-Envelope（包络仿真库）"中选择谐波平衡仿真器 Env，在电路原理图中合适的位置上放置 Env1，单击鼠标选择仿真器下的参数，激活参数编辑功能，参数编辑结果如图 6-62 所示。

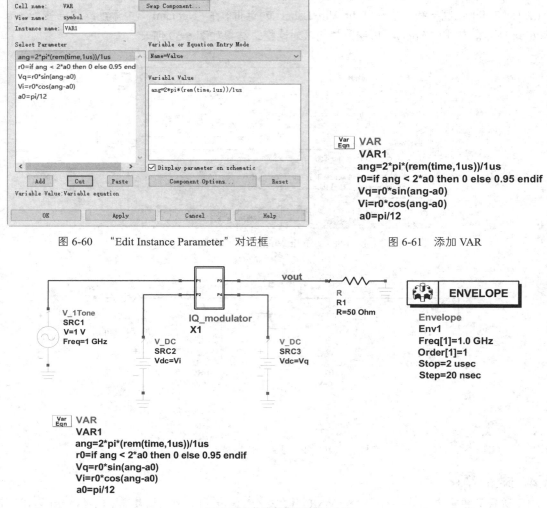

图 6-60 "Edit Instance Parameter" 对话框   图 6-61 添加 VAR

图 6-62 仿真控制器编辑结果

6. 执行仿真命令

（1）以上设置完成后，启动仿真命令。若仿真电路原理图中没有错误，系统将弹出仿真显示界面；若仿真电路原理图中有错误，系统将自动中断仿真，显示仿真电路原理图中的错误信息。

（2）选择菜单栏中的"Simulate"→"Simulate"命令，或单击"Simulate"工具栏中的"Simulate"按钮 ，弹出"hpeesofsim"对话框，显示仿真信息和分析状态，如图 6-63 所示。并自动创建一个空白仿真结果显示窗口"Display Window（仿真显示窗口）"。

7. 分析仿真结果

用户可以在文件中查看、分析仿真的波形和数据。用户若对仿真结果不满意，可以修改仿真电路原理图中的参数，再次进行仿真，直到满意为止。

（1）单击"Palette"工具栏中"Polor（极坐标图）"按钮 ，在工作区中单击鼠标，自动弹出"Plot Traces & Attributes"对话框。打开"Plot Type"标签页，在"Traces"列表中添加数据变量"vout"。单击"Add"按钮，弹出"Circuit Envelope Simulation Data（包络仿真数据）"对话框，选择"Fundamental tone for all time points"选项，如图 6-64 所示。单击"OK"按钮，在右侧"Traces"列表中添加"vout[1]"，如图 6-65 所示。单击"OK"按钮，在数据显示区输出信号的极坐标图，假设载波索引值是[1]，如图 6-66 所示。

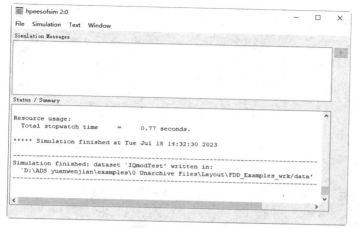

图 6-63　"hpeesofsim"对话框

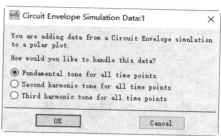

图 6-64　"Circuit Envelope Simulation Data"对话框

图 6-65　"Plot Traces & Attributes"对话框

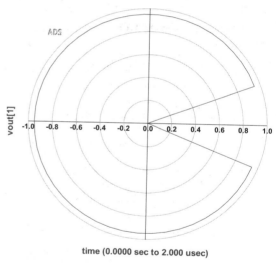

图 6-66　绘制极坐标图

（2）选择菜单栏中的"Insert"→"Plot"命令，或单击"Palette"工具栏中"Rectangular Plot"按钮 ，在工作区中单击鼠标，自动弹出"Plot Traces & Attributes"对话框。在左下角的文本框内输入"real(vout[1])"，单击"Add"按钮，在右侧"Traces"列表中添加"real(vout[1])"。使用同样的方法，添加"imag(vout[1])"，如图 6-67 所示。

（3）单击"OK"按钮，在数据显示区创建直角坐标系的矩形图，输出节点 vout 电压的实部和虚部曲线图，如图 6-68 所示。

（4）双击极坐标中的曲线，弹出"Trace Options"对话框，打开"Linear"标签页，设置曲线"Thickness (0-10)"为 5，如图 6-69 所示。单击"OK"按钮，关闭该对话框，曲线线宽设置结果如图 6-70 所示。

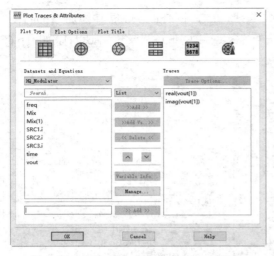

图 6-67　"Plot Traces & Attributes" 对话框

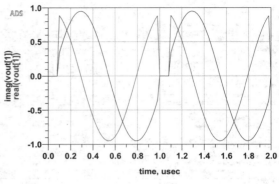

图 6-68　输出信号曲线图

图 6-69　"Linear" 标签页

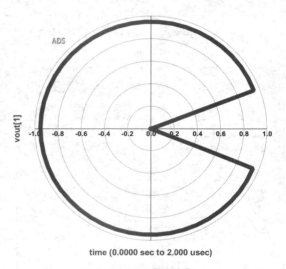

图 6-70　设置曲线线宽

（5）单击 "Basic" 工具栏中的 "Save" 按钮，保存仿真数据文件，如图 6-71 所示。

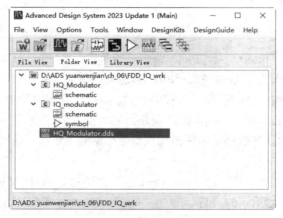

图 6-71　保存仿真数据文件

第 7 章

直流仿真分析

内容指南

    电路的直流仿真是所有射频有源电路分析的基础,在执行有源电路交流仿真、S 参数仿真或谐波平衡仿真之前,首先需要进行直流仿真,直流仿真主要用来分析电路的直流工作点和进行直流参数扫描分析。

    本章将介绍直流仿真的基本功能,主要介绍直流仿真面板、直流仿真控件、仿真的相关参数和参数的设置方法等内容。

7.1 直流仿真分析步骤

    下面介绍直流仿真分析的步骤。

    (1)选择元器件模型,按照一般电路原理图的绘制方法,建立电路原理图。

    (2)在"Simulation-DC"元器件库列表中选择直流仿真控制器 DC,并放置在原电路图设计窗口中。

    (3)双击直流仿真控制器 DC,设置仿真参数。在"Sweep"标签页中对直流仿真的扫描类型和扫描范围等进行设置。

    (4)如果扫描变量较多,则需要在"Simulation-DC"元器件库列表中选择"Sweep Plan"控件,在其中设置多个扫描变量,以及每个扫描变量的扫描类型和扫描参数范围等。

    (5)设置完成后,执行仿真。

    (6)在数据显示窗口中查看仿真结果。

7.2 直流电压/电流源

    直流电压源"V_DC"与直流电流源"I_DC"分别用来为仿真电路提供一个不变的电压信号或不变的电流信号,符号如图 7-1 所示。在使用时,它们均被默认为理想的激励源,即电压源的内阻为零,而电流源的内阻为无穷大。

    这两种电源通常在仿真电路上电时,或者需要为仿真电路输入一个阶跃激励信号时使用,以便用户观测电路中某一节点的瞬态响应波形。

图 7-1 直流电压/电流源符号

双击新添加的仿真直流电压源"V_DC"，在出现的对话框中设置其属性参数。

- Vdc：直流电压。
- Vac：交流电压，用极坐标表示相位。
- SaveCurrent：保存支路电流标志。

双击新添加的仿真直流电流源"I_DC"，在出现的对话框中设置其属性参数。

- Idc：直流电流，单位为 mA，默认显示该参数。
- Iac：交流电流，用极坐标表示相位，单位为 mA。

7.3 直流工作点分析

直流工作点分析是最基本的仿真分析方法，用于测定带有短路电感和开路电容电路的静态工作点。

7.3.1 直流仿真控制器

选择"DC"，如图 7-2 所示。双击 DC1，在图 7-3 所示的"DC Operating Point Simulation（直流工作点仿真）"对话框中进行参数设置，该对话框包含 4 个标签页，下面对它们分别进行介绍。

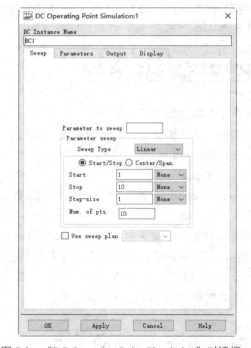

图 7-2　DC1　　　　　　　图 7-3　"DC Operating Point Simulation"对话框

1．"Sweep"标签页

"Sweep"标签页用于设置直流扫描分析的参数。

（1）Parameter to sweep：扫描变量的名称。若电路原理图中没有该变量，则应该先定义这个变量。

（2）"Sweep Type"列表：设置扫描类型，包括 Single point（单点扫描）、Linear（线性扫描）、Log（对数扫描）。

（3）"Start/Stop"选项：选择按照起点和终点设置扫描范围。

- Start：输入扫描参数的起点。
- Stop：输入扫描参数的终点。
- Step-size：输入扫描步长。
- Num.of pts.：输入扫描参数的点数。

（4）"Center/Span（中心/跨度）"选项：选择按照中心点和扫描宽度设置扫描范围，此时下面的选项发生了变化，如图 7-4 所示。

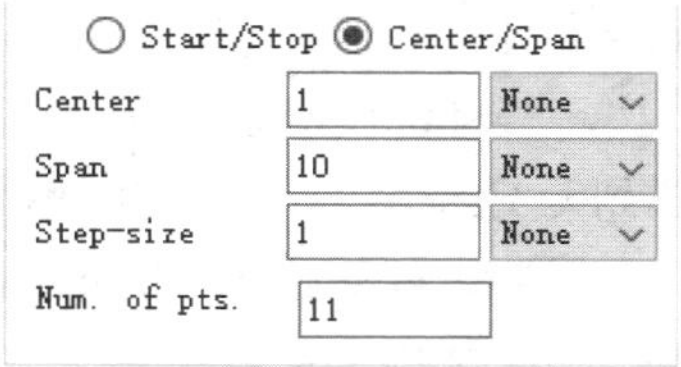

- Center：输入扫描参数的中心点。
- Span：输入扫描参数范围。
- "Step-size"：输入扫描参数间隔
- "Num.of pts"：输入扫描的点数

图 7-4　选择"Center/Span"选项

（5）"Use sweep plan"复选框：使用电路原理图中的"Sweep plan（参数扫描计划）"元器件设置扫描参数。

2."Parameters"标签页

"Parameters"标签页用于指定基本仿真参数，如图 7-5 所示。

（1）Status level：设置仿真进度窗口显示的信息量。其中，"0"表示仿真进度窗口不显示任何信息。"1""2"则表示仿真进度窗口显示常规的仿真进程。"3""4"则表示仿真进度窗口显示仿真过程中所有的细节，包括仿真所用的时间、每个电路节点的错误、仿真是否收敛等。

（2）"Output solutions at all steps"复选框：在仿真的数据文件中保存所有步骤的仿真结果。

（3）"Advanced"按钮：单击该按钮，弹出"DC Operating Point Simulation（直流工作点仿真）"对话框，勾选"Advanced Settings"复选框，激活需要设置的参数，如图 7-6 所示。

图 7-5　"Parameters"标签页

图 7-6　"DC Operating Point Simulation"对话框

① Max Delta V (Volts)：每次迭代中节点电压的最大变化。默认值为热电压的 4 倍，即 0.1V 左右。

② Max.Iterations：要执行的最大迭代数，默认值为 250。

③ "Mode"列表：选择收敛模式，ADS 提供不同的收敛算法，该选项仅适用于此直流工作点仿真。

- "Auto sequence"选项：自动序列，默认收敛模式。
- "Newton-Raphson"选项：当进入每个节点的电流之和在每个节点处等于零且节点电压收敛时终止。
- "Forward source-level sweep"选项：前向源级扫描，将所有直流源设置为零，然后逐渐扫描到全部值。
- "Rshunt sweep（分流电阻扫描）"选项：在每个节点插入一个小电阻接地，然后从此电阻值扫描到无穷大。
- "Reverse source-level sweep"选项：反向源级扫描，类似于"Forward source-level sweep"选项，只是方向相反。
- "Hybrid solver"选项：混合求解器。
- "Pseudo Transient"选项：伪瞬态步进算法。对原始电路衍生的伪电路进行暂态仿真。
- "Rshunt continuation"选项：分流电阻延续仿真。
- "Gnode stepper"选项：采用 Gnode 步进。

④ Arc Max Step：弧长延续期间的最大弧长步长，默认值为 0.0。
⑤ Arc Level Max Step：限制源级延续的最大弧长步长。默认值为 0.0，表示弧长步长没有限制。
⑥ Arc Min Value：指定允许延续参数 p 的下限。
⑦ Arc Max Value：指定允许延续参数 p 的上限。
⑧ Max Step Ratio：控制连续步数的最大值。默认值是 100。
⑨ Max Shrinkage：最小控制弧长步长。默认值是 1e-5。
⑩ Limiting Mode：设置每次迭代时对节点更改所进行的限制类型。

- Global Element Compression：在每次迭代中，当变化超过内部确定的值时，使用 log 函数限制非线性节点的变化。
- Global Device-based Limiting：对非线性元器件在每次迭代中的变化进行限制。
- Dynamic Element Compression：在每次迭代中，当变化超过内部确定的值时，用 log 函数限制非线性节点的变化。
- Dynamic Vector Compression：动态向量压缩在每次迭代中，当变化超过内部确定的值时，使用 log 函数限制每个节点的变化。
- Global Vector Compression：全局向量压缩在每次迭代中，当变化超过内部确定的值时，使用 log 函数限制所有节点的变化。
- Global Vector Scaling：使用内部确定的缩放因子对每次迭代时节点的变化进行缩放。
- No Limiting：在每次迭代中对所有节点的更改不进行限制。

3."Output"标签页

设置仿真分析后需要保存的参数，如图 7-7 所示。
（1）"Save by hierarchy"选项组：在顶层设计中输出下面的选项指定的"Maximum Depth（最大深度）"。
- "Node Voltages"复选框：设置节点电压。

图 7-7 "Output"标签页

- "Measurement Equations" 复选框：设置测量方程。
- "Branch Currents" 复选框：设置支路电流。
- "Pin Currents" 复选框：设置引脚电流。在 "For device types（元器件类型）" 中选择引脚电流的元器件类型。

（2）"Save by name" 列表：指定输出的节点、方程和引脚电流列表。

① 单击 "Add/Remove（添加/删除）" 按钮，弹出 "Edit OutputPlan（编辑输出计划）" 对话框，如图 7-8 所示。

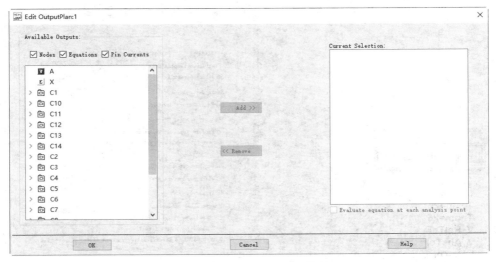

图 7-8　"Edit OutputPlan" 对话框

② 在 "Available Outputs（可用输出）" 列表中显示可以输出的 "Nodes（节点）" "Equations（方程）" "Pin Currents（引脚电流）"。单击 "Add" 按钮、"Remove" 按钮，在 "Current Selection（当前选择）" 列表中显示需要输出的参数名称。选择名称时按下 "Ctrl" 键可以选择和添加多个名称。

③ 单击 "OK" 按钮，关闭该对话框，返回 "Output" 标签页，将选中的输出对象（节点、方程和引脚电流）添加到 "Save by name" 列表中。

（3）"Device Operating Point" 选项组：用于设置设备工作点。

4. "Display" 标签页

控制电路原理图上仿真参数的可见性，如图 7-9 所示。下面介绍几种常用的仿真参数。

- "SweepVar" 复选框：扫描变量。
- "SweepPlan" 复选框：扫描计划。
- "Start" 复选框：扫描变量的起始值。
- "Stop" 复选框：扫描变量的终止值。
- "Step" 复选框：扫描的步长。

图 7-9　"Display" 标签页

7.3.2 设置控制器

设置控制器主要用于设置仿真的外部辅助信息，如环境温度、器件模型温度、电路技术规范的检查及告警、收敛性、仿真数据的输出特性等，如图 7-10 所示。

双击"OPTIONS（设置）"控制器，弹出"Simulation options"对话框，如图 7-11 所示。

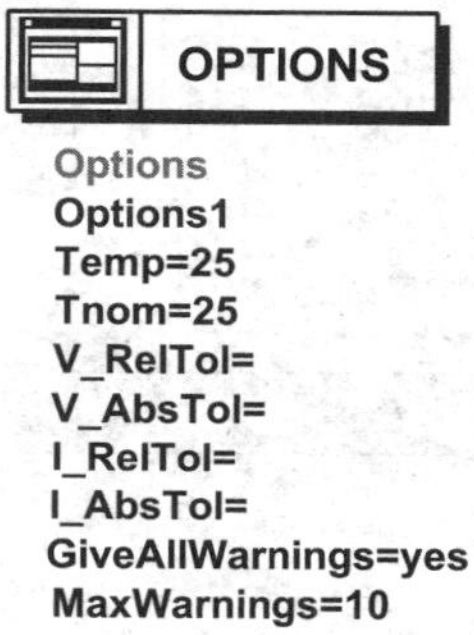

图 7-10 "OPTIONS"控制器

图 7-11 "Simulation options"对话框

该对话框共包含 8 个标签页，下面介绍"Misc（通用）"标签页中的常用选项。

（1）"Temperature（温度）"选项组

① Simulation temperature：设置电路的外部环境温度，默认值是 25℃。

② Model temperature：设置器件模型的表面温度，默认值是 25℃。

（2）"Spare Devices Removal（设备移除）"选项组

"Remove spare devices and nodes"复选框：勾选该复选框，移除备用设备和节点。

（3）"Topology checker（拓扑检查结构）"选项组

①"Perform topology check and correction"复选框：勾选该复选框，在进行仿真前检查拓扑结构错误，并在仿真信息窗口提示，默认选中该复选框。

②"Format topology check warning messages"复选框：设置拓扑结构检查提示的格式。默认显示全部有问题的节点名称。

（4）"Linear Devices（线性设备）"选项组

"Use S-parameters when possible"复选框：勾选该复选框，对于线性器件，仿真器自动进行 S 参数仿真。

（5）"Nonlinear Devices（非线性设备）"选项组

① P-N parallel conductance(Gmin=1e-12)：定义非线性器件中 PN 结的最小电导。

② Explosion current(Imax)：定义非线性器件中 PN 结的线性化最大扩散电流。在该电流范围内，PN 结处于线性区域。

③ Explosion current(Imelt)：定义非线性器件中 PN 结击穿的扩散电流。

④ Mosfet BSD3,4 Diode limiting current (Ijth)：定义非线性器件中二极管限制电流。

7.3.3　扫描计划控制器

扫描计划控制器用来设定参数扫描控制器中扫描变量的参数。用户可以添加任意个扫描变量和参数，如图 7-12 所示。

双击"SWEEP PLAN（扫描计划）"控制器，弹出"Sweep Plan"对话框，如图 7-13 所示。

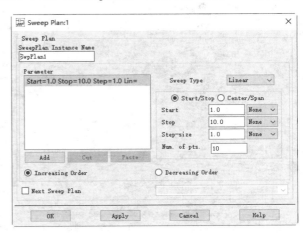

图 7-12　"Sweep Plan"控制器　　　　图 7-13　"Sweep Plan"对话框

下面介绍该对话框中的常用选项。

（1）SweepPlan Instance Name：输入 Sweep Plan 的名称，默认为"SwpPlan1"。

（2）Parameter：向电路原理图添加、剪切和粘贴"Start""Stop""Step"参数。如"Start=1.0 Stop=10.0 Step =1.0 Lin="。参数可以按照"Increasing Order（升序）"或"Decreasing Order（降序）"排列。

（3）Sweep Type：选择扫描类型。

① Single point：在单个频率点进行仿真。

② Linear：启用基于线性增量的值范围扫描。选择"Start/Stop"选项可选择扫描的开始值和停止值；选择"Center/Span"选项可设置扫描的中心值和跨度。还可以设置"Step-Size（扫描步长）""Num.of pts.（扫描参数的点数）"。

③ Log：启用基于对数增量的值范围扫描。

（4）"Next Sweep Plan"复选框：若要使用已定义并命名的扫描计划，勾选该复选框，输入扫描计划的名称。

7.3.4　操作实例——RLC 电路直流工作点仿真分析

直流工作点仿真分析用于确定电路的静态工作点。在直流工作点仿真分析时，假设交流源为零且电路处于稳定状态，操作步骤如下。

1．设置工作环境

（1）启动 ADS 2023，打开主窗口界面。选择菜单栏中的"File"→"New"→"Workspace"命

令，或单击工具栏中的"Create A New Workspace"按钮![W]，弹出"New Workspace"对话框，输入工程名称"RLC_Circuit_wrk"，新建一个工程文件"RLC_Circuit_wrk"，如图 7-14 所示。

（2）在主窗口界面中，选择菜单栏中的"File"→"New"→"Schematic"命令，或单击工具栏中的"New Schematic Window"按钮![图标]，弹出"New Schematic"对话框，在"Cell"文本框内输入电路原理图名称"DC_Analyze"。单击"Create Schematic"按钮，在当前工程文件夹下，创建电路原理图文件"DC_Analyze"，如图 7-15 所示。同时，自动打开 Schematic 视图窗口，如图 7-16所示。

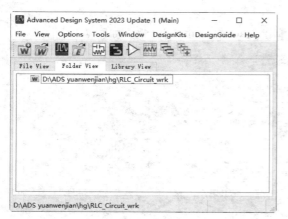

图 7-14　新建工程文件　　　　　　　　　　图 7-15　新建电路原理图

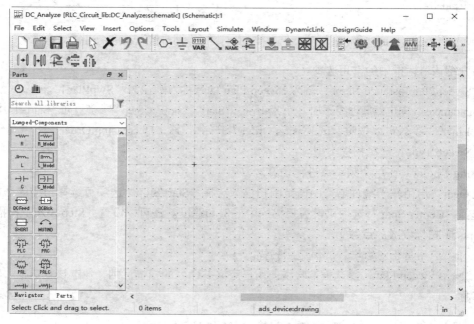

图 7-16　Schematic 视图窗口

2. 设置电路原理图图纸

（1）选择菜单栏中的"Options"→"Preferences"命令，或者在编辑区内单击鼠标右键，并在弹出的快捷菜单中选择"Preferences"命令，弹出"Preferences for Schematic"对话框。在该对话框中可以对电路原理图图纸进行设置。

（2）单击 "Grid/Snap" 标签页，在 "Snap Grid per Display Grid" 选项组下的 "X" 选项中输入 "1"。

（3）单击 "Display" 标签页，在 "Background" 选项下选择白色背景。

3. 放置元器件

（1）激活 "Parts" 面板，在元器件库文件列表中选择名为 "Basic Components" 的基本元器件库，如图 7-17 所示。

（2）在元器件库中依次单击选择电阻（R）、电容（C）、电感（L），在电路原理图中合适的位置上放置各元器件，结果如图 7-18 所示。在放置过程中进行布局，减少了后期进行布局操作的工作量。后期进行布线操作时，再对布局结果进行调整。

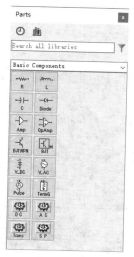

图 7-17　打开基本元器件库

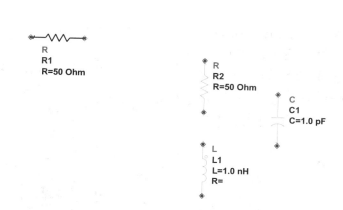

图 7-18　放置基本元器件

（3）在 "Sources-Freq Domain" 中依次选择直流电流源（I_DC），在电路原理图中合适的位置上放置直流电流源 SRC1，结果如图 7-19 所示。

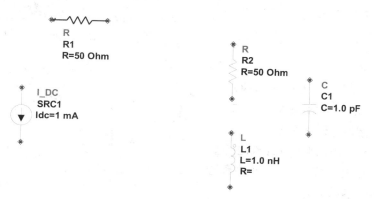

图 7-19　放置直流电流源 SRC1

4. 电路原理图连线

（1）选择菜单栏中的 "Insert" → "Wire" 命令，或单击 "Insert" 工具栏中的 "Insert Wire" 按钮，或按下 "Ctrl+W" 组合键，进入导线放置状态，连接元器件，结果如图 7-20 所示。

（2）选择菜单栏中的 "Insert" → "GROUND" 命令，或单击 "Insert" 工具栏中的 "GROUND" 按钮，在电路原理图中放置地，如图 7-21 所示。

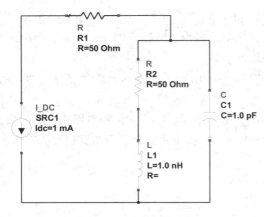

图 7-20　电路原理图布线

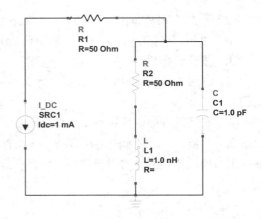

图 7-21　放置地

（3）在"Basic Components"中选择直流仿真控制器 DC，在电路原理图中合适的位置上放置 DC1，结果如图 7-22 所示。

（4）双击 SRC1 和 R1 之间的导线，弹出"Edit Wire Label"对话框，在"Net name（网络名称）"文本框中输入 U1，如图 7-23 所示。

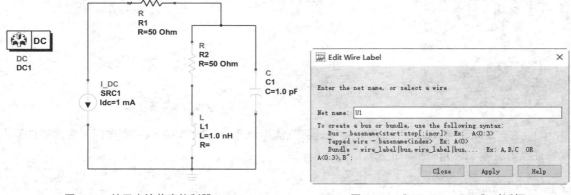

图 7-22　放置直流仿真控制器 DC1

图 7-23　"Edit Wire Label"对话框

单击"OK"按钮，关闭该对话框，在电路原理图的导线中添加网络标签 U1。同样的方法，继续添加网络标签 U2，结果如图 7-24 所示。

5．直流工作点分析

直流工作点分析用于测试设计电路的直流工作特性，它是所有模拟仿真、射频仿真的基础，是整个仿真的起点。

（1）选择菜单栏中的"Simulate"→"DC Annotation"→"Annotate Voltage（电压标注）"命令，在电路原理图中不同电路节点处显示节点电压值，如图 7-25 所示。

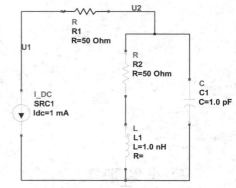

图 7-24　添加网络标签

（2）选择菜单栏中的"Simulate"→"DC Annotation"→"Annotate Pin Current（支路电流标注）"命令，在电路原理图中的不同支路处显示电流值，如图 7-26 所示。

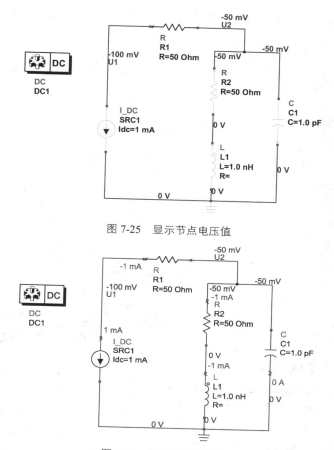

图 7-25   显示节点电压值

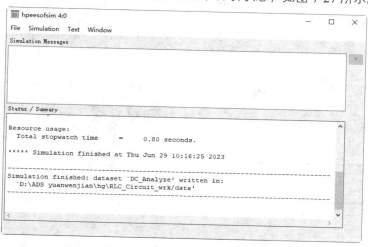

图 7-26   显示支路电流值

6. 显示仿真数据

（1）选择菜单栏中的"Simulate"→"Simulate"命令，或单击"Simulate"工具栏中的"Simulate"按钮，弹出"hpeesofsim"对话框，显示仿真信息和分析状态，如图 7-27 所示。

图 7-27   "hpeesofsim"对话框

（2）若仿真结果无误，显示"Simulation finished:"，并自动创建一个空白仿真结果显示窗口，如图 7-28 所示。在该窗口中，在上角显示进行仿真分析的电路原理图名称"DC_Analyze"。

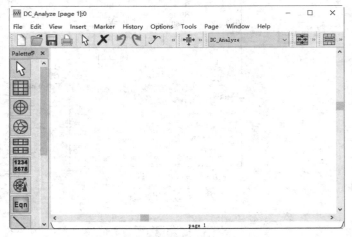

图 7-28　空白仿真结果显示窗口

（3）选择菜单栏中的"Insert"→"Plot"命令，或单击"Palette"工具栏中"Rectangular Plot（矩形图）"按钮，在工作区中单击鼠标，自动弹出"Plot Traces & Attributes"对话框，在"Datasets and Equations（数据集和方程）"列表中选择 U1 和 U2，单击"Add"按钮，将两个数据变量添加到右侧"Traces"列表中。单击按钮，显示列表图，如图 7-29 所示。

（4）单击"OK"按钮，在数据显示区创建包含电压数据的列表，如图 7-30 所示。

（5）单击"Basic"工具栏中的"Save"按钮，保存仿真数据文件，如图 7-31 所示。

图 7-29　"Plot Traces & Attributes"对话框

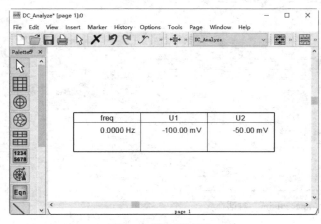

图 7-30　绘制列表图

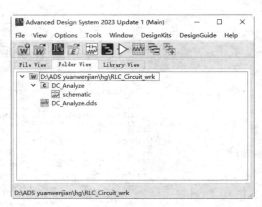

图 7-31　保存仿真数据文件

7.4 直流扫描分析

直流扫描分析就是直流转移特性，当输入在一定范围内变化时，输出一个曲线轨迹。通过执行一系列静态工作点分析，修改选定的信号源电压，从而得到一个直流传输曲线。

7.4.1 参数扫描控制器

参数扫描控制器用来定义仿真时的扫描变量，它可以定义多个扫描变量，并在 Sweep Plan 中设定变量的参数，如图 7-32 所示。

双击"PARAMETER SWEEP（参数扫描）"控制器，弹出"Parameter Sweep"对话框，如图 7-33 所示。

ParamSweep
Sweep1
SweepVar=
SimInstanceName[1]=
SimInstanceName[2]=
SimInstanceName[3]=
SimInstanceName[4]=
SimInstanceName[5]=
SimInstanceName[6]=
Start=1
Stop=10
Step=1

图 7-32 "Parameter Sweep"控制器

图 7-33 "Parameter Sweep"对话框

该对话框中包含 3 个标签页，下面介绍对话框中的常用选项。

（1）"Sweep"标签页

① ParamSweep Instance Name：输入参数扫描控制器的名称，默认值是"Sweep1"。

② Parameter to sweep：输入扫描变量。

③ Parameter sweep：选择各种扫描类型和其他参数。具体参数在上面章节中已经介绍，这里不再赘述。

④ "Use sweep plan"复选框：若要使用已定义并命名的扫描计划，勾选该复选框，输入扫描计划的名称。

（2）"Simulations"标签页

该标签页用于指定 Parameter Sweep 参数，如图 7-34 所示。

（3）"Display"标签页

该标签页用于选择显示在 Parameter Sweep 下方的参数值，如图 7-35 所示。

图 7-34　　"Simulations" 标签页

图 7-35　　"Display" 标签页

7.4.2　节点与节点名控制器

通过在电路中添加节点（NodeSet）控制器或节点名（NodeSet ByName）控制器可以设置该节点直流仿真的最佳参考电压和电阻。这种方法可以帮助直流仿真控制器确定分析范围，减少仿真运算时间，尤其适用于双稳态电路仿真，如双稳态多谐振荡器、环行振荡器等。节点控制器、节点名控制器如图 7-36 所示。

双击节点控制器，弹出 "Edit Instance Parameters" 对话框，如图 7-37 所示。该对话框在前面已经介绍过，这里不再赘述。

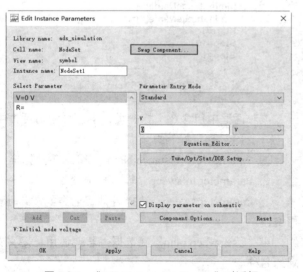

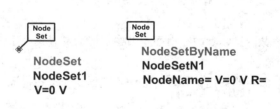

图 7-36　节点控制器、节点名控制器

图 7-37　　"Edit Instance Parameters" 对话框

7.4.3　显示模板控制器

显示模板控制器可以载入 ADS 中的显示模板，用来查看仿真结果，如图 7-38 所示。

双击 "Display Template（显示模板）" 控制器，弹出 "Automatic Data Display Template（数据自

动显示模板)"对话框, 如图 7-39 所示。

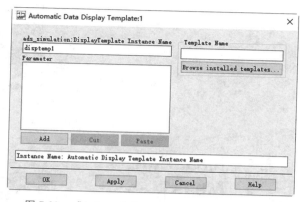

图 7-38　"Display Template"控制器

图 7-39　"Automatic Data Display Template"对话框

(1) ads_simulation:DisplayTemplate Instance Name:输入显示模板中的实例名称, 默认值为
"disptemp1"。

(2) Parameter:在显示模板中添加参数。

(3) Template Name:可以直接输入显示模板名称, 也可以单击"Browse installed templates(搜
索已安装的显示模板)"按钮, 在弹出的对话框中选择显示模板, 如图 7-40 所示。加载的显示模板
可以是系统自带的显示模板或用户根据自己需要编辑的显示模板。

图 7-40　选择显示模板

7.4.4　公式编辑控制器

公式编辑控制器用于在电路原理图上编辑和显示计算公式。该公式可以调用电路原理图中的所
有参数和仿真结果, 其结果可在数据显示窗口中显示出来, 如图 7-41 所示。

双击"MeasEqn(公式编辑)"控制器, 弹出"Edit Instance Parameters"对话框, 如图 7-42 所
示。在"Instance name(实例名称)"文本框内显示的元器件实例名称为"Meas1", 在"Parameter
Entry Mode(参数接口模式)"中显示"Value"选项, 在"Select Parameter(选中参数)"列表中
显示设置的参数"Meas1=1"。

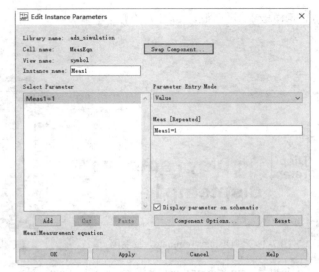

MeasEqn
Meas1
Meas1=1

图 7-41　"MeasEqn"控制器　　　　　　图 7-42　"Edit Instance Parameters"对话框

7.4.5　操作实例——RLC 电路直流扫描分析

直流扫描分析是对电路所执行的分析进行参数扫描，为研究电路参数变化对电路特性的影响提供了很大的方便，操作步骤如下。

1. 设置工作环境

（1）启动 ADS 2023，打开主窗口界面。选择菜单栏中的"File"→"Open"→"Workspace"命令，或单击工具栏中的"Open A Workspace"按钮 ，打开工程"RLC_Circuit_wrk"。

（2）在主窗口界面的"Folder View"标签页中，选择电路原理图文件"DC_Analyze"，单击鼠标右键选择"Copy Cell"命令，弹出"Copy Cell"对话框，为新单元命名"DC_Sweep_Analyze"，如图 7-43 所示。

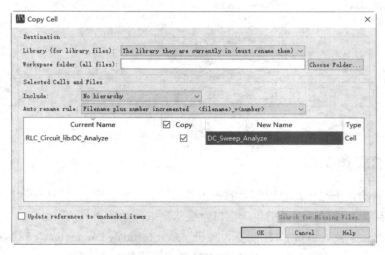

图 7-43　"Copy Cell"对话框

（3）单击"OK"按钮，自动在当前工程文件下复制电路原理图"DC_Sweep_Analyze"，如图 7-44 所示。双击"DC_Sweep_Analyze"下的 Schematic 视图窗口，进入电路原理图编辑环境，如图 7-45 所示。

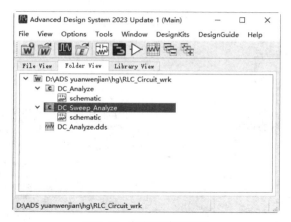

图 7-44　复制电路原理图

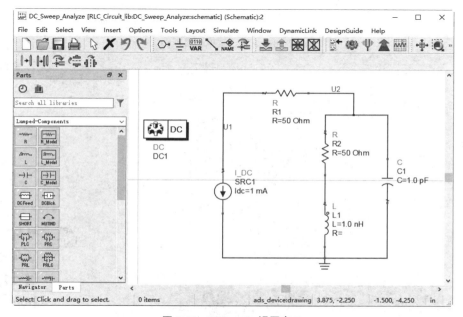

图 7-45　Schematic 视图窗口

2. 编辑电路原理图

（1）在"Sources-Freq Domain"元器件库中依次选择直流电压源（V_DC），在电路原理图中合适的位置上替换直流电流源。

（2）在"Simulation-DC"元器件库中依次选择 Parameter Sweep（Prm Swp），放置在电路原理图中合适的位置上。

（3）双击直流电压源 SRC1，在弹出的属性设置对话框中设置直流电压 Vdc=sin(IM)；双击电阻 R1，在弹出的属性设置对话框中设置 R=RS，结果如图 7-46 所示。

3. 添加变量

（1）选择菜单栏中的"Insert"→"VAR"命令，或单击"Insert"工具栏中的"Insert VAR"按钮，放置 VAR。按下"Esc"键或单击鼠标右键选择"End Command"命令，即可退出操作。

（2）双击 VAR，弹出图 7-47 所示的"Edit Instance Parameters"对话框，在"Name"文本框内输入变量 X、IM、RS，在"Variable Value"文本框内输入变量值 1.0V。单击"OK"按钮，显示 VAR

属性设置结果，如图 7-48 所示。

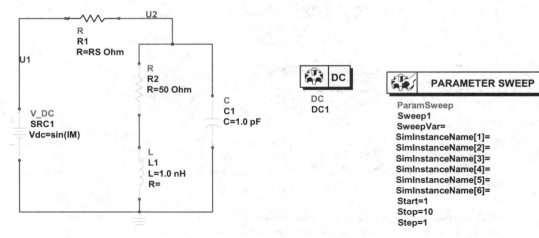

图 7-46　编辑仿真电路原理图

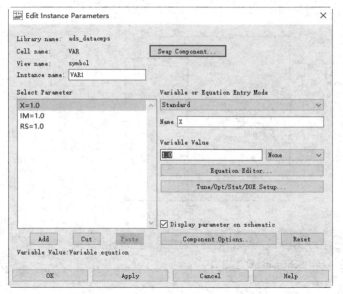

图 7-47　"Edit Instance Parameters" 对话框

图 7-48　添加变量值

4．设置仿真器属性

（1）双击 DC1，在弹出的 "DC Operating Point Simulation" 对话框中打开 "Sweep" 标签页，在 "Parameter to sweep" 文本框内输入变量 IM，定义 Start、Stop、Step-size。

（2）打开 "Display" 标签页，勾选 "SweepVar" 复选框、"Start" 复选框、"Stop" 复选框、"Step" 复选框，如图 7-49 所示。

（3）单击 "OK" 按钮，为 DC1 设置属性，如图 7-50 所示。

（4）双击 Sweep1，在弹出的 "Parameter Sweep" 对话框中进行参数设置，如图 7-51 所示。

• 打开 "Sweep" 标签页，设置扫描参数 "Parameter to sweep" 为 "RS"，定义 Start、Stop、Step-size。

• 打开 "Simulations" 标签页，在仿真器 "Simulation 1" 中输入 "DC1"。

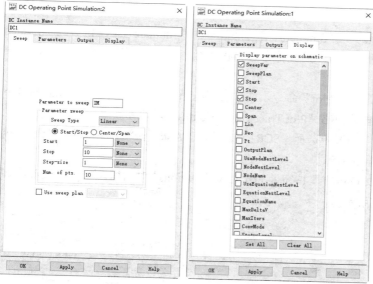

图 7-49 "DC Operating Point Simulation" 对话框

图 7-50 设置 DC1 属性

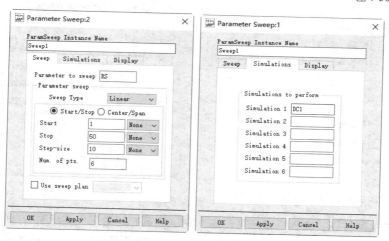

图 7-51 "Parameter Sweep" 对话框

至此，完成仿真电路原理图的绘制，结果如图 7-52 所示。

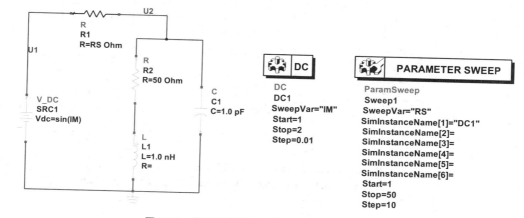

图 7-52 仿真电路原理图绘制结果

5．显示仿真数据

（1）选择菜单栏中的"Simulate"→"Simulate"命令，或单击"Simulate"工具栏中的"Simulate"按钮 🐝，弹出"hpeesofsim"对话框，显示仿真信息和分析状态，并自动创建一个空白仿真结果显示窗口。

（2）选择菜单栏中的"Insert"→"Plot"命令，或单击"Palette"工具栏中"Rectangular Plot"按钮 ▦，在工作区中单击鼠标，自动弹出"Plot Traces & Attributes"对话框。

● 在"Datasets and Equations"列表中选择"SCR1.i"，单击"Add"按钮，将两个数据变量添加到右侧"Traces"列表中，如图 7-53 所示。

● 选择"SCR1.i"，单击"Trace Options"按钮，弹出"Trace Options"对话框，勾选"Display Label（显示标签）"复选框，如图 7-54 所示。

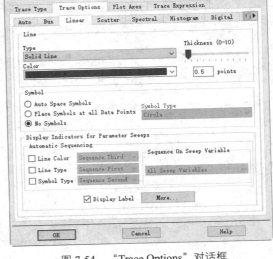

图 7-53　"Plot Traces & Attributes"对话框　　　　图 7-54　"Trace Options"对话框

（3）单击"OK"按钮，在数据显示区创建直角坐标系的矩形图（坐标图），如图 7-55 所示。坐标区显示通过电源的电流"SCR1.i"随电源电压的变化而变化的曲线（取不同的电阻值）。

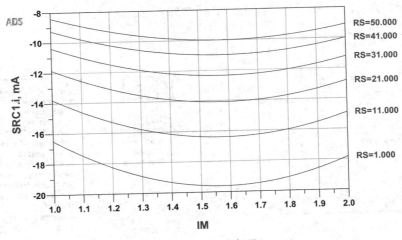

图 7-55　绘制坐标图

（4）双击坐标区中的曲线，弹出"Trace Options"对话框，打开"Linear"标签页，设置曲线"Thickness（0-10）"为3，在"Symbol"选项组中选择"Place Symbols at all Data Points"选项，设置"Symbol Type（符号类型）"为"Circle（圆形）"，如图 7-56 所示。单击"OK"按钮，关闭该对话框，曲线结果如图 7-57 所示。

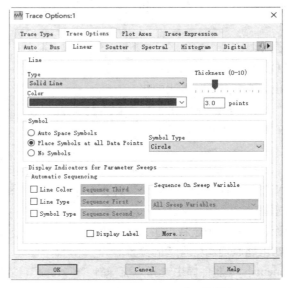

图 7-56 "Trace Options"对话框

（5）单击"Basic"工具栏中的"Save"按钮 🖫，保存仿真数据文件，如图 7-58 所示。

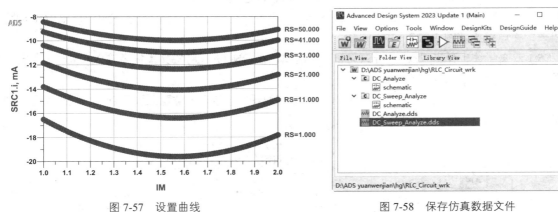

图 7-57 设置曲线 　　　　　　　　　　图 7-58 保存仿真数据文件

7.4.6 操作实例——直流馈电电容电路直流仿真分析

本例通过直流馈电电容电路演示直流工作点分析和直流扫描分析的应用，操作步骤如下。

1. 设置工作环境

（1）启动 ADS 2023，打开主窗口界面。选择菜单栏中的"File"→"New"→"Workspace"命令，或单击工具栏中的"Create A New Workspace"按钮 🗔，弹出"New Workspace"对话框，输入工程名称"Cap_Res_wrk"，新建一个工程文件"Cap_Res_wrk"。

（2）在主窗口界面中，选择菜单栏中的"File"→"New"→"Schematic"命令，或单击工具

栏 中 的 "New Schematic Window" 按钮，弹出 "New Schematic" 对话框，在 "Cell" 文本框内输入电路原理图名称 "DC_Analyze"。单击 "Create Schematic" 按钮，在当前工程文件夹下，创建原理图文件 "DC_Analyze"，如图 7-59 所示。同时，自动打开 Schematic 视图窗口。

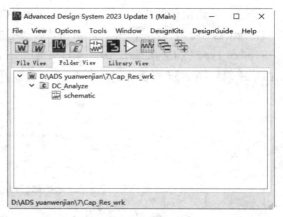

图 7-59　新建电路原理图

2. 设置电路原理图图纸

（1）选择菜单栏中的 "Options" → "Preferences" 命令，或者在编辑区内单击鼠标右键，并在弹出的快捷菜单中选择 "Preferences" 命令，弹出 "Preferences for Schematic" 对话框。在该对话框中可以对电路原理图图纸进行设置。

（2）单击 "Grid/Snap" 标签页，在 "Snap Grid per Display Grid" 选项组下的 "X" 选项中输入 "1"。

（3）单击 "Display" 标签页，在 "Background" 选项下选择白色背景。

3. 绘制仿真电路原理图

（1）激活 "Parts" 面板，依次单击选择电阻（R）、电容（C）、直流馈电电容（DC_Feed）、直流电压源（V_DC），放置在电路原理图中合适的位置。

（2）在 "Probe Components" 元器件库中选择电流探针 "I_Probe"，放置在电路原理图中合适的位置上。

（3）选择菜单栏中的 "Insert" → "Wire" 命令，或单击 "Insert" 工具栏中的 "Insert Wire" 按钮，或按下 "Ctrl+W" 组合键，进入导线放置状态，连接元器件。

（4）选择菜单栏中的 "Insert" → "GROUND" 命令，或单击 "Insert" 工具栏中的 "GROUND" 按钮，在电路原理图中放置 GROUND。

（5）双击导线，弹出 "Edit Wire Label" 对话框，在 "Net name1" 文本框中输入 "Vx"，在电路原理图该导线上添加网络 Vx。

（6）在 "Basic Components" 中选择 DC，在电路原理图中合适的位置上放置 DC1，结果如图 7-60 所示。

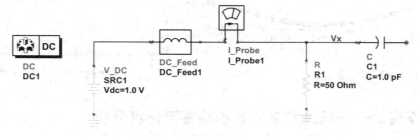

图 7-60　绘制仿真电路原理图

4. 直流仿真分析

（1）选择菜单栏中的 "Simulate" → "Simulate" 命令，或单击 "Simulate" 工具栏中的 "Simulate" 按钮，弹出 "hpeesofsim" 对话框，显示仿真信息和分析状态。

（2）单击 "Palette" 工具栏中 "List" 按钮，在工作区中单击鼠标，自动弹出 "Plot Traces & Attributes" 对话框。打开 "Plot Type" 标签页，在 "Traces" 列表中添加数据变量 Vx、SRC1.i、I_Probe1.i，

如图 7-61 所示。

（3）单击"OK"按钮，在数据显示区创建包含电压、电流数据的列表，列表图如图 7-62 所示。

图 7-61 "Plot Traces & Attributes"对话框

freq	Vx	SRC1.i	I_Probe1.i
0.0000 Hz	1.000 V	-20.00 mA	20.00 mA

图 7-62 绘制列表图

5. 直流扫描分析

（1）在主窗口界面的"Folder View"标签页中，选择电路原理图文件"DC_Analyze"，单击鼠标右键选择"Copy Cell"命令，弹出"Copy Cell"对话框，将新单元命名为"DC_Sweep_Analyze"。双击"DC_Sweep_Analyze"下的 Schematic 视图窗口，进入电路原理图编辑环境。

（2）双击 SRC1，在弹出的属性设置对话框中设置直流电压 Vdc=V；双击 R1，在弹出的属性设置对话框中设置电阻值 R= R1，结果如图 7-63 所示。

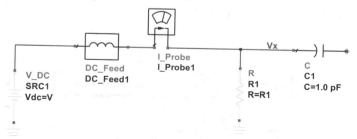

图 7-63 编辑仿真电路原理图

（3）选择菜单栏中的"Insert"→"VAR"命令，或单击"Insert"工具栏中的"Insert VAR"按钮，放置 VAR，并添加变量值 V、R1，结果如图 7-64 所示。

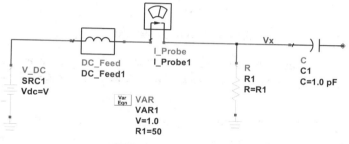

图 7-64 添加变量值

（4）双击 DC1，弹出的 "DC Operating Point Simulation" 对话框。打开 "Sweep" 标签页，在 "Parameter to sweep" 文本框内输入变量 "V"；打开 "Display" 标签页，勾选 "SweepVar" 复选框、"Start" 复选框、"Stop" 复选框、"Step" 复选框。结果如图 7-65 所示。

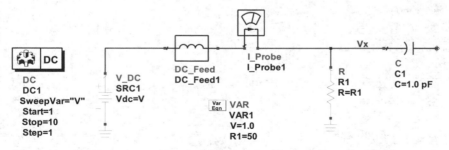

图 7-65　设置 DC1 属性

（5）在 "Simulation-DC" 中选择 Parameter Sweep Prm Swp，在电路原理图中合适的位置放置 Sweep1。

（6）双击 Sweep1，在弹出的属性设置对话框中设置 "Parameter to sweep" 为 R1，设置 "Start" 为 30，设置 "Stop" 为 60，设置 "Step" 为 15，在 "Simulation 1" 中输入 DC1。

至此，完成仿真原理图的绘制，结果如图 7-66 所示。

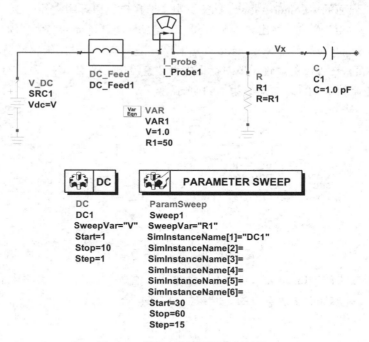

图 7-66　仿真电路原理图绘制结果

（7）选择菜单栏中的 "Simulate" → "Simulate" 命令，或单击 "Simulate" 工具栏中的 "Simulate" 按钮🐞，弹出 "hpeesofsim" 对话框，显示仿真信息和分析状态，并自动创建一个空白仿真结果显示窗口。

（8）选择菜单栏中的 "Insert" → "Plot" 命令，或单击 "Palette" 工具栏中 "Rectangular Plot" 按钮▦，在工作区中单击鼠标，自动弹出 "Plot Traces & Attributes" 对话框，在 "Datasets and Equations"

列表中选择"I_Probe1.i",单击"Add"按钮,将数据变量添加到右侧"Traces"列表中,如图 7-67 所示。

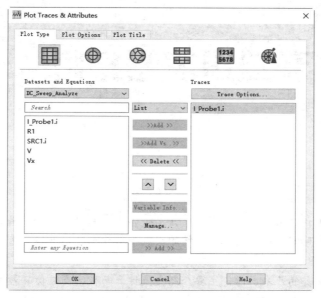

图 7-67　"Plot Traces & Attributes"对话框

(9)单击"OK"按钮,在数据显示区创建直角坐标系的矩形图(坐标图),如图 7-68 所示。坐标区显示通过电源的电流 SCR1.i 随电源电压的变化而变化的曲线(取不同的电阻值)。

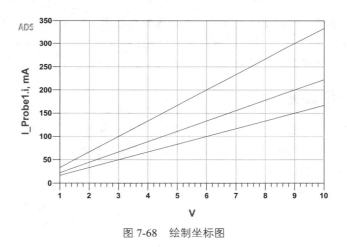

图 7-68　绘制坐标图

(10)单击"Basic"工具栏中的"Save"按钮█,保存仿真数据文件。

第8章
交流小信号分析

内容指南

交流小信号分析是在一定的频率范围内计算电路的频率响应。如果电路包含非线性元器件，在计算电路的频率响应之前就应该得到此元器件的交流小信号参数，包括小信号的电压增益、电流增益和跨导等传输参数。

本章将介绍交流仿真的基本功能，主要介绍交流仿真面板、交流仿真控件、交流仿真的相关参数和参数的设置方法等内容。

8.1 交流信号源

除了最基本的正弦电压源和正弦电流源，在交流信号频率变换分析中，可作为信号源的常用组件有单频交流电压源 V_1Tone、单频交流电流源 I_1Tone 和 P_1Tone，其中源的频率可以通过源自身所带的频率参数设定。如果使用多频率源，频率通过 Freq[1] 参数设定。

8.1.1 交流信号激励源

基本的交流信号激励源包括正弦电压源 "V_AC" 与正弦电流源 "I_AC"，用来为仿真电路提供正弦交流激励信号，符号形式如图 8-1 所示，需要设置的仿真参数如下。

- Vdc：直流电压，通常设置为 0。
- Vac：交流电压，用极坐标表示相位，单位为 V。
- Freq：频率。
- V_Noise：噪声电压幅值，通常为 ouV。
- SaveCurrent：保存支路电流标志。
- Idc：直流电流，单位为 mA，默认显示该参数。
- Iac：交流电流，用极坐标表示相位，单位为 mA。
- I_Noise：噪声电流大小。

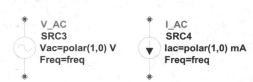

图 8-1　正弦电压源/电流源符号

8.1.2 单频交流信号激励源

单频交流信号激励源用来为仿真电路提供一个单频调频的激励波形，包括 V_1Tone 与 I_1Tone，用来为仿真电路提供单频交流激励信号，符号形式如图 8-2 所示，需要设置的仿真参数如下。

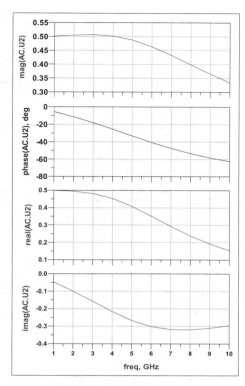

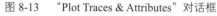

图 8-13　"Plot Traces & Attributes" 对话框

图 8-14　绘制频域坐标图

8.2.3　操作实例——串联谐振电路交流仿真分析

线性交流分析仪是一个小信号分析仪，首先应该找到直流工作点，然后将非线性元器件在直流工作点附近线性化。交流小信号仿真应该放在谐波平衡（频谱）仿真之前执行来产生最终仿真的初始猜测，操作步骤如下。

1. 设置工作环境

启动 ADS 2023，打开主窗口界面。选择菜单栏中的 "File" → "Open" → "Workspace" 命令，或单击工具栏中的 "Open New Workspace" 按钮 📝，弹出 "New Workspace" 对话框，选择打开工程文件 "Resonant_Circuit_wrk"，打开 Schematic 视图窗口。

2. 设置仿真参数属性

（1）双击电路原理图中的元器件，修改元器件的参数值，结果如图 8-15 所示。

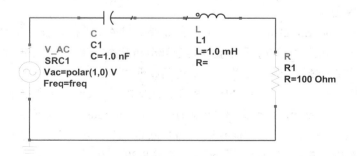

图 8-15　设置元器件参数值

（2）双击 SRC1 和 C1 之间的导线，弹出"Edit Wire Label"对话框，在"Net name"文本框中输入 U1，如图 8-16 所示。

单击"OK"按钮，关闭该对话框，在电路原理图的该导线中添加网络标签 U1。使用同样的方法，继续添加网络标签 U2、U3，结果如图 8-17 所示。

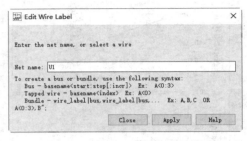

图 8-16　"Edit Wire Label"对话框

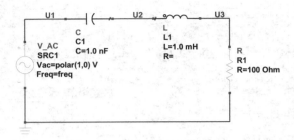

图 8-17　添加网络标签

（3）在"Basic Components"中选择 AC，在电路原理图中合适的位置上放置 AC1。双击 AC1，在弹出的"AC Small Signal Simulation"对话框中设置起始频率"Start"为 1.0Hz，设置频率间隔为 1MHz，如图 8-18 所示。单击"OK"按钮，关闭该对话框。

至此，完成仿真电路原理图的绘制，结果如图 8-19 所示。

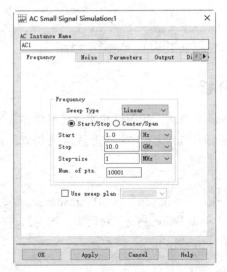

图 8-18　"AC Small Signal Simulation"对话框

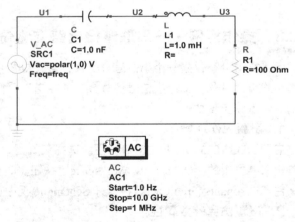

图 8-19　放置 AC1

3.显示仿真数据

（1）选择菜单栏中的"Simulate"→"Simulate"命令，或单击"Simulate"工具栏中的"Simulate"按钮 🔩，弹出"hpeesofsim"对话框，显示仿真信息和分析状态，并自动创建一个空白仿真结果显示窗口。在该窗口中的左上角显示进行仿真分析的电路原理图"Series Circuit"。

（2）选择菜单栏中的"Insert"→"Plot"命令，或单击"Palette"工具栏中"Rectangular Plot"按钮 ▦，在工作区中单击鼠标，自动弹出"Plot Traces & Attributes"对话框。

- 打开"Plot Type"标签页，在"Datasets and Equations"列表中选择"SRC1.i"，单击"Add"按钮，将数据变量添加到右侧"Traces"列表中，如图 8-20 所示。

- 打开"Plot Title（绘图标题）"标签页，在"Title（标题）"文本框内输入"电流特性曲线"，如图 8-21 所示。

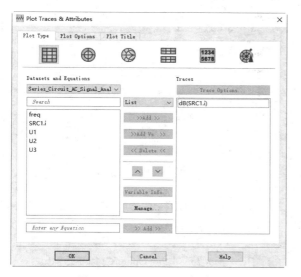

图 8-20　"Plot Type" 标签页

图 8-21　"Plot Title" 标签页

（3）单击 "OK" 按钮，在数据显示区创建直角坐标系的矩形图（坐标图），如图 8-22 所示。

（4）选择菜单栏中的 "Insert" → "Plot" 命令，或单击 "Palette" 工具栏中 "Rectangular Plot" 按钮，在工作区中单击鼠标，自动弹出 "Plot Traces & Attributes" 对话框，下面介绍参数设置。

① 打开 "Plot Type" 标签页，在 "Datasets and Equations" 列表中选择 "U3"，单击 "Add" 按钮，弹出 "Complex Data" 对话框，选择 "Magnitude" 选项，在右侧 "Traces" 列表中添加电压 U3 的幅值 mag(U3)，如图 8-23 所示。

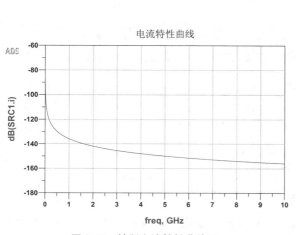

图 8-22　绘制电流特性曲线图

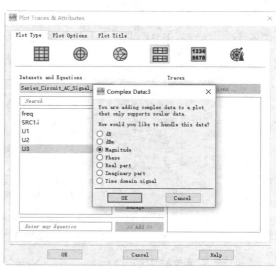

图 8-23　选择 "Magnitude" 选项

② 使用同样的方法，添加电压 U3 的相位 phase(U3)。

③ 单击按钮，选择绘图类型为堆叠图，如图 8-24 所示。

④ 打开 "Plot Options" 标签页，在 "Scale" 选项下选择 "Log" 选项，将 "X Axis" 设置为对数坐标，如图 8-25 所示。

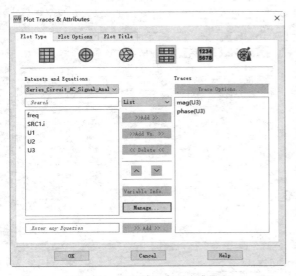 

图 8-24　选择绘图类型为堆叠图　　　　图 8-25　"Plot Options"标签页

⑤ 打开"Plot Title"标签页，在"Title"文本框内输入"幅频特性曲线和相频特性曲线"，单击"More"按钮，弹出"Title"对话框，设置"Font Size（字体大小）"为 20。

（5）单击"OK"按钮，在数据显示区创建两个直角坐标系的矩形图（坐标图），如图 8-26所示。

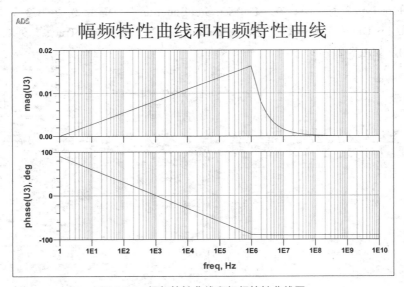

图 8-26　幅频特性曲线和相频特性曲线图

（6）选择菜单栏中的"Marker"→"New"命令，或单击"Basic"工具栏中的 ⤷ 按钮，激活标记操作。将鼠标光标放置在数据显示区，在鼠标光标上显示倒三角标记符号，在曲线上指定位置单击，数据值以矩形框为边界。

（7）单击幅频特性曲线的峰值处，在该处添加标记符号，同时在图形左上角显示标记点的数据值，包括标记点名称 m1 和坐标值，如图 8-27 所示。m1 横坐标的值就是谐振电路的谐振频率。由图 8-27 可知，串联谐振电路的谐振频率为 1MHz。

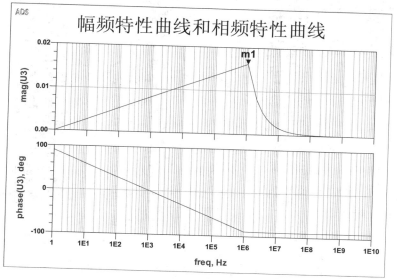

图 8-27　添加标记符号

（8）在数据显示区选择幅频特性曲线和相频特性曲线图，按下"Ctrl+C"组合键和"Ctrl+V"组合键，在空白处复制该坐标区域。升级复制后的图形，自动弹出"Plot Traces & Attributes"对话框。

- 打开"Plot Type"标签页，单击[1234 5678]按钮，选择绘图类型为列表图，如图 8-28 所示。
- 打开"Plot Title"标签页，在"Title"文本框内输入"幅频特性表和相频特性表"。

图 8-28　修改绘图类型为列表图

（9）单击"OK"按钮，在数据显示区创建直角坐标系的列表图，如图 8-29 所示。
（10）单击"Basic"工具栏中的"Save"按钮，保存仿真数据文件，如图 8-30 所示。

幅频特性表和相频特性表

freq	mag(U3)	phase(U3)
1.000 Hz	6.283E-7	90.00 deg
1.000 MHz	0.016	-89.06 deg
2.000 MHz	0.008	-89.54 deg
3.000 MHz	0.005	-89.70 deg
4.000 MHz	0.004	-89.77 deg
5.000 MHz	0.003	-89.82 deg
6.000 MHz	0.003	-89.85 deg
7.000 MHz	0.002	-89.87 deg
8.000 MHz	0.002	-89.89 deg
9.000 MHz	0.002	-89.90 deg
10.00 MHz	0.002	-89.91 deg
11.00 MHz	0.001	-89.92 deg
12.00 MHz	0.001	-89.92 deg
13.00 MHz	0.001	-89.93 deg
14.00 MHz	0.001	-89.93 deg
15.00 MHz	0.001	-89.94 deg
16.00 MHz	0.001	-89.94 deg
17.00 MHz	0.001	-89.95 deg
18.00 MHz	0.001	-89.95 deg
19.00 MHz	0.001	-89.95 deg
20.00 MHz	0.001	-89.95 deg
21.00 MHz	0.001	-89.96 deg
22.00 MHz	0.001	-89.96 deg
23.00 MHz	0.001	-89.96 deg
24.00 MHz	0.001	-89.96 deg
25.00 MHz	0.001	-89.96 deg

图 8-29　幅频特性表和相频特性表

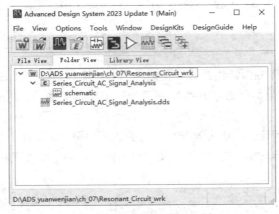

图 8-30　保存仿真数据文件

8.3　噪声分析

　　噪声分析一般是和交流小信号分析一起进行的。由于各种因素的影响，实际的电路中总是会存在各种各样的噪声，这些噪声分布在很宽的频带内，不同元器件对于不同频段上的噪声的敏感程度是不同的。

8.3.1　噪声参数设置

　　（1）在"AC Small Signal Simulation"对话框的"Noise（噪声）"标签页中选中"Calculate noise"复选框后，相应的参数如图 8-31 所示。各参数的含义如下。

　　（2）Nodes for noise parameter calculation：添加电路中的节点，在仿真时计算该节点产生的噪声。

　　（3）Noise contributors：计算电路中每一个元器件产生的噪声。

　　① 在"Mode（模式）"下拉列表中可以把产生噪声的元器件按照 4 种方式归类，分组报告。一般设置为默认值"Off"。

• Sort by value：将噪声值超过用户设定的门限值的噪声源，按噪声值从大到小的顺序排列。

• Sort by name：将噪声值超过用户设定的门限值的噪声源，按字母顺序排列。

• Sort by value with no device details：将噪声值超过用户设定的门限值的噪声源，按噪声值从大到小的顺序排列，选择该模式，输出结果中只列出非线性器件的总噪声，而不列出任何子分量的详细信息。

• Sort by name with no device details：将噪声值超过用户设定的门限值的噪声源，按字母顺序排列，选择该模式；输出结果中只列出非线性器件的总噪声，而不列出任何子分量的详细信息。

② Dynamic range to display：设置噪声的门限值（最大值），在数据报告中将显示噪声值小于该值的噪声源，用于精确的控制各元器件的噪声大小。

图 8-31　"Noise" 标签页

（4）"Include port noise in node noise voltages" 复选框：勾选该复选框，在节点噪声中计算端口噪声。

（5）Bandwidth：计算噪声功率的带宽，默认值为 1Hz。

8.3.2　操作实例——RLC 电路噪声分析

在进行噪声分析时，电容、电感和受控源应被视为无噪声的元器件。对交流小信号分析中的每一个频率，电路中的每一个噪声源（电阻或运算放大器）的噪声电平都会被计算出来，它们对输出节点的贡献通过将各均方值相加得到，操作步骤如下。

1. 设置工作环境

（1）在主窗口界面 "Folder View" 标签页中，选择电路原理图文件 "AC_Analyze"，单击鼠标右键选择 "Copy Cell" 命令，弹出 "Copy Cell" 对话框，为新单元命名 "Noise_Analyze"。

（2）单击 "OK" 按钮，自动在当前工程文件下复制电路原理图 "Noise_Analyze"，如图 8-32 所示。双击 "Noise_Analyze" 下的 Schematic 视图窗口，进入电路原理图编辑环境。

2. 编辑仿真参数

（1）双击 AC1，在参数设置窗口中打开 "Noise" 标签页，进行下面的设置，如图 8-33 所示。

• 勾选 "Calculate noise" 复选框，计算线性噪声。

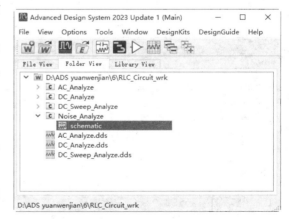

图 8-32　复制原理图

• 在 "Edit" 下拉列表中选择需要显示噪声的节点名 "U2"，单击 "Add" 按钮将它加入 "Select" 文本框。

• 在 "Mode" 下拉列表中选择噪声来源分类为 "Sort by value"。

• 设置 "Dynamic range to display（动态显示范围）" 为 40dB。

（2）单击"OK"按钮，关闭窗口。

3．显示仿真数据

（1）选择菜单栏中的"Simulate"→"Simulate"命令，或单击"Simulate"工具栏中的"Simulate"按钮，弹出"hpeesofsim"对话框，显示仿真信息和分析状态，并自动创建一个空白仿真结果显示窗口。

（2）选择菜单栏中的"Insert"→"Plot"命令，或单击"Palette"工具栏中"Rectangular Plot"按钮，在工作区中单击鼠标，自动弹出"Plot Traces & Attributes"对话框。在"Datasets and Equations"列表中选择"U2.noise"，单击"Add"按钮，在右侧"Traces"列表中添加 U2.noise。

（3）单击"OK"按钮，在数据显示区创建直角坐标系的矩形图，如图 8-34 所示，在图中显示输出节点 U2 的总噪声曲线。

（4）单击"Palette"工具栏中的"List"按钮，在工作区中单击鼠标，自动弹出"Plot Traces & Attributes"对话框，在"Datasets and Equations"列表中选择"vnc"选项、"name"选项，单击"Add"按钮，将两个数据变量添加到右侧"Traces"列表中。

（5）单击"OK"按钮，在数据显示区创建包含各噪声来源贡献的噪声分量数据的列表，如图 8-35 所示。

图 8-33　"Noise"选项卡

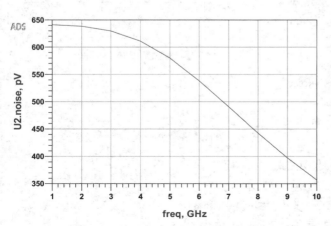

图 8-34　绘制输出节点 U2 的总噪声曲线

index	vnc	name
freq=1.000 GHz		
0	641.2 pV	_total
1	455.1 pV	R1
2	451.6 pV	R2
freq=2.000 GHz		
0	638.5 pV	_total
1	458.3 pV	R1
2	444.5 pV	R2
freq=3.000 GHz		
0	629.8 pV	_total
1	459.9 pV	R1
2	430.3 pV	R2
freq=4.000 GHz		
0	611.0 pV	_total
1	455.6 pV	R1
2	407.1 pV	R2
freq=5.000 GHz		
0	579.9 pV	_total
1	442.6 pV	R1
2	374.7 pV	R2
freq=6.000 GHz		
0	538.2 pV	_total
1	420.6 pV	R1
2	335.8 pV	R2
freq=7.000 GHz		
0	490.7 pV	_total
1	392.4 pV	R1
2	294.6 pV	R2
freq=8.000 GHz		
0	442.5 pV	_total
1	361.6 pV	R1
2	255.0 pV	R2
freq=9.000 GHz		
0	397.3 pV	_total
1	331.2 pV	R1
2	219.4 pV	R2
freq=10.00 GHz		
0	356.9 pV	_total

图 8-35　各噪声来源贡献的噪声分量数据列表

8.4 瞬态分析

电路一般由电压源或者电流源驱动。电流源和电压源连接到电路中，需要一定的时间才能达到稳定状态。这个过渡的时间或者瞬态时间在几微秒到几毫秒的范围内。在这个过渡时间内对电路行为的研究被称为瞬态分析。

8.4.1 瞬态仿真控制器

瞬态分析在时域中描述瞬态输出变量的值。对于固定偏置点，在计算偏置点和非线性元器件的小信号参数时电路节点初始值也应考虑在内，因此有初始值的电容和电感也被看作电路的一部分而被保留下来。

瞬态仿真控制器如图 8-36 所示。双击该元器件，弹出图 8-37 所示的 "Transient/Convolution Simulation（瞬态/卷积仿真）"对话框。

Tran
Tran1
StopTime=100.0 nsec
MaxTimeStep=1.0 nsec

图 8-36 瞬态仿真控制器

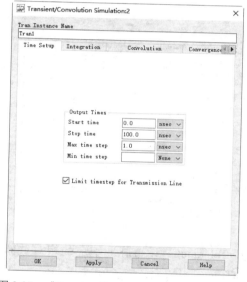

图 8-37 "Transient/Convolution Simulation" 对话框

该对话框包含 9 个标签页，"Output"标签页和"Display"标签页已介绍过，这里不再赘述，只介绍其他标签中未介绍的选项。

（1）"Time Setup（时间设置）"标签页

设置时间和频率的相关参数。

- Start time：起始时间。
- Stop time：终止时间。
- Max time step：运行仿真的最大时间间隔。
- Min time step：运行仿真的最小时间间隔。

（2）"Integration（集成）"标签页

选择集成模式和扫描偏移、打开源和电阻噪声，并设置设备适配参数，如图 8-38 所示。

① "Time step control method"列表：在下拉列表中选择时间间隔的控制方式。

- Fixed：表示采用固定时间间隔。
- Iteration Count：表示采用牛顿-莱布尼茨算法选择时间间隔。
- Trunc Error：表示采用遇错随机切断法选择时间间隔。

② Local truncation error over-est factor：截断误差的估算因子。

③ Charge accuracy：截断误差最小指示值。

④ Integration：综合算法仿真，包含"Trapezoidal 梯形法""Gear's 基尔算法"选项两种。

⑤ Max Gear order：选择"Gear's"选项时有效，表示最大多项式的次数。

⑥ Integration coefficient mu：选中"Trapezoidal"选项时有效，表示综合系数，默认值为 0.5。

（3）"Convolution（卷积）"标签页

设置与卷积分析相关的参数，如图 8-39 所示。

图 8-38 "Integration"标签页

图 8-39 "Convolution"标签页

① Tolerance：设置脉冲响应的相对截断因子的公差 ImpRelTrunc 和绝对截断因子的公差 ImpAbsTrunc。

- "Relax"选项：ImpRelTrunc= 1e-2、ImpAbsTrunc= 1e-5。
- "Auto"选项：ImpRelTrunc= 1e-4、ImpAbsTrunc= 1e-7。
- "Strict"选项：ImpRelTrunc=1e-6、ImpAbsTrunc=1e-8。

② "Enforce passivity"复选框：勾选该复选框，强制使用离散模式卷积模拟的线性频域组件的无源性。在 SnP 组件中设置参数 Enforce passivity =yes，可以达到同样的效果。

③ "Use Transient low freq extrapolation"复选框：勾选该复选框，低频外延从瞬态引擎选择的自适应采样频率开始。

④ "advanced"按钮：单击该按钮，弹出"Advanced Convolution Options（高级卷积选项）"对话框，对高级卷积选项进行设置，如图 8-40 所示。

- "Use approximate models when available"复选框：勾选该复选框，使模拟器绕过基于脉冲的卷积，近似忽略了诸如频率相关损耗和色散等影响，但包括了基本的时延和阻抗。若未勾选该复选框，则表示使用默认设置。

- Approximate short transmission lines：传输线时延值。
- Max Frequency：最大频率。
- Delta frequency：频率改变值（间隔）。
- "Save impulse spectrum"复选框：勾选该复选框，当在瞬态分析中使用离散模式卷积时，将脉冲响应、FFT（快速傅里叶变换）数据和原始频谱保存到数据集中。
- "Enforce strict passivity"复选框：当使用常规（非严格）强制被动选项时，如果卷积无法收敛，则选择此选项。
- Number of passes for impulse calculation：如果模拟器在计算脉冲响应时内存不足，则将此项设置为大于 1 的整数。

（4）"Convergence（收敛）"标签页

设置与实现收敛相关的参数，如图 8-41 所示。

图 8-40 "Advanced Convolution Option"对话框　　　图 8-41 "Convergence"标签页

- "Use user-specified initial conditions"复选框：使用应用近似模型。
- "Connect all nodes to GND via GMIN during initial DC analysis"复选框：在进行初始直流分析时，通过 GMIN 将所有节点连接到 GND 上。
- "Perform KCL check for convergence"复选框：检查每个节点满足基尔霍夫电流定律的程度。
- "Check only delta voltage for convergence"复选框：只查找两个连续迭代之间的电压差，这种不严格的检查节省了时间和内存。
- "Check for strange behavior at every timestep"复选框：查找不正常的设备电流或电压，并在找到任何支持过载警报并指定其极限值的设备时返回警告消息。
- "Skip device evaluation if volt chg are small between iters"复选框：如果发现迭代之间的小电压变化，仿真模拟器则绕过设备的全面评估。
- Max iterations per time step：每个时间步长允许的最大迭代次数。
- Max iterations @ initial DC：在源的步进开始之前，在直流分析期间允许的最大迭代次数。
- IV_RelTol：瞬态相对电压和电流容限。

8.4.2　操作实例——二极管限幅电路瞬态特性分析

瞬态特性分析在时域中描述瞬态输出变量的值，在所有仿真手段中是最精确的，瞬态特性分析是最耗费时间的。本实例通过二极管限幅电路验证输出电压幅度的限制特性，操作步骤如下。

1. 设置工作环境

启动 ADS 2023，打开主窗口界面。选择菜单栏中的"File"→"Open"→"Workspace"命令，或单击工具栏中的"Open New Workspace"按钮 ，弹出"New Workspace"对话框，选择打开工程文件"Diode_Limiting_wrk"，打开 Schematic 视图窗口。

2. 设置仿真参数属性

（1）在"Part"面板中搜索"Dio"，在搜索结果中选择二极管模型"Diode_Model"，在电路原理图中合适的位置上放置 DIODEM1，如图 8-42 所示。

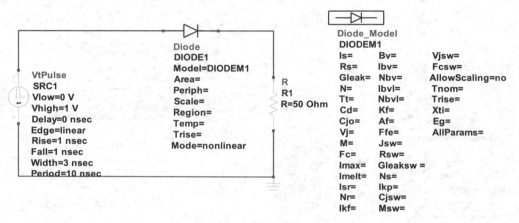

图 8-42　放置 DIODEM1

（2）双击电路原理图中的导线，弹出"Edit Wire Label"对话框，在"Net name1"文本框中添加网络标签 U1、U2，结果如图 8-43 所示。

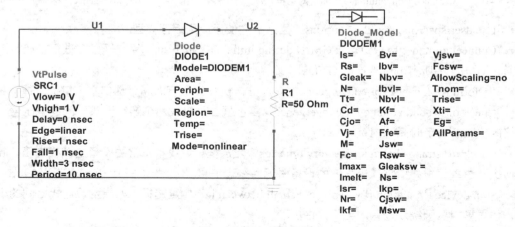

图 8-43　添加网络标签

（3）在"Simulation-DC"中选择 Tran，在电路原理图中合适的位置上放置 Tran1，如图 8-44 所示。

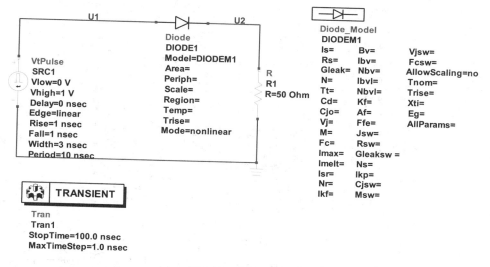

图 8-44　放置 Tran1

至此，完成仿真电路原理图的绘制。

3. 显示仿真数据

（1）选择菜单栏中的"Simulate"→"Simulate"命令，或单击"Simulate"工具栏中的"Simulate"按钮 ，弹出"hpeesofsim"对话框，显示仿真信息和分析状态，并自动创建一个空白仿真结果显示窗口。在该窗口中，右上角显示仿真分析的电路原理图"Transient_Analysis"。

（2）选择菜单栏中的"Insert"→"Plot"命令，或单击"Palette"工具栏中"Rectangular Plot"按钮 ，在工作区中单击鼠标，自动弹出"Plot Traces & Attributes"对话框。打开"Plot Type"标签页，在"Datasets and Equations"列表中选择 U1、U2，单击"Add"按钮，在右侧"Traces"列表中添加 U1、U2，如图 8-45 所示。

（3）单击"OK"按钮，在数据显示区创建直角坐标系的矩形图，显示电压随时间变化而变化的曲线，如图 8-46 所示。

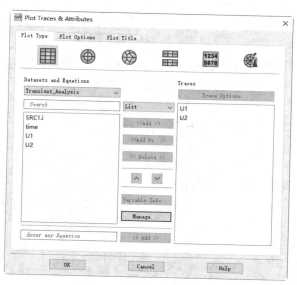

图 8-45　"Plot Type"标签页

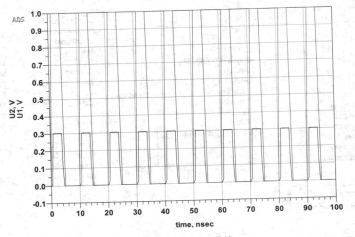

图 8-46　绘制电压曲线

（4）双击绘图区，在弹出对话框中选择"Plot Type"标签页，设置绘图类型为堆叠图▦，将叠加的两条曲线分为两个坐标区，分别显示 U1、U2，如图 8-47 所示。

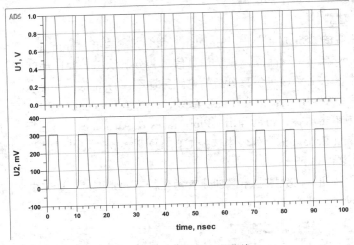

图 8-47　分别显示电压曲线

（5）单击"Basic"工具栏中的"Save"按钮▐，保存仿真数据文件，如图 8-48 所示。

图 8-48　保存仿真数据文件

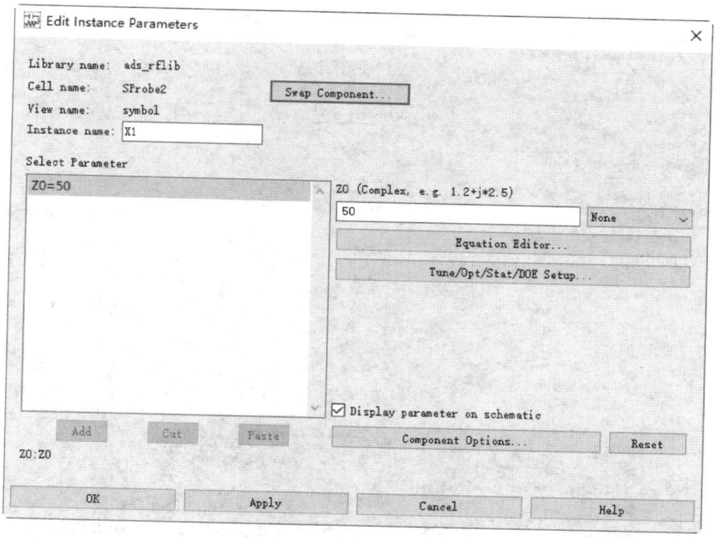

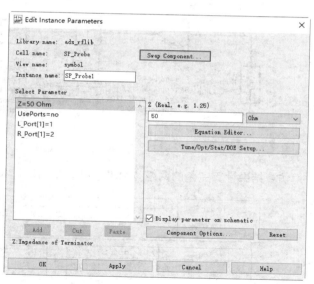

图 9-6　"Edit Instance Parameters"对话框

2. SP_Probe1

SP_Probe1 使用 S 参数分析网络参数，该元器件图标如图 9-7 所示。当使用 SP_Probe1 分析时，其余的探针都处于短路状态。

双击 SP_Probe1，弹出 "Edit Instance Parameters" 对话框，如图 9-8 所示。"Select Parameter"列表包含 4 个默认参数。下面分别对它们进行介绍。

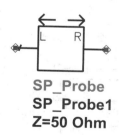

SP_Probe
SP_Probe1
Z=50 Ohm

图 9-7　SP_Probe1 图标

图 9-8　"Edit Instance Parameters"对话框

（1）Z=50 Ohm：定义端口阻抗值。

（2）UsePorts：根据参数选择不同的模式。

① UsePorts=yes 时，被称为 UsePorts 模式，如图 9-9 所示，在这种模式下，将测量 SP_Probe连接的左侧和右侧元器件的 S 参数。在图 9-10 中，探针左侧 L 端口（L_Port）测量的是 Term1 和探针左侧 L 端口之间放大器 AMP1 的 S 参数，而探针右侧的电路被认为是开路；探针右侧测量的是TwoPort 的 S 参数。

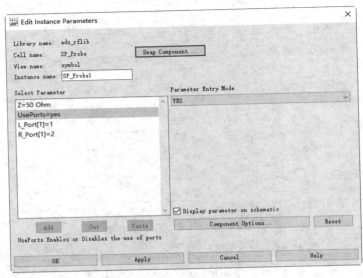

图 9-9　设置 UsePorts

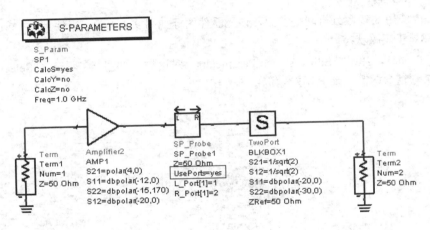

图 9-10　单个指针电路

利用仿真结果计算完整的网络参数集［包括 L 端口和 R 端口（R_Port）参数］，如图 9-11 所示。

freq	dB(SP.S)			
	(1,1)	(1,2)	(2,1)	(2,2)
1.000 GHz	-10.737	-23.161	8.880	-33.814

freq	dB(L.S)
1.000 GHz	-15.000

freq	L.Z
1.000 GHz	35.039 + j2.235

freq	dB(R.S)
1.000 GHz	-20.000

freq	R.Z
1.000 GHz	61.111 + j0.000

图 9-11　完整的网络参数集

在图 9-11 中，在 ADS 生成的正常 S 参数数据 dB(SP.S) 中添加了 SP 前缀，这是为了区分现有的几组数据。

② UsePorts=no 时，被称为伽马模式。在这种模式下，只计算探针左右两侧的参数（S_{11} 或

用的统称，用符号 Z 表示，单位为欧姆（Ω）。阻抗将电阻的概念延伸至交流电路领域，不仅描述电压与电流的相对振幅，也描述其相对相位。当通过电路的电流是直流电时，电阻与阻抗相等，电阻可以视为相位为零的阻抗。阻抗是一个复数，$Z=R+jX$。实部为电阻 R，虚部为电抗 X。

与输入导纳控件功能类似，输入阻抗控件（SmZ1、SmZ2、Zin）可以用来在仿真结果中添加关于仿真电路的输入阻抗的数据组。

9.3.3　操作实例——直流馈电电容电路 S 参数仿真分析

本实例通过直流馈电电容电路演示 S 参数仿真分析和 S 参数扫描仿真分析的应用。

1. 设置工作环境

（1）启动 ADS 2023，打开主窗口界面。选择菜单栏中的"File"→"Open"→"Workspace"命令，或单击工具栏中的"Open New Workspace"按钮 ，弹出"New Workspace"对话框，选择打开工程文件"Cap_Res_wrk"，打开 Schematic 视图窗口。

（2）在主窗口界面"Folder View"标签页中，选择电路原理图文件"DC_Analyze"，单击鼠标右键选择"Copy Cell"命令，弹出"Copy Cell"对话框，为新单元命名"S_Parameter_Analysis"。

（3）单击"OK"按钮，自动在当前工程文件下复制电路原理图"S_Parameter_Analysis"，如图 9-22所示。双击"S_Parameter_Analysis"下的 Schematic 视图窗口，进入电路原理图编辑环境。

（4）在"Basic Components"中选择接地端口 TermG，在电路原理图中合适的位置上放置 TermG1、TermG2，连接电路原理图，设置阻抗值 Z 为 R0。

（5）双击电容 C1，在弹出的属性设置对话框中设置电容值 C 为 C1。

（6）在"Probe Components"库中选择电流探针 I_Probe，在电路原理图中合适的位置上放置电流探针 I_Probe2，结果如图 9-23 所示。

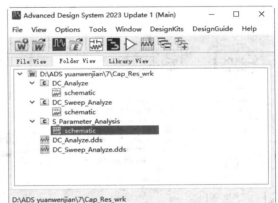

图 9-22　复制电路原理图

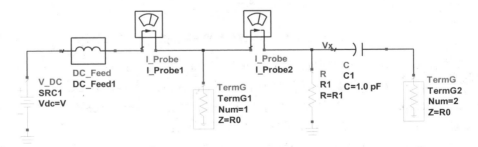

图 9-23　放置接地端口和电流探针

（7）选择菜单栏中的"Insert"→"VAR"命令，或单击"Insert"工具栏中的"Insert VAR"按钮 ，添加 VAR1。

（8）双击 VAR1，在弹出的属性设置对话框中添加变量值 C1、R2，结果如图 9-24 所示。

（9）在"Simulation-S_Param"中选择 S 参数仿真控制器、参数扫描仿真控制器，在电路原理图中合适的位置上放置 SP1、Sweep1、Sweep2、Sweep3，如图 9-25 所示。

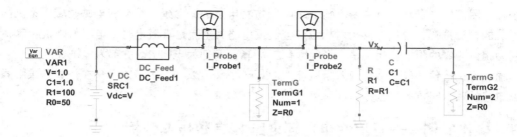

图 9-24　编辑电路原理图

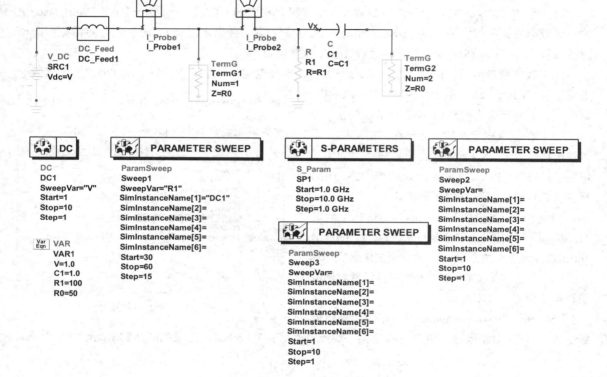

图 9-25　放置 S 参数仿真控制器和参数扫描仿真控制器

（10）双击 Sweep1，在弹出的属性设置对话框中，设置"Parameter to sweep"为 R0；设置"Start"为 30、设置"Stop"为 60、设置"Step"为 15，在"Simulations 1"中输入 DC1。

（11）双击 Sweep2，在弹出的属性设置对话框中设置"Parameter to sweep"为 R1；设置"Start"为 100、设置"Stop"为 120，在"Simulations 1"中输入 Sweep1。

（12）双击 Sweep3，在弹出的属性设置对话框中设置"Parameter to sweep"为 C1；设置"Start"为 1、设置"Stop"为 2，在"Simulations 1"中输入 SP1。

至此，完成 S 参数仿真控制器和参数扫描仿真控制器的参数编辑，结果如图 9-26 所示。

2．仿真数据分析

（1）选择菜单栏中的"Simulate"→"Simulate"命令，或单击"Simulate"工具栏中的"Simulate"按钮 弹出"hpeesofsim"对话框，显示仿真信息和分析状态，并自动创建一个空白仿真结果显示窗口。

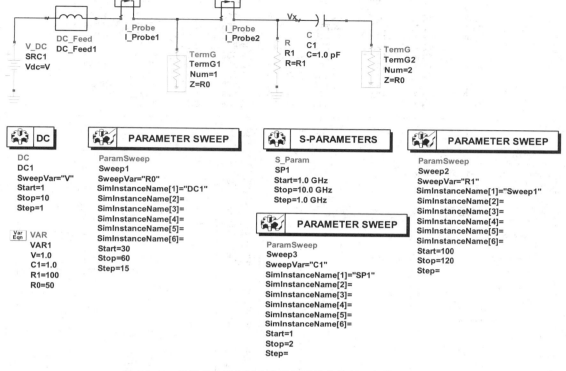

图 9-26 S 参数仿真控制器和参数扫描仿真控制器参数编辑结果

（2）单击"Palette"工具栏中的"List"按钮▦，在工作区中单击鼠标，自动弹出"Plot Traces & Attributes"对话框，在"Traces"列表中添加数据变量 dB(S(1,1))、dB(S(1,2))、dB(S(2,1))、dB(S(2,2))，如图 9-27 所示。

单击"OK"按钮，在数据显示区创建包含 S 参数数据的列表，列表图如图 9-28 所示。

3. 参数仿真分析

（1）返回 Schematic 视图窗口，双击 SP1，弹出"Scattering-Parameter Simulation"对话框，打开"Parameters"标签页，勾选"Y-parameters"复选框、"Z-parameters"复选框，如图 9-29 所示。单击"OK"按钮，关闭对话框。

（2）单击"Palette"工具栏中的"Stacked Rectangular Plot"按钮▦，在工作区中单击鼠标，自动弹出"Plot Traces & Attributes"对话框。在右侧"Traces"列表中添加 dB(Y(1,1))、dB(Y(1,2))、dB(Y(2,1))、dB(Y(2,2))，在坐标图中显示 Y 参数曲线图，结果如图 9-30 所示。

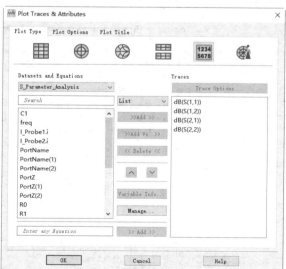

图 9-27 "Plot Traces & Attributes"对话框

（3）使用同样的方法，在"Traces"列表中添加 dB(Z(1,1))、dB(Z(1,2))、dB(Z(2,1))、dB(Z(2,2))，在坐标图中显示 Z 参数曲线图，结果如图 9-31 所示。

freq	dB(S(1,1))		dB(S(1,2))		dB(S(2,1))		dB(S(2,2))	
	000	000	000	000	000	000	000	000
1.00...	-10.1...	-10.1...	-8.610	-8.610	-8.610	-8.610	-1.005	-1.005
2.00...	-11.3...	-11.3...	-4.753	-4.753	-4.753	-4.753	-3.029	-3.029
3.00...	-12.1...	-12.1...	-3.416	-3.416	-3.416	-3.416	-4.991	-4.991
4.00...	-12.7...	-12.7...	-2.830	-2.830	-2.830	-2.830	-6.611	-6.611
5.00...	-13.0...	-13.0...	-2.530	-2.530	-2.530	-2.530	-7.899	-7.899
6.00...	-13.3...	-13.3...	-2.357	-2.357	-2.357	-2.357	-8.917	-8.917
7.00...	-13.4...	-13.4...	-2.250	-2.250	-2.250	-2.250	-9.726	-9.726
8.00...	-13.5...	-13.5...	-2.179	-2.179	-2.179	-2.179	-10.3...	-10.3...
9.00...	-13.6...	-13.6...	-2.129	-2.129	-2.129	-2.129	-10.8...	-10.8...
10.0...	-13.7...	-13.7...	-2.094	-2.094	-2.094	-2.094	-11.3...	-11.3...

图 9-28   绘制列表图

图 9-29   "Parameters"标签页

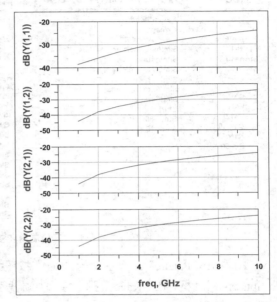

图 9-30   Y 参数曲线图

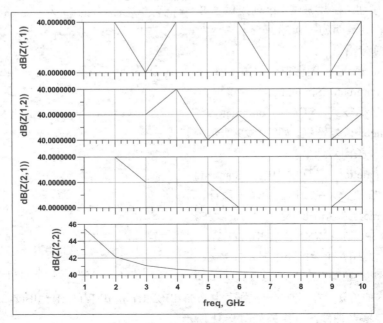

图 9-31   Z 参数曲线图

4. 参数仿真分析

（1）返回 Schematic 视图窗口，在"Simulation-S_Param"中选择 Y 参数控件（Yin）、Z 参数控件（Zin），在电路原理图中合适的位置上放置 Yin1、Zin1，如图 9-32 所示。

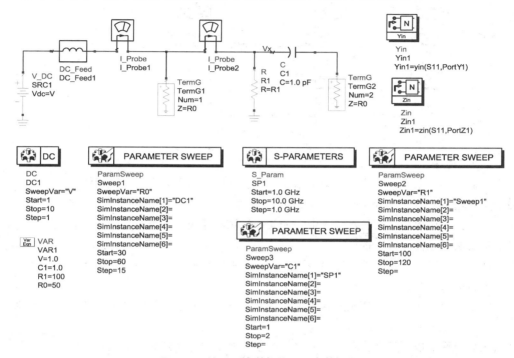

图 9-32　放置 Y 参数控件和 Z 参数控件

（2）单击"Palette"工具栏中的"Stacked Rectangular Plot"按钮，在工作区中单击鼠标，自动弹出"Plot Traces & Attributes"对话框。在右侧"Traces"列表中添加 dB(Yin1)、dB(Zin1)，在坐标图中显示参数曲线图，结果如图 9-33 所示。

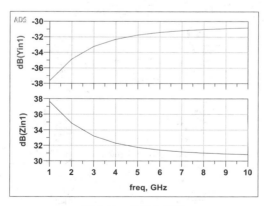

图 9-33　参数曲线图

9.3.4　增益控件

增益也是衡量一个网络性能的重要参数，尤其是对放大器来说，增益是直接衡量其工作性能的参数。放大器增益是放大器输出功率与输入功率的比值的对数，用以表示功率放大的程度，包括电压或电流的放大倍数。dB 是放大器增益的单位。在 ADS 的 S 参数仿真面板中提供各种增益控件，如图 9-34 所示。

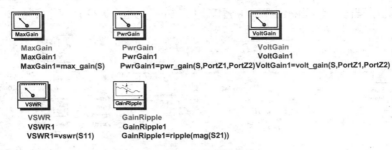

图 9-34　增益控件

（1）最大增益控件（MaxGain）

最大增益控件可以用来在仿真结果中添加关于仿真电路的最大增益的数据组。

（2）功率增益控件（PwrGain）

功率增益控件可以用来在仿真结果中添加关于仿真电路的功率增益的数据组。

（3）电压增益控件（VoltGain）

电压增益控件可以用来在仿真结果中添加关于仿真电路的电压增益的数据组。

（4）电压驻波比控件（VSWR）

电压驻波比控件可以用来在仿真结果中添加关于仿真电路各端口的电压驻波比的数据组。

（5）增益波纹控件（GainRipple）

增益波纹控件可以用来在仿真结果中添加关于仿真电路增益波纹的数据组。

9.3.5　史密斯圆图控件

史密斯圆图是射频电路分析中最有效和最直观的工具之一，在 ADS 的 S 参数仿真面板中提供有各种史密斯圆图控件，如各种增益圆图、噪声系数圆图和稳定性圆图等，如图 9-35 所示。通过这些控件可在数据显示窗口中绘制各种需要的史密斯圆图。

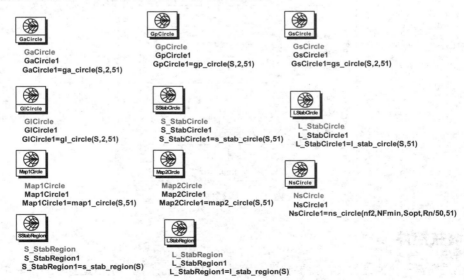

图 9-35　史密斯圆图控件

9.3.6 操作实例——史密斯圆图 S 参数仿真分析

本实例中演示使用史密斯圆图控件展示如何创建对 LNA（低噪声放大器）设计有用的恒定 VSWR 圆，操作步骤如下。

1. 设置工作环境

（1）启动 ADS 2023，打开主窗口界面。选择菜单栏中的"File"→"New"→"Workspace"命令，或单击工具栏中的"Create A New Workspace"按钮 ，弹出"New Workspace"对话框，输入工程名称"Vswr_Circle_wrk"，新建一个工程文件"Vswr_Circle_wrk"。

（2）在主窗口界面中，选择菜单栏中的"File"→"New"→"Schematic"命令，或单击工具栏中的"New Schematic Window"按钮 ，弹出"New Schematic"对话框，在"Cell"文本框内输入电路原理图名称"S_Param"。单击"Create Schematic"按钮，在当前工程文件夹下，创建电路原理图文件"S_Param"，如图 9-36 所示。

2. 绘制电路原理图

（1）在"Eqn Based-Linear"（基于方程的线性库）中选择有 2 个端口的 S 参数模型 S2P_Eqn，在电路原理图中合适的位置上放置 S2P1。

（2）在"Simulation-S_Param"中选择 TermG，在电路原理图中合适的位置上放置 TermG1、TermG2，放置 GROUND，连接电路原理图，结果如图 9-37 所示。

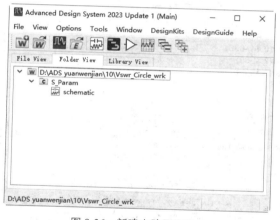

图 9-36 新建电路原理图

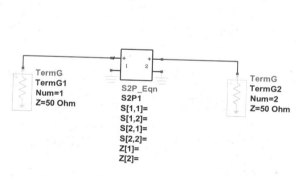

图 9-37 绘制电路原理图

3. 编辑仿真参数

（1）双击 S2P1，弹出"Edit Instance Parameters"对话框，设置散射参数——S[1,1]（输入端口的反射系数）、S[2,2]（输出端口的反射系数）、S[2,1]（增益）、S[1,2]（反向传输），如图 9-38 所示。编辑完成的仿真参数的电路原理图如图 9-39 所示。

（2）在"Simulation-S_Param"中选择 S_Param 和史密斯圆图控件 GaCircle，在电路原理图中合适的位置上放置 SP1 和 GaCircle1。

双击 SP1，在弹出的对话框中设置 SP1 参数，如图 9-40 所示。

• 打开"Frequency"标签页，在"Sweep Type"下拉列表中选择"Single point（单点）"选项，在"Frequency"文本框中定义频率为 12GHz。

• 打开"Display"标签页，勾选"Freq"复选框，显示单点频率。

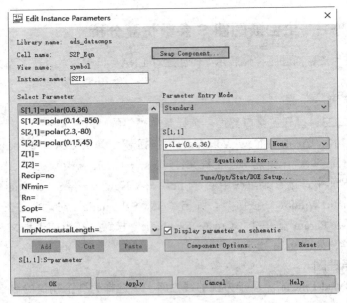

图 9-38　设置散射参数

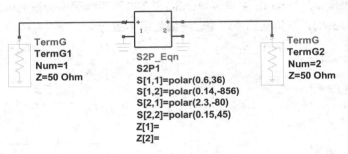

图 9-39　编辑仿真参数

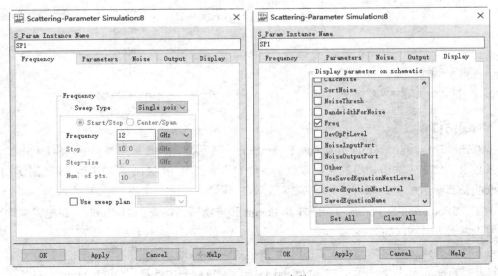

图 9-40　设置 SP1 参数

至此，完成仿真电路原理图的绘制，结果如图 9-41 所示。

4．仿真数据显示

（1）选择菜单栏中的"Simulate"→"Simulate"命令，或单击"Simulate"工具栏中的"Simulate"按钮 ⚙️，弹出"hpeesofsim"对话框，显示仿真信息和分析状态，并自动创建一个空白仿真结果显示窗口。

（2）单击"Palette"工具栏中的"Smith（史密斯圆图）"按钮 ⊕，在工作区中单击鼠标，自动弹出"Plot Traces & Attributes"对话框。在右侧"Traces"列表中添加 GaCircle1，在坐标图中显示史密斯圆图，结果如图 9-42 所示。

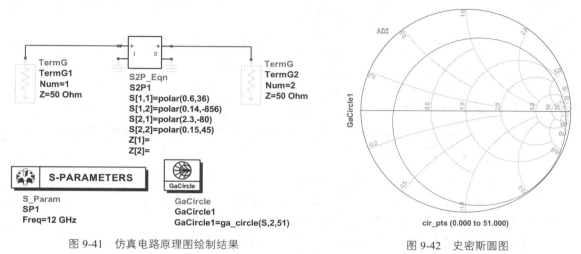

图 9-41　仿真电路原理图绘制结果　　　　　　　　图 9-42　史密斯圆图

9.4 调谐优化

在 ADS 中，通过调谐优化可以实时查看设计中的某个参数对整个电路性能的影响。调谐优化是 ADS 中的辅助仿真工具，调谐分析是手动完成的，优化分析是自动完成的。

9.4.1 调谐优化设置

在进行调谐优化与仿真之前，首先需要设置电路原理图中的电容和电感等元器件的优化取值范围，然后再添加优化控件和目标控件，当设置完优化控件和目标控件的相关参数后，就可以进行仿真了。

（1）双击电路原理图中的元器件，选择菜单栏中的"Edit"→"Component"→"Edit Component Parameters"命令，或单击鼠标右键选择"Component"→"Edit Component Parameters"命令，系统会弹出"Edit Instance Parameters"对话框，如图 9-43 所示。

（2）单击"Tune/Opt/Stat/DOE Setup"（调谐优化设置）按钮，弹出"Setup"对话框，默认情况下，在"Tuning Status（调谐状态）"列表中选择"Clear（清除）"选项，关闭调谐优化功能，如图 9-44 所示。

（3）在"Tuning Status"列表中选择"Enabled（使能）"选项，激活调谐参数，打开调谐优化功能，如图 9-45 所示。下面介绍调谐参数。

- Maximum Value：输入调谐参数，调整范围的最大值。
- Minimum Value：输入调谐参数，调整范围的最小值。

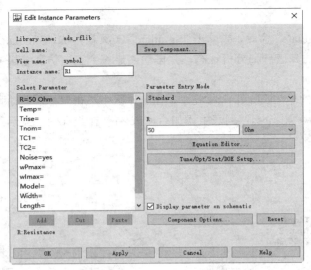
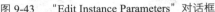

图 9-43   "Edit Instance Parameters" 对话框

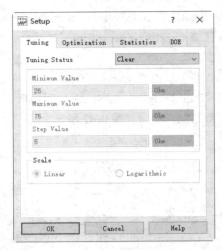

图 9-44   "Setup" 对话框

- Step Value：输入步长。
- Scale：选择线性（Linear）或对数（Logarithmic）的缩放模式。

（4）选择"Optimization（优化）"标签页，在"Optimization Status（优化状态）"列表中选择"Enabled"选项，激活调谐优化参数，如图 9-46 所示。

- "Type" 列表：选择调谐优化数据的类型，为 Continuous（连续）、Discrete（离散）。
- "Format" 列表：选择数据格式。
- Minimum Value：输入调谐优化参数调整范围的最小值。
- Maximum Value：输入调谐优化参数调整范围的最大值。

图 9-45   打开调谐优化功能

图 9-46   "Optimization" 标签页

9.4.2   调谐工具

ADS 提供了专门的调谐工具，可以让用户只需要改变电路或系统中的一个或多个设计参数的值，而不用重新进行仿真，就可以同时观察并比较当参数取多个不同的值时系统的性能，并确定敏感元器件或参数。

选择菜单栏中的"Simulate"→"Tuning"命令，或单击"Simulation"工具栏中的"Tuning"按钮，
弹出"Tune Parameters（调谐参数）"对话框，用于对指定的参数进行调谐设置，如图 9-47 所示。

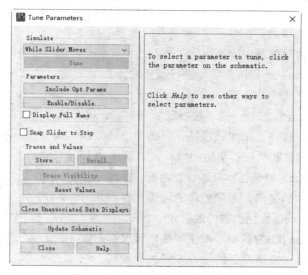

图 9-47 "Tune Parameters"对话框

（1）"Simulate"选项组

在下拉列表中显示 3 种仿真方式，选择其中一种，单击"Tune"按钮，进行调优分析。

① After Pressing Tune：选择该选项，仅在单击"Tune"按钮后执行分析。多用于在多次更改后
进行调优，但也可用于单个更改。

② After Each Change：选择该选项，在电路原理图中选择元器件参数后，在对话框右侧显示参
数编辑滑动条，如图 9-48 所示。

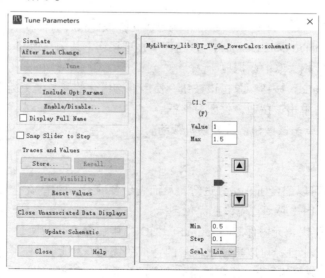

图 9-48 显示参数编辑滑动条

- Value：修改该参数的值。
- Max：输入参数调整范围的最大值。
- 参数编辑滑动条：在每次发生电路或参数变更后执行分析，在移动参数编辑滑动条的同时执

行连续分析。

- Min：输入参数调整范围的最小值。
- Step：输入步长。当单击向上/向下箭头按钮时，该值将按步长增加/减少。该值还用于在选择"Snap Slider to Step（将滑块对齐到步进）"复选框时创建滑块增量。
- Scale：选择线性或对数滑块缩放。

③ While Slider Moves：选择该选项，进行调整设计。

（2）"Parameters"选项组

① "Include Opt Params"按钮：单击该按钮，启用调谐优化的参数。

② "Enable/Disable"按钮：单击该按钮，弹出"Enable/Disable Parameters（启用/禁用参数）"对话框，启用未启用的参数和禁用已启用的参数，如图 9-49 所示。

③ "Display Full Name"复选框：勾选该复选框，在对话框中显示调谐优化参数的全名。否则显示调谐优化参数的短名称。短名称最多为调谐优化参数的最后 6 个字符。

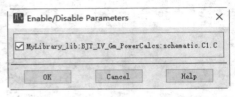

图 9-49　"Enable/Disable Parameters"对话框

④ "Snap Slider to Step"复选框：对于以线性尺度调整的调谐优化参数，勾选该复选框，滑块以步长的增量移动；否则，滑块连续移动。对于以对数尺度调整的调谐优化参数，滑块连续移动。

（3）"Traces and Values（走线和值）"选项组

① "Store"按钮：单击该按钮，在临时存储中存储调谐优化的参数值，并为数据显示中的每个走线创建内存。当关闭调谐优化时，所有存储的走线和值都会被删除。

② "Recall"按钮：单击该按钮，恢复先前存储的指定状态的参数值。

③ "Trace Visibility"按钮：单击该按钮，列出所有存储状态，并使用户能够指定内存跟踪是否可见。

④ "Reset Values"按钮：单击该按钮，将调谐优化参数重置为其标称值。

⑤ "Close Unassociated Data Displays"按钮：单击该按钮，关闭与顶部设计不关联的数据显示，只留下/打开与顶部设计相关联的数据显示。

⑥ "Update Schematic"按钮：单击该按钮，使用调谐优化的参数值更新电路原理图。

⑦ "Close"按钮：单击该按钮，关闭对话框。

⑧ "Help"按钮：单击该按钮，打开联机帮助。

9.4.3　优化目标

ADS 的优化功能可以配合所有仿真进行，从而满足各种不同的指标需求。在执行优化前，用户必须首先设定优化目标。

图 9-50 所示的性能优化元器件库"Optim/Stat/DOE"中包含具有多种优化目标的控制器。优化目标可以是输出信号的特征的优化，如上升时间、频带形状和谐波组成等的优化，也可以是一个电路和系统的特性的优化，如增益、反射系数和插入损耗等的优化。

优化仿真元器件 OPTIM 的图标如图 9-51 所示，其中的参数设置项一般可以取默认值。

目标仿真元器件 GOAL 的图标如图 9-52 所示，其中的参数设置项需

图 9-50　性能优化元器件库
"Optim/Stat/DOE"

要用户一一进行设置。下面介绍几个常用参数。

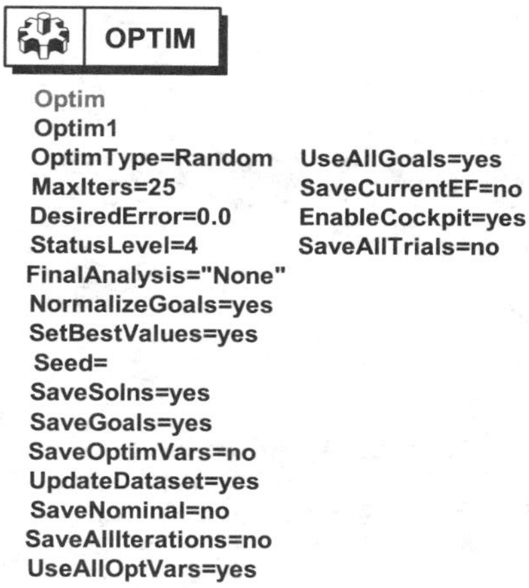

图 9-51 优化仿真元器件 OPTIM 的图标

图 9-52 目标仿真元器件 GOAL 的图标

- Expr：基于 ALE 语言的表达式，表达式应该含有仿真结果项，如在 S 参数仿真中可以为 dB(S(2,1))。

- SimInstanceName：当前执行仿真的实例名，一般来说就是用户放置的仿真元器件的名称，如 SP1。值得注意的是，在 Expr 中的参数必须包含在这个仿真结果中。如果用户的一个电路原理图要执行多种类型的仿真，则一定要指定需要优化的仿真元器件的名称。

- Min：用户所能接受的 Expr 参数的最小值。最小值和最大值不能全部空缺，至少要确定一个。

- Max：用户所能接受的 Expr 参数的最大值。

- Weight：仿真目标在所有目标中的权重，是一个系数。如果所有的优化目标地位相当，则权重值可以全部空缺。

9.4.4　优化工具

　　ADS 的性能优化功能是指通过改变一系列变量的值来使系统的指标满足用户的预定目标。优化器通过不断地比较当前计算的系统指标和用户的预定目标，并不断地动态调整设定参数的值，使系统指标越来越接近用户的预定目标。

　　选择菜单栏中的"Simulate"→"Optimize"命令，或单击"Simulation"工具栏中的"Optimize"按钮，弹出"Optimization Cockpit（优化设置界面）"对话框，用于对指定的参数进行实时优化设置，即扩大优化变量的范围、修改目标的限制线、调整优化变量等，如图 9-53 所示。

　　在该对话框中可以看到数据（误差图、目标图和变量值）在优化过程中的实时变化。此外，当优化进行时，可以使用界面中的选项来控制优化。

　　该对话框有 4 个主要面板，分别为控制面板（左侧）、Status（状态）面板、Variables（变量）面板和 Goals（目标）面板。

1.　控制面板

显示帮助控制优化的按钮。

2.　Status 面板

在该面板中显示优化器的状态、类型、运行时间和进度。

3.　Variables 面板

将优化变量显示为一行滑块和表格格式的数据。

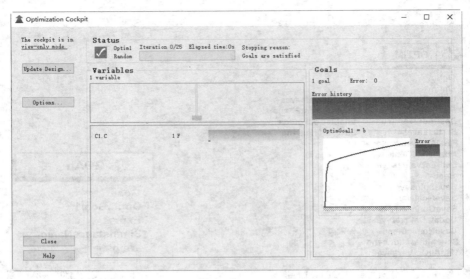

图 9-53 "Optimization Cockpit" 对话框

4．Goals 面板

显示当前错误、错误历史图、目标贡献直方图和目标表。

- Errer history：错误历史图，显示整个优化过程中的总体错误。当有两个或两个以上的目标时，将显示目标贡献直方图，表示每个目标对总体误差的贡献。

- 目标表中的每个目标对应一行。每一行代表相应信息。

- 目标响应和极限线的图。红色曲线表示极限线，蓝色实线表示对优化变量当前值的响应。蓝色虚线跟踪的是优化开始时的响应。

9.4.5 操作实例——微带线电路调谐和优化分析

本实例通过微带线电路演示调谐和优化工具的使用方法，根据每个用户设定的参数取值生成一条输出曲线，得到最好的电路或系统的性能，并确定相关参数的取值。同时，用户还可以观察并确定电路中最敏感的元器件，操作步骤如下。

1．设置工作环境

（1）启动 ADS 2023，打开主窗口界面。选择菜单栏中的 "File" → "New" → "Workspace" 命令，或单击工具栏中的 "Create A New Workspace" 按钮 ![wbtn]，弹出 "New Workspace" 对话框，输入工程名称 "Resonator_Analytic_wrk"，新建一个工程文件 "Resonator_Analytic_wrk"。

（2）在主窗口界面中，选择菜单栏中的 "File" → "New" → "Schematic" 命令，或单击工具栏中的 "New Schematic Window" 按钮 ![sbtn]，弹出 "New Schematic" 对话框，在 "Cell" 文本框内输入电路原理图名称 "TLIN"。单击 "Create Schematic" 按钮，在当前工程文件夹下，创建电路原理图文件 "TLIN"，如图 9-54 所示。

图 9-54 新建电路原理图

2．绘制电路原理图

（1）在"TLines-Microstrip"中选择水平微带线 MLIN、带间隙微带线 MGAP，在电路原理图中合适的位置上放置 TL1、TL2、TL3、Gap1、Gap2。

（2）在"Simulation-S_Param"中选择接地负载 TermG，在电路原理图中合适的位置上放置 TermG1、TermG2，连接电路原理图，结果如图 9-55 所示。

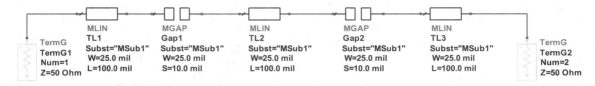

图 9-55　绘制电路原理图

（3）在"TLines-Microstrip"中选择并放置 MSUB，弹出"Choose Layout Technology（选择布局技术）"对话框，选择"Custom (opens new Technology dialog)"选项，如图 9-56 所示。单击"Finish"按钮，弹出自定义设置对话框，选择默认选项，关闭对话框，在电路原理图中放置带参数的基板 MSub1，如图 9-57 所示。

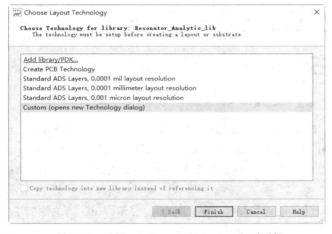

图 9-56　"Choose Layout Technology"对话框

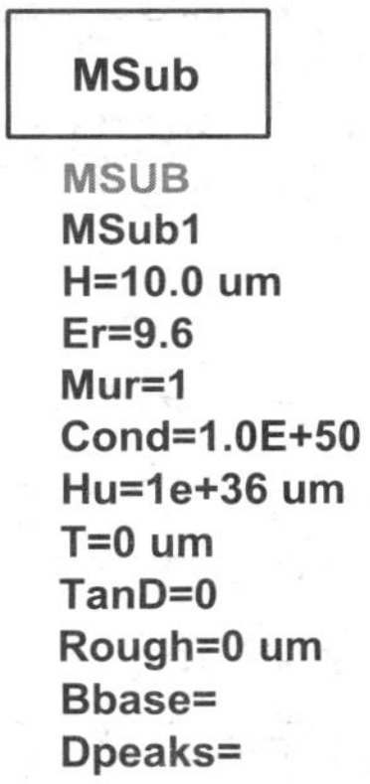

图 9-57　放置 MSUB

（4）选择菜单栏中的"Insert"→"VAR"命令，或单击"Insert"工具栏中的"Insert VAR"按钮，添加 VAR1。

（5）双击 VAR1，在弹出的属性设置对话框中添加变量值 w1、L1、s1，结果如图 9-58 所示。

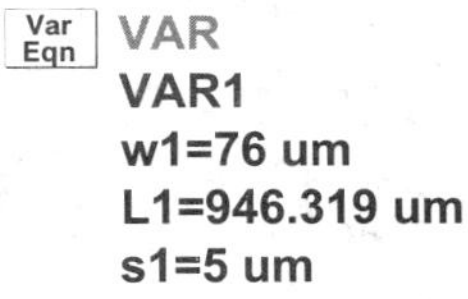

（6）分别双击电路原理图中的各微带线和 MSub1，在弹出的对话框中修改元器件参数，结果如图 9-59 所示。

Var Eqn VAR
VAR1
w1=76 um
L1=946.319 um
s1=5 um

图 9-58　添加 VAR1

（7）在"Basic Components"中选择 S 参数仿真控制器，在电路原理图中合适的位置上放置 SP1、SP2，设置频率扫描起点 Start 的值和频率扫描间隔 Step 的值，结果如图 9-60 所示。

3．仿真数据显示

（1）选择菜单栏中的"Simulate"→"Simulate"命令，或单击"Simulate"工具栏中的"Simulate"按钮，弹出"hpeesofsim"对话框，显示仿真信息和分析状态，并自动创建一个空白仿真结果显示窗口。

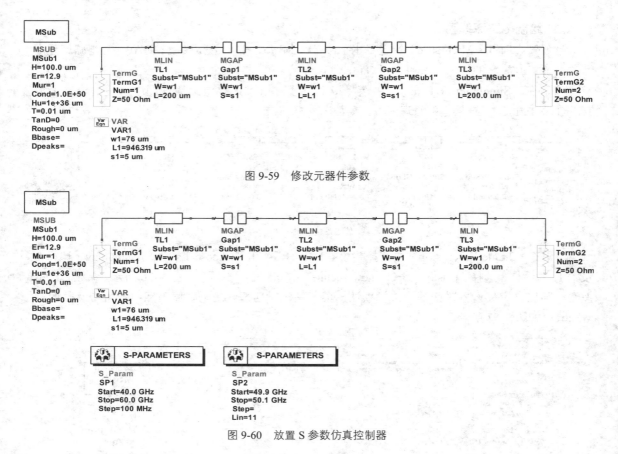

图 9-59　修改元器件参数

图 9-60　放置 S 参数仿真控制器

（2）选择菜单栏中的"Insert"→"Plot"命令，或单击"Palette"工具栏中"Rectangular Plot"按钮▦，在工作区中单击鼠标，自动弹出"Plot Traces & Attributes"对话框。在"Datasets and Equations"列表中选择"SP1.SP.S(1,1)"，单击"Add"按钮，在弹出的对话框中选择"dB"，在右侧"Traces"列表中添加"dB(SP1.SP.S(1,1))"。

（3）单击"OK"按钮，在数据显示区创建直角坐标系的矩形图，显示以 dB 为单位的 S(1,1)参数曲线。

（4）使用同样的方法，绘制 S 参数仿真控制器 SP1 的 S(2,1)曲线、S 参数仿真控制器 SP2 的 S(1,1)、S(2,1)曲线，如图 9-61 所示。

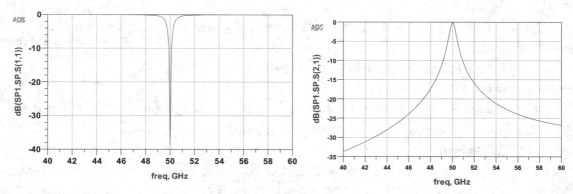

图 9-61　绘制 S 参数曲线

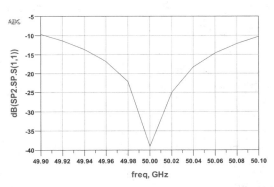
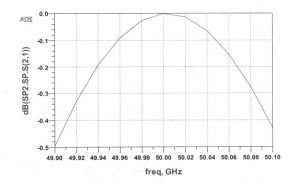

图 9-61　绘制 S 参数曲线（续）

4．调谐设计

（1）选择菜单栏中的"Simulate"→"Tuning"命令，或单击"Simulation"工具栏中的"Tuning"
按钮，弹出"Tune Parameters（调谐参数）"对话框。在电路原理图中选择 TL1、TermG1，弹出
"Instance Tunable Parameters"对话框，勾选 TL1、TermG1 的所有参数选项，如图 9-62 所示。

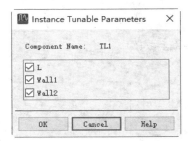
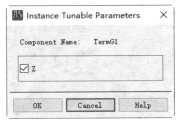

图 9-62　"Instance Tunable Parameters"对话框

（2）单击"OK"按钮，在"Tune Parameters"对话框右侧激活参数调整选项，如图 9-63 所示。

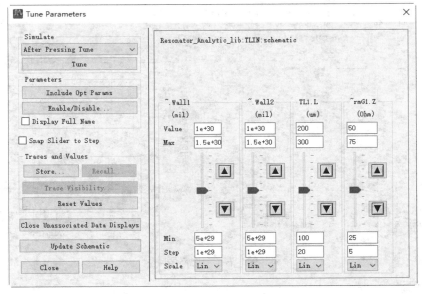

图 9-63　"Tune Parameters"对话框

（3）将右侧 TermG1 的阻抗参数 rmG1.Z 调整为 68.5，如图 9-64 所示。单击"Tune"按钮，执行分析，在数据显示窗口中显示调谐后的数据曲线，如图 9-65 所示。

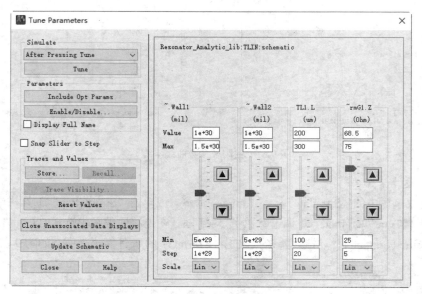

图 9-64　调整阻抗参数 rG1.Z

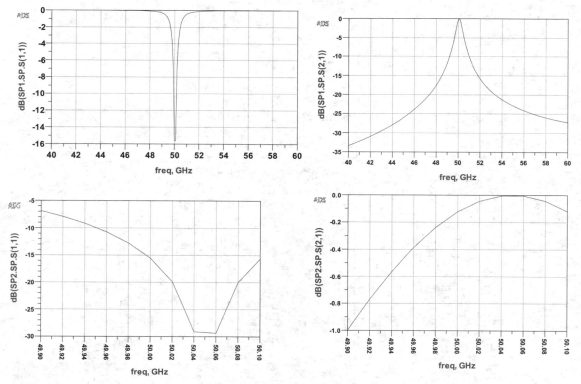

图 9-65　调谐后的数据曲线

5. 优化设计

（1）在"Optim/Stat/DOE"中选择 OPTIM 和 GOAL，在电路原理图中合适的位置上放置 Optim1、

OptimGoal1。

（2）双击电路原理图中的 TermG1，弹出 "Edit Instance Parameters" 对话框，单击 "Tune/Opt/ Stat/DOE Setup" 按钮，弹出 "Setup" 对话框，在 "Optimization" 标签页 "Optimization Status" 列表中选择 "Enabled" 选项，激活调谐参数，设置 Minimum Value 为 50，Maximum Value 为 100，如图 9-66 所示。

（3）双击 Optim1，在弹出的对话框中设置参数。

● 打开 "Setup" 标签页，在 "Optimization Type（优化类型）" 下拉列表中选择 "Gradient（梯度）" 选项，如图 9-67 所示。

● 打开 "Parameters" 标签页，在 "Final Analysis（最终分析）" 下拉列表中选择 "SP1" 选项，如图 9-68 所示。

图 9-66　"Setup" 对话框

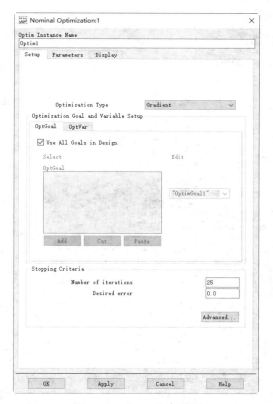

图 9-67　"Setup" 标签页

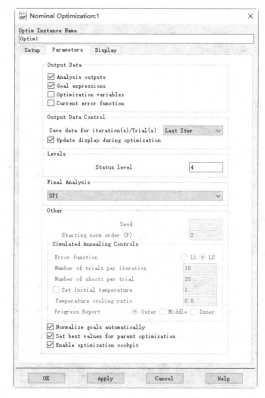

图 9-68　"Parameters" 标签页

至此，完成优化电路原理图的设置，结果如图 9-69 所示。

（4）选择菜单栏中的 "Simulate" → "Optimize" 命令，或单击 "Simulation" 工具栏中的 "Optimize" 按钮，弹出 "Optimization Cockpit" 对话框，显示对 TermG1 的阻抗进行的实时优化，如图 9-70 所示。

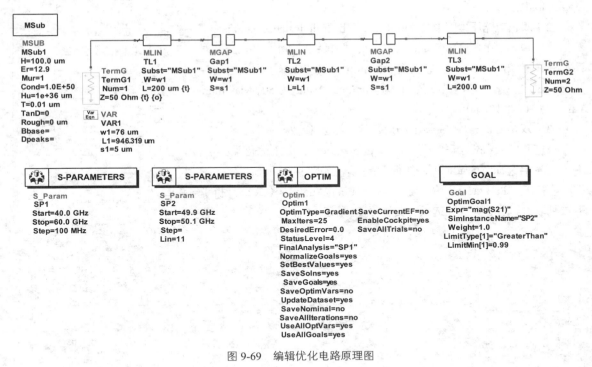

图 9-69　编辑优化电路原理图

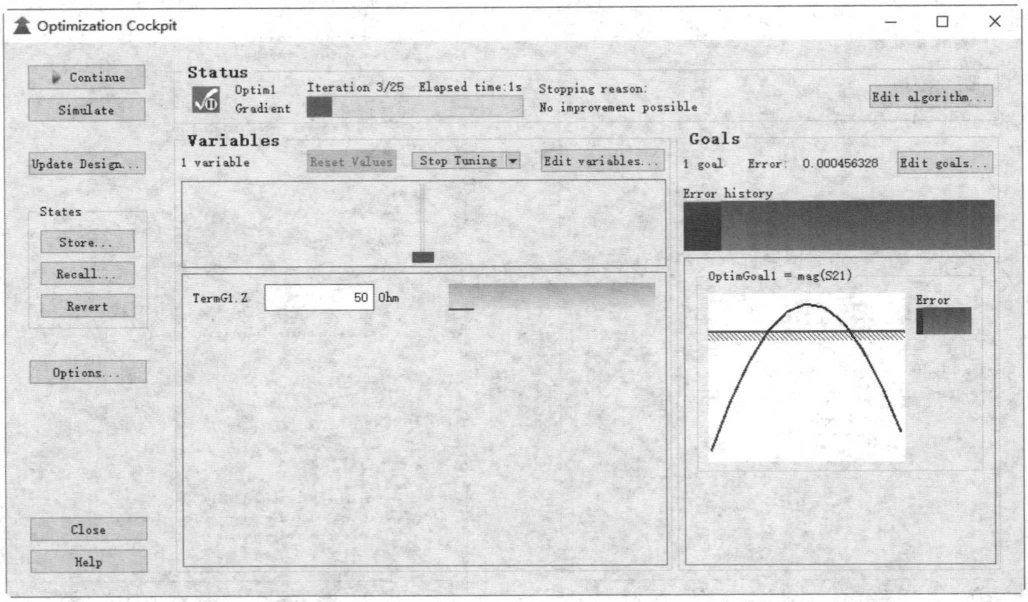

图 9-70　优化设置

（5）在"Optimization Cockpit"对话框中，当优化进行时，可以使用界面中的选项来控制优化。

（6）在"Variables"面板下修改 TermG1.Z 为 100，可以看到数据（误差图、目标图和变量值）在优化过程中的实时变化，如图 9-71 所示。

（7）同时在仿真数据显示窗口中显示 S 参数曲线的实时变化，如图 9-72 所示。

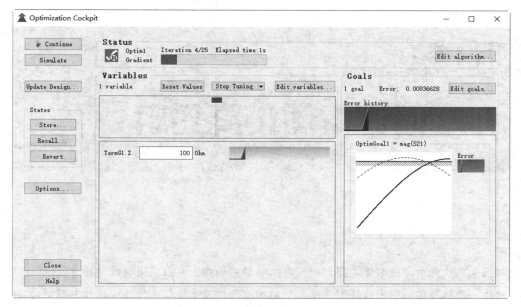

图 9-71　参数优化实时变化

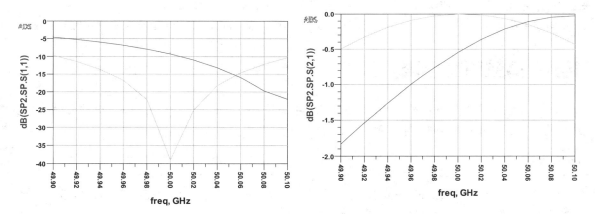

图 9-72　仿真结果变化

第10章

谐波平衡仿真分析

内容指南

在射频电路设计中，通常需要得到射频电路的稳态响应，可以采用特殊的仿真技术——谐波平衡仿真分析，在较短的时间内获得射频电路稳态响应。谐波平衡仿真用于非线性电路的仿真，用于仿真非线性电路中的增益压缩、谐波失真、振荡器寄生、相位噪声和互调噪声等，谐波平衡仿真比SPICE仿真器快得多，可以用于对混频器、振荡器、放大器等进行仿真分析。

本章主要介绍谐波平衡仿真面板、大信号 S 参数仿真、电路包络仿真和增益压缩仿真的基本内容。

10.1 谐波平衡仿真

HB（谐波平衡仿真控制器）利用非线性谐波平衡技术在频域求出稳态解，该元器件在设计射频放大器、混频器和振荡器时非常有用。

10.1.1 HB

双击 HB，弹出"Harmonic Balance（谐波平衡）"对话框，如图 10-1 所示。该对话框包含 10 个标签页，下面分别对前 8 个标签页进行介绍。

图 10-1　HB 图标和"Harmonic Balance"对话框

1. "Freq"标签页

设置谐波平衡仿真分析的频率范围。

"Fundamental Frequencies（基本频率）"选项组介绍如下。

① "Edit（编辑）"选项

● Frequency：输入基波的频率。

● Order：输入谐波平衡仿真分析中要考虑的谐波数（阶数）。

② Select（选择）选项：查看、添加或删除基频。

2. "Sweep"标签页

设置参数扫描分析的参数，选择参数扫描类型并设置相关特征，同时还可以指定参数扫描计划。

3. "Initial Guess（初始猜想）"标签页

"Initial Guess"标签页如图 10-2 所示。

（1）Transient Assisted Harmonic Balance（瞬态辅助谐波平衡）选项组

设置 TAHB 模式，包含"Auto（自动）"选项、"On（打开）"选项和"Off（关闭）"选项，默认选择"Auto"选项，表示在开始仿真时，谐波平衡模拟器使用直流解决方案作为初始猜想。

若选择"On"选项，激活"Advanced Transient Settings（高级瞬态设置）"按钮，单击该按钮，弹出"Advanced Transient Settings"对话框，如图 10-3 所示。在仿真高度非线性和包含锐边波形（如分频器）的电路时，选择瞬态初始猜想，可以为谐波平衡提供更好的起点。

图 10-2　"Initial Guess"标签页

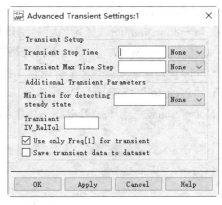

图 10-3　"Advanced Transient Settings"对话框

● Transient Stop Time：设置瞬态停止时间。

● Transient Max Time Step：设置瞬态最大时间步长。

● Min Time for detecting steady state：设置瞬态仿真器开始检测稳态条件的最早时间点。

● Transient IV_RelTol：设置瞬态的特定（电流和电压的）相对公差。

● "Use only Freq[1] for transient"复选框：在多频率谐波平衡仿真分析中执行单频率瞬态仿真。

● "Save transient data to dataset"复选框：将最终谐波平衡数据和初始猜想的瞬态仿真数据都输出到数据集中。

（2）"Harmonic Balance Assisted Harmonic Balance"选项组

该选项组包含"Auto"选项、"On"选项和"Off"选项，默认选择"Auto"选项。

（3）"Initial Guess"选项组

• "Use Initial Guess"复选框：勾选该复选框，输入要用作初始猜想的解决方案的文件名。如果没有提供初始猜想文件名，则在内部生成一个默认名称（使用 DC 解决方案）。

• "Regenerate Initial Guess for ParamSweep (Restart)"复选框：勾选该复选框，不使用最后一个解作为下一个解的初始猜想。

（4）"Final Solution（最终解决方案）"选项组

"Write Final Solution"复选框：勾选该复选框，将最终 HB 解决方案保存到输出文件中，在"File"文本框内输入设计名称，使用设计名称在内部生成文件名（*.hbs）。

4."Oscillator（振荡器）"标签页

"Oscillator"标签页，如图 10-4 所示。

（1）"Enable Oscillator Analysis（启用振荡器分析）"复选框

若电路原理图中包含 OscPort 元器件，勾选该复选框，则激活下面的振荡器分析参数。

（2）"Method（方法）"列表

• "Use Oscport"选项：选择该选项，系统自动选择设计中的 OscPort 元器件或 OscPort2 元器件，不需要指定 OscPort 元器件的名称。

• "Specify Nodes"选项：若设计中不包含 OscPort 元器件或 OscPort2 元器件，则选择该选项。

（3）"Specify Oscillator Nodes（指定振荡器节点）"选项组

• "Node Plus"列表：在振荡器中指定节点的名称。一般为有源设备或在谐振器中的输入或输出，也可以使用分层节点名。

• "Node Minus"列表：指定第二个节点名称，只能为差分（平衡）振荡器。

• Fundamental Index：指定模拟器（求解的未知振荡器频率）基频。

• Harmonic Number：指定振荡器使用基频的谐波。

• Octaves to Search：指定振荡器分析期间在初始频率搜索中使用的八度数。

• Steps per Octave：指定在初始频率搜索中使用的每个八度数的步数。

5."Noise"标签页

"Noise"标签页用于设置电路仿真中的噪声，如图 10-5 所示。

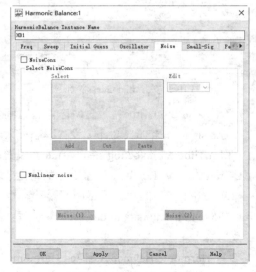

图 10-4 "Oscillator"标签页   图 10-5 "Noise"标签页

（1）"NoiseCons"复选框：勾选该复选框，激活噪声仿真设置。

（2）Select NoiseCons：选择对非线性噪声控制器进行电流谐波平衡分析仿真。

（3）"Nonlinear noise"复选框：勾选该复选框，设置非线性噪声配置，激活"Noise(1)"按钮、"Noise(2)"按钮。

① "Noise(1)"按钮：得到谐波平衡解后，单击该按钮，弹出"Noise(1)"对话框，进行噪声分析，如图 10-6 所示。

② "Noise(2)"按钮：单击该按钮，弹出"Noise(2)"对话框，开启噪声计算，如图 10-7 所示。

图 10-6　"Noise(1)"对话框　　　　　图 10-7　"Noise(2)"对话框

6. "Small-Sig（小信号）"标签页

"Small-Sig（小信号）"标签页如图 10-8 所示。

（1）"Small-signal"复选框：勾选该复选框，启用小信号方法，激活下面的分析参数。

（2）"Small-signal frequency（小信号频率）"选项组：指定扫描类型和相关参数。

（3）"Perform stability analysis"复选框：勾选该复选框，执行稳定性分析。

（4）"Use all small-signal frequencies"复选框：勾选该复选框，在两侧频带解决所有小信号混频器频率问题。该操作需要更多的内存和模拟时间，但属于极精确的仿真操作。

（5）"Merge small- and large-signal frequencies"复选框：默认情况下，仿真器只报告混频器或振荡器仿真中的小信号上边带和下边带频率，勾选该复选框，使基频保存到数据集中，并按顺序进行合并。

7. "Params"标签页

"Params"标签页用于指定基本仿真参数，如图 10-9 所示。

（1）"Device operating point level"选项组：指定设备工作点级别。

（2）Fundamental Oversample：过输入高电平，通过降低 FFT 混叠误差和提高收敛性来提高解的精度。

（3）"Perform Budget simulation"复选框：仿真后，报告设备引脚的电流和电压数据。

8. "Solver（求解器）"标签页

"Solver（求解器）"标签页用于选择仿真使用的求解器，如图 10-10 所示。

（1）"Convergence（融合）"选项组

① "Auto (Preferred)"选项：默认的模式设置。该模式将自动激活高级功能，实现收敛。如果

仿真不满足默认公差，该模式还允许在更宽松的公差下收敛。

图 10-8　"Small-Sig"标签页

图 10-9　"Param"标签页

② "Advanced (Robust)"选项：启用高级牛顿求解器，确保在每次迭代中最大限度地减少 KCL 残差。通常模拟速度稍慢，但对于高度非线性的电路（即具有非常高的功率电平的电路）效果很好。当选择该模式时，建议将"Max.Iterations（最大迭代次数）"设置为"Robust"或"Custom"，取值范围在 50～100。

③ "Basic (Fast)"选项：启用基本的牛顿求解器。该方法速度快，适用于大多数电路，但对于高度非线性电路，可能难以收敛。

④ "Advanced Continuation Parameters（高级延续参数）"按钮。

单击该按钮，弹出"Advanced Continuation Parameters"对话框，设置弧长延续参数，如图 10-11 所示。

图 10-10　"Solver"标签页

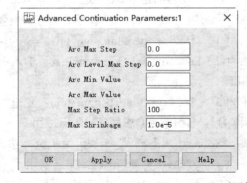

图 10-11　"Advanced Continuation Parameters"对话框

- Arc Max Step：限制弧长延续过程中弧长步长的最大尺寸。在弧长延续过程中，弧长步长是逐步增加的，需要为每个问题自动计算步长。默认值是 0.0，表示没有弧长步长上限。
- Arc Level Max Step：限制源级延续的最大弧长步长。
- Arc Min Value：允许弧长延续参数 p 的下限。
- Arc Max Value：允许弧长延续参数 p 的上限。
- Max Step Ratio：控制延续步骤的最大数量（默认为 100）。
- Max Shrinkage：控制弧长步长的最小值（默认为 1×10^{-5}）。

（2）"Matrix Solver（矩阵求解器）"选项组

① Solver Type：选择求解器类型，包括默认选项"Auto Select（自动选择）"选项、"Direct（直接求解器）"选项（用于具有相对较少的器件，且非线性元器件和谐波数量少的小型电路）、"Krylow（克雷洛夫解算器）"选项（用于求解具有许多器件，非线性元器件和大量谐波的大型电路）。

② Matrix Re-use：此参数仅适用于"Direct"选项，控制雅可比矩阵的构造和分解频率。

③ Krylov Restart Length：定义重新启动 Krylov 的迭代次数。

④ "Advanced Krylov Parameters（设置克雷洛夫解算器的参数）"按钮。

单击该按钮，弹出"Advanced Krylov Parameters"对话框，设置弧长延续参数，如图 10-12 所示。

- Max Iterations：允许的 GMRES 算法迭代的最大次数。
- Krylov Noise Tolerance：当 Krylov 用于小信号谐波平衡仿真分析或非线性噪声分析时，设置 Krylov 的容差。
- Packing Threshold：设置装箱的带宽阈值。默认值为 1×10^{-8}。
- Tight Tolerance：如果 Krylov 残差小于该公差（默认值为 0.001）时，Krylov 实现完全收敛。
- Loose Tolerance：指定迭代次数之后，Krylov 使用该公差（默认值为 0.1）实现部分收敛。

图 10-12 "Advanced Krylov Parameters"对话框

- Loose Iterations：设置允许的迭代次数。
- "Matrix packing"复选框：用来减少雅可比矩阵所需要的内存，通常减少 60%～80%。
- Preconditioner：选择预条件，Krylov 需要一个预条件以保证较高的鲁棒性和实现有效的收敛。

（3）"Memory Management（内存管理）"选项组

① Matrix Bandwidth（矩阵带宽保护阈值）

- "Fast"选项：带宽截断加快了雅可比矩阵分解并节省了内存，但由于牛顿方向不准确，可能会出现收敛性问题。
- "Robust"选项：获得雅可比矩阵块的全带宽并改善收敛性。
- "Custom"选项：指定自定义带宽。

② FFT Options：控制多频谐波平衡的频率图的封装。

- "Minimize memory and runtime"选项：支持频率映射封装。
- "Minimize aliasing"选项：尽量减少混叠，禁用频率映射封装，以获得最准确的结果。

③ "Use dynamic waveform recalculation"复选框：勾选该复选框，允许重用动态波形内存，而不是在所有波形上预先存储。

④ "Use compact frequency map" 复选框：勾选该复选框，支持频谱压缩，通常单个波形需要更少的内存。

10.1.2 操作实例——混合器电路谐波平衡仿真分析

本实例通过对混合器电路进行谐波平衡仿真分析，将两路单频功率源信号混合，产生一个新的混合信号，可以实现幅度调制、调频、调幅等功能。

1. 设置工作环境

（1）启动 ADS 2023，打开主窗口界面。选择菜单栏中的"File"→"New"→"Workspace"命令，或单击工具栏中的"Create A New Workspace"按钮 ，弹出"New Workspace"对话框，输入工程名称"Mixer_wrk"，新建一个工程文件"Mixer_wrk"。

（2）在主窗口界面中，选择菜单栏中的"File"→"New"→"Schematic"命令，或单击工具栏中的"New Schematic Window"按钮 ，弹出"New Schematic"对话框，在"Cell"文本框内输入电路原理图名称"HB1"。单击"Create Schematic"按钮，在当前工程文件夹下，新建电路原理图文件"HB1"，如图 10-13 所示。

2. 绘制电路原理图

（1）在"System-Data Models（系统数据模型）"元器件库中选择混合器模型 MixerIMT2，在电路原理图中合适的位置上放置 MIX1。

（2）在"Sources-Freq Domain"元器件库中选择单频交流功率源 P_1Tone，在电路原理图中合适的位置上放置 PORT1、PORT2。

（3）在"Basic Components"中选择电阻 R，在电路原理图中合适的位置上放置 R1。连接电路原理图，结果如图 10-14 所示。

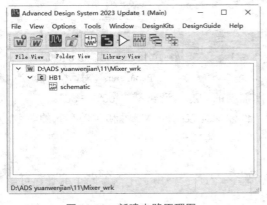

图 10-13　新建电路原理图

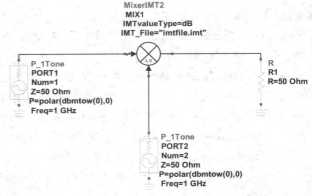

图 10-14　连接电路原理图

3. 编辑仿真参数

（1）选择菜单栏中的"Insert"→"VAR"命令，或单击"Insert"工具栏中的"Insert VAR"按钮 ，放置 VAR。双击 VAR，添加该变量方程 LOfreq=1850 MHz、RFfreq=1.0 GHz。

（2）双击 MIX1，弹出"Edit Instance Parameters"对话框，设置增益 ConvGain、S 参数值等。

（3）双击 PORT1，设置参数 P=dbmtow(-10)、Freq=RFfreq。

（4）双击 PORT2，设置参数 P=dbmtow(7)、Freq=LOfreq。

（5）双击 MIX1 右侧导线，弹出"Edit Wire Label"对话框，在"Net name"中添加输出信号的网络标签 Vif。

（6）在 "Simulation-HB（谐波平衡仿真）" 元器件库中选择 HB，在电路原理图中合适的位置上放置 HB1，设置 HB1 的参数，结果如图 10-15 所示。

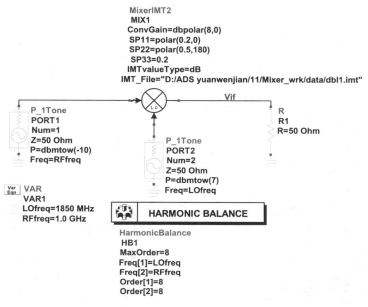

图 10-15　仿真电路原理图编辑结果

4. 仿真分析

（1）选择菜单栏中的 "Simulate" → "Simulate" 命令，或单击 "Simulate" 工具栏中的 "Simulate" 按钮，弹出 "hpeesofsim" 对话框，显示仿真信息和分析状态，并自动创建一个空白仿真结果显示窗口。

（2）选择菜单栏中的 "Insert" → "Plot" 命令，或单击 "Palette" 工具栏中 "Rectangular Plot" 按钮，在工作区中单击鼠标，自动弹出 "Plot Traces & Attributes（绘图轨迹和属性）" 对话框。在 "Datasets and Equations" 列表中选择 "Vif"，单击 "Add" 按钮，在弹出的对话框中选择 "Spectrum in dBm"，在右侧 "Traces" 列表中添加 "dBm (Vif)"，如图 10-16 所示。

（3）单击 "OK" 按钮，在数据显示区创建直角坐标系的矩形图，显示以 dBm 为单位的输出信号 Vif 的功率绝对值曲线，如图 10-17 所示。

（4）选择菜单栏中的 "Marker" → "New" 命令，或单击 "Basic" 工具栏中的 按钮，激活标记操作，在图 10-17 所示曲线上指定位置单击鼠标，添加标记 m1、m2，如图 10-18 所示。

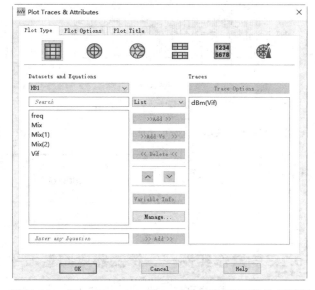

图 10-16　"Plot Traces & Attributes（绘图轨迹和属性）" 对话框

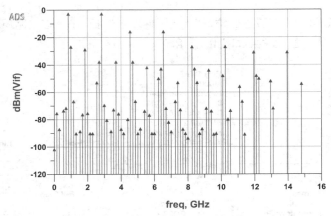

图 10-17　绘制输出信号 Vif 的功率绝对值曲线

（5）单击"Palette"工具栏中的"List"按钮 ▦，在工作区中单击鼠标，自动弹出"Plot Traces & Attributes"对话框，在左下角"Enter any Equation（输入方程）"文本框内输入"dBm(mix(Vif,{0,1}))"，单击"Add"按钮，添加到右侧"Traces"列表中，如图 10-19 所示。

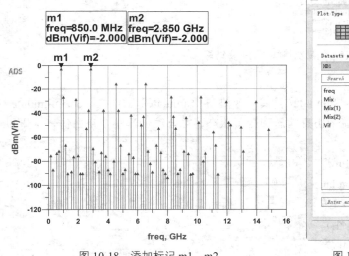

图 10-18　添加标记 m1；m2

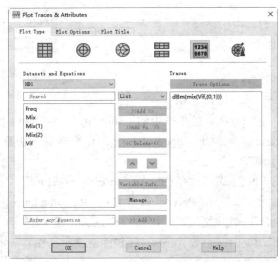

图 10-19　"Plot Traces & Attributes"对话框

（6）单击"OK"按钮，在数据显示区内创建数据列表，如图 10-20 所示。

freq	dBm(mix(Vif,{0,1}))
1.000 GHz	-26.000

图 10-20　绘制列表图

10.1.3　操作实例——探测器电路谐波平衡仿真分析

本实例通过对探测器电路进行谐波平衡仿真分析，确定了探测器的输出电压与输入功率的特性，同时计算了探测器的输入阻抗。

1. 设置工作环境

（1）启动 ADS 2023，打开主窗口界面。选择菜单栏中的"File"→"New"→"Workspace"命令，或单击工具栏中的"Create A New Workspace"按钮 ![W]，弹出"New Workspace"对话框，输入工程名称"Detector_wrk"，新建一个工程文件"Detector_wrk"。

（2）在主窗口界面中，选择菜单栏中的"File"→"New"→"Schematic"命令，或单击工具栏中的"New Schematic Window"按钮 ![]，弹出"New Schematic"对话框，在"Cell"文本框内输入电路原理图名称"HB1"。单击"Create Schematic"按钮，在当前工程文件夹下，创建电路原理图文件"HB1"，如图 10-21 所示。

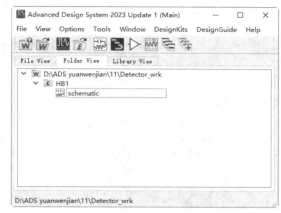

图 10-21 新建电路原理图

2. 绘制电路原理图

按照一般电路原理图的绘制方法，绘制探测器子电路，如图 10-22 所示。

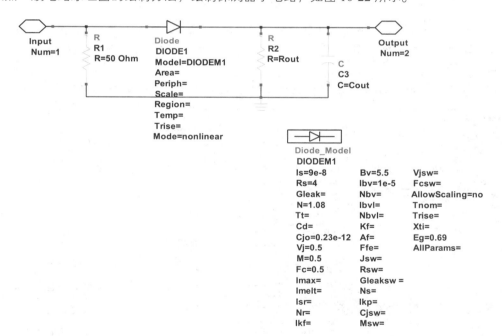

图 10-22 绘制探测器子电路

选择上面绘制完成的子电路原理图，选择菜单栏中的"Edit"→"Component"→"Create Hierarchy"命令，弹出"Create Hierarchy"对话框，在"Cell Name"文本框中输入层次块符号的名称（Detector）。单击"OK"按钮，系统自动将绘制的子电路原理图替换为一个层次块元器件 X1，如图 10-23 所示。

同时，系统自动生成与层次块同名的子网络设计文件 Detector，该设计文件包含 Schematic 视图和 Symbol 视图，如图 10-24 所示。

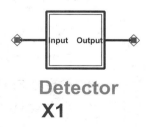

图 10-23 放置层次块元器件

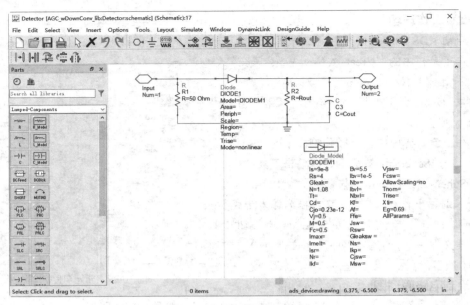

图 10-24　生成层次电路

打开 Symbol 视图窗口，显示层次块符号。选择菜单栏中的"File"→"Design Parameters"命令，弹出"Design Parameters"对话框，打开"Cell Parameters"标签页，添加设计参数 Cout、Rout，如图 10-25 所示。

返回顶层电路原理图 HB1，刷新层次块元器件，显示在上面添加的设计参数，如图 10-26 所示。

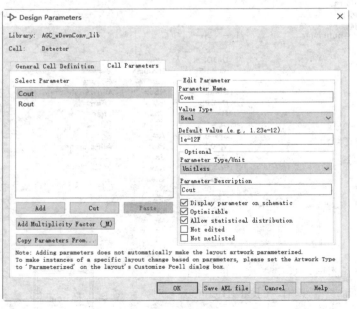

图 10-25　"Design Parameters"对话框

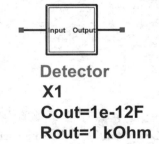

图 10-26　添加设计参数

3. 绘制仿真电路原理图

（1）在"Sources-Freq Domain"元器件库中选择 P_1Tone，在电路原理图中合适的位置上放置 PORT1。

（2）在"Probe Components"元器件库中选择 I_Probe，在电路原理图中合适的位置上放置

I_Probe1。

（3）选择菜单栏中的"Insert"→"VAR"命令，或单击"Insert"工具栏中的"Insert VAR"按钮 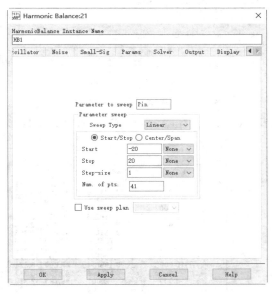，添加变量 Pin=0。

（4）双击 PORT1，弹出"Edit Instance Parameters"对话框，设置功率为 P=dbmtow(Pin)。

（5）双击 X1 两侧导线，弹出"Edit Wire Label"对话框，在"Net name"中添加网络标签 Vin、DetOut。

（6）在"Simulation-HB"元器件库中选择 HB，在电路原理图中合适的位置上放置 HB1。

（7）双击 HB1，弹出"Harmonic Balance"对话框。打开"Freq"标签页，在"Frequency（基波频率）"中设置 Order 谐波次数为 8。打开"Sweep"标签页（见图 10-27），设置"Parameter to sweep"为 Pin，设置"Start（开始值）"为-20，设置"Stop（结束值）"为 20，设置"Step-size（间隔值）"为 1。在"Display"标签页中勾选"SweepVar"选项，在"Start""Stop""Step-size"中输入 DC1。

单击"OK"按钮，关闭窗口。

至此，完成仿真电路原理图的绘制，结果如图 10-28 所示。

图 10-27　"Sweep"标签页

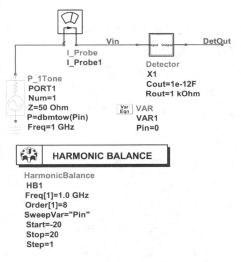

图 10-28　仿真电路原理图

4. 仿真数据显示

（1）选择菜单栏中的"Simulate"→"Simulate"命令，或单击"Simulate"工具栏中的"Simulate"按钮 ，弹出"hpeesofsim"对话框，显示仿真信息和分析状态，并自动创建一个空白仿真结果显示窗口。

（2）选择菜单栏中的"Insert"→"Equation"命令，弹出"Enter Equation"对话框。在"Enter equation here"列表中输入"DetOutV=mag(DetOut[0])"，单击"Apply"按钮，在数据显示区内添加方程 DetOutV。使用同样的方法，添加方程 Zin=Vin[1]/I_Probe1.i[1]，如图 10-29 所示。

（3）选择菜单栏中的"Insert"→"Plot"命令，或单击"Palette"工具栏中的"Rectangular Plot"按钮 ，在工作区中单击鼠标，自动弹出"Plot Traces & Attributes"对话框。在"Datasets and Equations"列表中选择 AMdemodout，单击"Add"按钮，在

Eqn DetOutV=mag(DetOut[0])

Eqn Zin=Vin[1]/I_Probe1.i[1]

图 10-29　插入方程

右侧"Traces"列表中添加 AMdemodV，如图 10-30 所示。

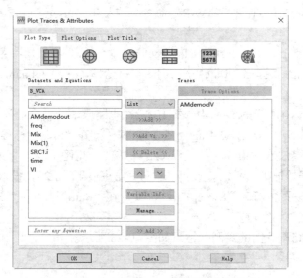

图 10-30　"Plot Traces & Attributes"对话框

（4）单击"OK"按钮，在数据显示区内创建直角坐标系的矩形图，输出节点电压 DetOutV 的幅值曲线图，如图 10-31 所示。

（5）单击"Palette"工具栏中的"List"按钮，在工作区中单击鼠标，自动弹出"Plot Traces & Attributes"对话框，在"Traces"列表中添加方程变量 DetOutV、Zin，单击"OK"按钮，在数据显示区内创建数据列表，如图 10-32 所示。

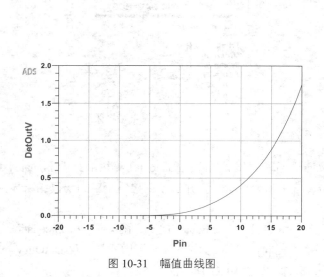

图 10-31　幅值曲线图

Pin	DetOutV	Zin
-20.000	2.039E-5	49.808 / -3.367
-19.000	2.601E-5	49.808 / -3.367
-18.000	3.331E-5	49.808 / -3.367
-17.000	4.283E-5	49.808 / -3.367
-16.000	5.538E-5	49.807 / -3.367
-15.000	7.208E-5	49.807 / -3.368
-14.000	9.461E-5	49.806 / -3.368
-13.000	1.255E-4	49.805 / -3.369
-12.000	1.685E-4	49.804 / -3.369
-11.000	2.300E-4	49.802 / -3.370
-10.000	3.199E-4	49.800 / -3.371
-9.000	4.553E-4	49.797 / -3.371
-8.000	0.001	49.793 / -3.372
-7.000	0.001	49.786 / -3.373
-6.000	0.002	49.776 / -3.373
-5.000	0.003	49.759 / -3.372
-4.000	0.004	49.734 / -3.370
-3.000	0.007	49.693 / -3.363
-2.000	0.012	49.632 / -3.351
-1.000	0.020	49.546 / -3.332
0.000	0.032	49.438 / -3.310
1.000	0.047	49.314 / -3.287
2.000	0.067	49.182 / -3.266
3.000	0.091	49.048 / -3.249
4.000	0.120	48.919 / -3.236
5.000	0.153	48.798 / -3.227
6.000	0.192	48.684 / -3.220
7.000	0.235	48.580 / -3.214
8.000	0.285	48.484 / -3.207
9.000	0.342	48.397 / -3.198

图 10-32　绘制列表图

10.2　包络仿真分析

电路包络仿真将谐波平衡仿真分析和时域仿真技术结合在一起，有效地描述了谐波平衡仿真分析结果的时间变化级数，非常适合对数字调制射频信号等复杂信号进行快速、完全的分析。

10.2.1 Envelope（包络仿真控制器）

Envelope 设置电路包络仿真分析的基本参数。双击 Envelope，如图 10-33 所示，弹出 "Circuit Envelope（电路包络）" 对话框，如图 10-34 所示。该对话框包含 11 个标签页，下面分别介绍常用标签页。

1. "Env Setup（包络设置）" 标签页

电路包络仿真是一种频域综合仿真方法，对仿真执行的起始时间点、终止时间点、基波频率和高次谐波等时频参数进行设置，如图 10-34 所示。

（1）"Times" 选项组

- Stop time：仿真执行的终止时间点。
- Time step：仿真执行的时间间隔
- "Use automatic time step control" 复选框：勾选该复选框，根据谐波的 LTE（局部截断误差）调整步长以适应波形的动态变化。
- "Enable Compact Test Signal" 复选框：勾选该复选框，利用紧凑的测试信号，产生单一的信号源。
- Compact Test Signal Length：设置紧凑的测试信号的长度。

（2）"Fundamental Frequencies（基本频率）" 选项组

- Frequency：设置基波频率。
- Order：设置最大谐波阶数（谐波数）。
- Maximum mixing order：最大混频次数。

（3）"Enable Fast Envelope" 复选框

该复选框用于激活快速包络功能，使用宏观模型的计算取代传统的电路包络积分。选择 Modeling type（模型类型）和 Modeling accuracy（模型评估方法）。

（4）Status level：设置仿真状态窗口中显示仿真信息的数量。

- 设置为 0 代表显示数量很少的仿真信息。
- 设置为 1 和 2 代表显示数量正常的仿真信息。
- 设置为 3 和 4 代表显示数量较多的仿真信息。

2. "Env Params（包络参数）" 标签页

该标签页用于设置仿真执行的算法、扫描偏移量、系统噪声和带宽等相关参数，如图 10-35 所示。

（1）"Env Params" 选项组

① Integration：仿真执行采用的综合算法。

Envelope
Env1
Freq[1]=1.0 GHz
Order[1]=5
Stop=100 nsec
Step=10 nsec

图 10-33　Envelope 元器件图标

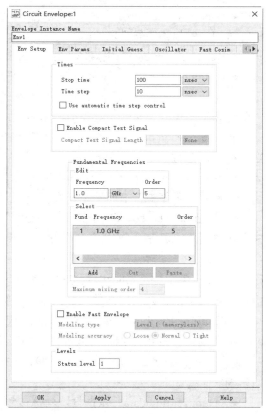

图 10-34　"Circuit Envelope" 对话框

- Backward Euler：表示仿真中采用 Backward Euler 综合算法。
- Trapezoidal：表示仿真中采用 Trapezoidal 综合算法。
- Gear's：表示仿真中采用 Gear's 综合算法。

② Sweep offset：设置仿真执行的时间偏移，如将 Stop time 设置为 1ms，将 Sweep offset 设置为 0.6ms，则将在仿真结果中显示 0 ~ 0.4ms 的数据。

③ "Turn on all noise" 复选框：设置包络噪声，勾选该复选框，打开所有的噪声。

（2）"Device Fitting（设备拟合）" 选项组

该选项组仅用于频率响应不能表示为有理多项式的数据集设备或一般线性设备。

- Bandwidth fraction：包络带宽。指设定在仿真执行时间内的包络信号带宽。

- Relative tolerance：设置仿真相对公差。
- Absolute tolerance：设置仿真绝对公差。
- "Use convolution" 复选框：勾选该复选框，对一些与频率相关的设备使用卷积而不是多项式拟合。
- "Warn when poor fit" 复选框：勾选该复选框，当包络不适合时，会出现警告消息。
- "Use fit when poor" 复选框：勾选该复选框，执行仿真时使用差拟合值而不是常数值。
- "Skip fit at baseband" 复选框：勾选该复选框，执行仿真时不在基带（DC）包络处使用极点/零点拟合或卷积。

图 10-35　"Env Params" 标签页

- "Skip fit at harmonics" 复选框：勾选该复选框，不在最高谐波频率下使用极点/零点拟合或卷积。在最高次谐波处，用常数拟合代替 S 参数曲线。
- "Enforce Passivity" 复选框：勾选该复选框，通过检查采样的 S 矩阵的特征值来检查和强制生成的拟合模型（极点/零点拟合或卷积）的无源性。
- "Check fit accuracy on carriers" 复选框：勾选该复选框，执行初始检查，以评估设备装配带来的影响。
- "Dump fitting data" 复选框：勾选该复选框，将拟合数据保存到数据集中。

10.2.2　操作实例——多压控放大器电路包络仿真分析

电路包络仿真可以用来同时显示电路及信号的时域和频域特性。本节通过多压控放大器电路进行包络仿真分析，设置控制电压从 0 上升到 1 V，使增益从 0 增加到 10 dB。

1. 设置工作环境

启动 ADS 2023，打开主窗口界面。选择菜单栏中的 "File" → "Open" → "Workspace" 命令，或单击工具栏中的 "Open New Workspace" 按钮 ，弹出 "New Workspace" 对话框，选择打开工程文件 "Voltage-Controlled_Amplifier_wrk"。双击 "Voltage-Controlled Amplifier" 工程文件下的 Schematic 视图窗口，进入电路原理图编辑环境，如图 10-36 所示。

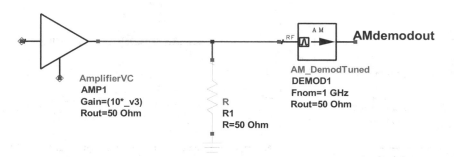

图 10-36　打开电路原理图

2. 绘制仿真电路原理图

（1）在"Sources-Freq Domain"元器件库中选择 P_1Tone，在电路原理图中合适的位置上放置 PORT1。

（2）在"Sources-Time Domain（时域信号库）"中选择分段线性电压源 PWL（VtPWL），在原理图中合适的位置上放置 SRC1。

（3）按照绘制一般电路原理图的方法，连接电路，放置 GROUND，结果如图 10-37 所示。

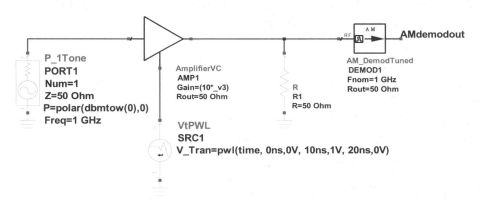

图 10-37　放置电源

（4）双击 PDRT1，弹出"Edit Instance Parameters"对话框，设置增益 ConvGain、S 参数值等。

（5）双击 PORT1，设置参数 P=dbmtow(0)。双击脉冲功率源 SRC1，设置参数 V_Tran=pwl(time, 0ns, 0V, 5ns, 0V, 50ns, 1V, 70ns, 1V, 200ns, 0V)。

（6）双击 R1 上方导线，弹出"Edit Wire Label"对话框，在"Net name"中添加网络标签 VI。

（7）在"Simulation-Envelope（包络仿真库）"中选择谐波平衡仿真器 Envelope，在电路原理图中合适的位置上放置 Env1，设置仿真参数，结果如图 10-38 所示。

3. 仿真数据显示

（1）选择菜单栏中的"Simulate"→"Simulate"命令，或单击"Simulate"工具栏中的"Simulate"按钮 ，弹出"hpeesofsim"对话框，显示仿真信息和分析状态。并自动创建一个空白仿真结果显示窗口。

（2）选择菜单栏中的"Insert"→"Plot"命令，或单击"Palette"工具栏中"Rectangular Plot"按钮 ，在工作区中单击鼠标，自动弹出"Plot Traces & Attributes"对话框。在"Datasets and Equations"列表中选择 VI，单击"Add"按钮，弹出"Circuit Envelope Simulation Data（电路包络仿真数据）"对话框，选择"Spectrum of the carrier in dB (Kaiser windowing)"选项，如图 10-39 所示。单击"OK"按

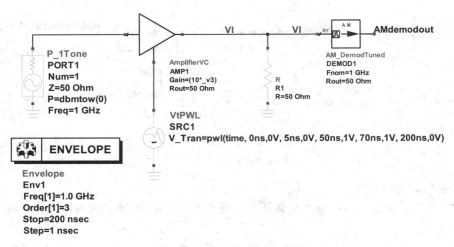

图 10-38　电路原理图编辑结果

钮，在右侧"Traces"列表中添加 dB(fs(VI[1]"Kaiser"))。

（3）单击"OK"按钮，在数据显示区内创建直角坐标系的矩形图，输出以 dB 为单位的 VI 的载波频谱图，如图 10-40 所示，其中假设载波索引值是[1]。

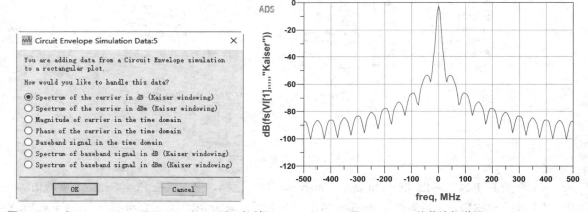

图 10-39　"Circuit Envelope Simulation Data"对话框　　　　图 10-40　VI 的载波频谱图

（4）选择菜单栏中的"Insert"→"Equation"命令，弹出"Enter Equation"对话框。在"Enter equation here"列表中输入"AMdemodV=real(AMdemodout[0])"，单击"OK"按钮，在数据显示区右侧"Traces"列表中添加方程 AMdemodV，如图 10-41 所示。其中，real 函数表示取输出复数的实数部分。

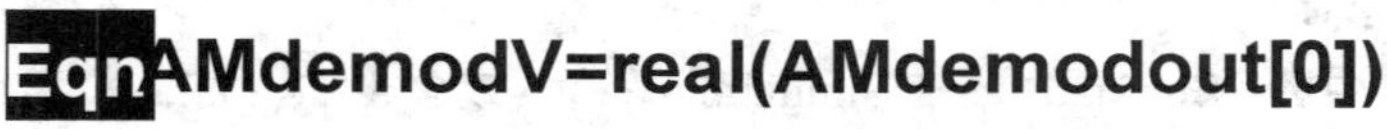

Eqn AMdemodV=real(AMdemodout[0])

图 10-41　插入方程

（5）选择菜单栏中的"Insert"→"Plot"命令，或单击"Palette"工具栏中"Rectangular Plot"按钮▦，在工作区中单击鼠标，自动弹出"Plot Traces & Attributes"对话框。在"Datasets and Equations"列表"Equations"中选择 AMdemodV，单击"Add"按钮，在右侧"Traces"列表中添加 AMdemodV，如图 10-42 所示。

（6）单击"OK"按钮，在数据显示区内创建直角坐标系的矩形图，输出节点电压 AMdemodout 的实数部分 AMdemodV 曲线图，如图 10-43 所示。

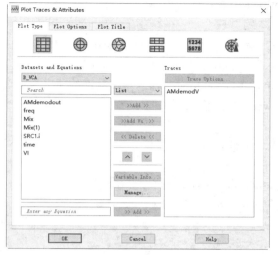

图 10-42　"Plot Traces & Attributes" 对话框

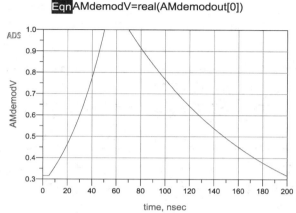

图 10-43　AMdemodV 曲线图

10.3　增益压缩仿真

增益压缩仿真也被称为 XDB 仿真，经常与谐波平衡仿真同时使用，用来分析非线性电路的特性。增益压缩仿真是由用户设定具体的增益压缩点数值，将理想的线性增益曲线与实际的增益曲线相比较，得出非线性电路的理想输出功率与实际输出功率之间的差值的一种仿真方式。

10.3.1　增益压缩仿真控制器

增益压缩仿真用于寻找用户自定义的增益压缩点（1dB 压缩点、3dB 压缩点），它将理想的线性输出功率曲线与实际输出功率曲线的偏离点相比较。

● 1dB 压缩点：放大器有一个线性动态范围，在这个范围内，放大器的输出功率随输入功率的增加而线性增加。随着输入功率的继续增加，放大器进入非线性区，其输出功率不再随着输入功率的增加而线性增加，其输出功率低于小信号增益所预计的值。通常把增益降到比线性增益低 1dB 时的输出功率值定义为输出功率的 1dB 压缩点，用 P1dB 表示。

● 3dB 压缩点：相对于放大器的小信号增益，放大器增益减小 3dB 时的输出功率。

GAIN COMPRESSION（增益压缩仿真）控制器用于设置电路增益压缩仿真的基本参数，元器件图标如图 10-44 所示。双击增益压缩仿真控制器，弹出 "Gain-compression Simulation" 对话框，如图 10-45 所示。

该对话框包含 6 个标签页，"Freq"标签页、"Solver"标签页、"Output"标签页、"Display"标签页与前面控制器的

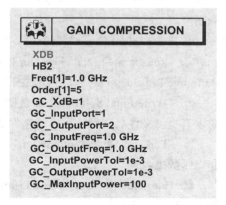

图 10-44　增益压缩仿真控制器元器件图标

类似，这里不再赘述。下面介绍其余标签页。

（1）"X dB（增益控制点）"标签页

在该标签页中，定义需要计算的 1dB 压缩点、3dB 压缩点，如图 10-45 所示。

① Gain compression：输入增益压缩值，默认值为 1。

② Port numbers：设置端口数量，包括 Input（输入端口数量）和 Output（输出端口数量）。

③ Port frequencies：设置频率，包括 Input（输入端口的频率）和 Output（输出端口的频率）。

④ Power tolerances：设置功率公差（以 dBm 为单位），包括 Input（输入端口允许的功率变化）、Output（输出端口允许的功率变化）和 Max. Input Power（最大输入功率）。

（2）"Params"标签页

在该标签页下仿真参数的定义包括以下几个部分，如图 10-46 所示。

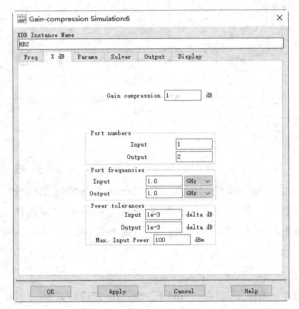

图 10-45　"X dB"标签页

图 10-46　"Params"标签页

① Device operating point level：在仿真状态摘要中指定设备工作点级别。

② Fundamental Oversample：过输入高电平，通过降低 FFT 混叠误差和提高收敛性来提高解的精度。

③ "Use Initial Guess"复选框：勾选该复选框，输入要用作初始猜想的解决方案的文件名。

④ "Regenerate Initial Guess for ParamSweep (Restart)"复选框：勾选该复选框，快速获得初始的 Harmonic Balance 解决方案，然后扫描参数以查看更改。

⑤ "Write Final Solution"复选框：勾选该复选框，选择保存最终 HB 解决方案的输出文件。如果没有提供文件名，则使用设计文件名称在内部生成一个文件名（以.hbs 为后缀）。

⑥ "Perform Budget simulation"复选框：勾选该复选框，启用预算仿真，报告设备引脚的电流和电压数据。

⑦ Harmonic Balance Assisted Harmonic Balance：设置谐波平衡仿真的模式，包括"Auto"选项、"On"选项、"Off"选项。

10.3.2 操作实例——放大器电路增益压缩仿真

增益压缩仿真主要用于计算非线性电路的增益压缩点，包括 1dB 增益压缩点、3dB 增益压缩点等，绘制理想输出功率与实际输出功率曲线，直到二者的差值达到预定压缩点的值时，仿真完成。用户可以在仿真结束后得到到达压缩点的输入功率和输出功率值，操作步骤如下。

1. 设置工作环境

（1）启动 ADS 2023，打开主窗口界面。选择菜单栏中的"File"→"New"→"Workspace"命令，或单击工具栏中的"Create A New Workspace"按钮，弹出"New Workspace"对话框，输入工程名称"Amplifier_wrk"，新建一个工程文件"Amplifier_wrk"。

（2）在主窗口界面中，选择菜单栏中的"File"→"New"→"Schematic"命令，或单击工具栏中的"New Schematic Window"按钮，弹出"New Schematic"对话框，在"Cell"文本框内输入电路原理图名称 XBD。单击"Create Schematic"按钮，在当前工程文件夹下，创建电路原理图文件 XBD，如图 10-47 所示。

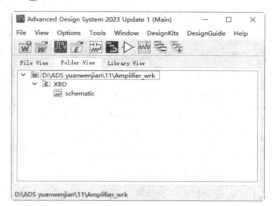

图 10-47　新建电路原理图

2. 绘制原理图

（1）在"System-Amps & Mixers（系统放大器混合器库）"中选择放大器模型 Amplifier2，在原理图中合适的位置上放置 Amp1。

（2）在"Sources-Freq Domain"中选择 P_1Tone，在电路原理图中合适的位置上放置 PORT1。

（3）在"Basic Components"中选择 TermG，在电路原理图中合适的位置上放置 TermG2。放置 GROUND，连接电路原理图，结果如图 10-48 所示。

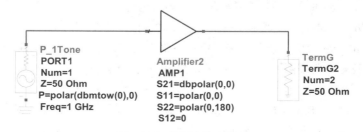

图 10-48　绘制电路原理图

3. 编辑仿真参数

（1）选择菜单栏中的"Insert"→"VAR"命令，或单击"Insert"工具栏中的"Insert VAR"按钮，放置 VAR。双击 VAR，添加功率变量 Pin=10_dB、频率变量 RFfreq=1.0。

（2）双击 Amp1，弹出"Edit Instance Parameters"对话框，设置如下参数。

- S21=dbpolar(10,0)，表示放大器的增益为 10dB。
- S11=polar(0,0)，表示放大器输入端口的反射系数为 0。
- S22=0+j*2，表示放大器输出端口的反射系数为 0。
- S12=0，表示放大器的反向传输值为 0，为单向放大器。
- Psat=25，表示放大器的功率饱和值为 25dBm。

- GainCompSat=3dB，表示放大器饱和时的增益压缩值为 3.0dB。

（3）双击 PORT1，设置如下参数。

- P=dbmtow(Pin)：表示频域功率源的输出功率为变量 Pin（单位为 dBm）。
- Freq=RFfreqGHz，表示频域功率源的频率为变量 RFfreq。

（4）双击 Amp1 右侧导线，弹出"Edit Wire Label"对话框，在"Net name"中添加输出信号的网络标签 Vout。

（5）在"Simulation-HB"元器件库中选择 HB，在电路原理图中合适的位置上放置 HB1，设置 HB1 参数。

- Freq[1]=RFfreq GHz，表示谐波平衡仿真的基准频率为变量 RFfreq。
- Order[1]=5，表示谐波平衡仿真时基波频率的最大谐波次数为 5。
- SweepVar="Pin"，表示谐波平衡仿真时对频域功率源的输出功率扫描。
- Start= −10，表示变量 Pin 的扫描起始值为−10dBm。
- Stop=10，表示变量 Pin 的扫描终止值为 10 dBm。
- Step=1，表示变量 Pin 的扫描间隔为 1dBm。

（6）在"Simulation-XDB"元器件库中选择增益压缩仿真控制器 XBD，在电路原理图中合适的位置上设置 HB2，设置 HB2 参数。

- Freq[1]=RFfreq GHz，表示增益压缩仿真基准频率为变量 RFfreq。
- Order[1]=5，表示增益压缩仿真时基波频率的最大谐波次数为 5。
- GC_XdB=1，表示增益压缩值为 1dB。
- GC_InputPort=1，表示增益压缩仿真的输入端口为端口 1。
- GC_OutputPort=2，表示增益压缩仿真的输出端口为端口 2。
- GC_InputFreq=1.0 GHz，表示增益压缩仿真的输入信号为 1.0GHz。
- GC_OutputFreq=1.0 GHz，表示增益压缩仿真的输出信号为 1.0GHz。
- GC_InputPowerTol=le-3，表示增益压缩仿真输入信号的精度为 1e-3。
- GC_OutputPowerTol=le-3，表示增益压缩仿真输出信号的精度为 1e-3。
- GC_MaxInputPower=100，表示增益压缩仿真输入信号的最大值为 100dBm。

至此，完成仿真电路原理图的绘制，结果如图 10-49 所示。

4．仿真数据显示

（1）选择菜单栏中的"Simulate"→"Simulate"命令，或单击"Simulate"工具栏中的"Simulate"按钮，弹出"hpeesofsim"对话框，显示仿真信息和分析状态，并自动创建一个空白仿真结果显示窗口。

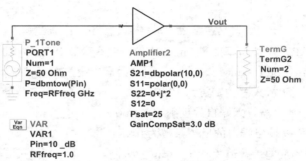

图 10-49　仿真电路原理图绘制结果

HARMONIC BALANCE

HarmonicBalance
HB1
Freq[1]=RFfreq GHz
Order[1]=5
SweepVar="Pin"
Start=-10
Stop=10
Step=1

GAIN COMPRESSION

XDB
HB2
Freq[1]=RFfreq GHz
Order[1]=5
GC_XdB=1
GC_InputPort=1
GC_OutputPort=2
GC_InputFreq=1.0 GHz
GC_OutputFreq=1.0 GHz
GC_InputPowerTol=1e-3
GC_OutputPowerTol=1e-3
GC_MaxInputPower=100

图 10-49   仿真电路原理图绘制结果（续）

（2）单击"Palette"工具栏中的"Stacked Rectangular Plot"按钮▦，在工作区中单击鼠标，自动弹出"Plot Traces & Attributes"对话框。在右侧"Traces"列表中添加 dBm(HB1.HB.Vout)、dBm(HB2. HB.Vout)，在坐标图中显示仿真曲线图，结果如图 10-50 所示。

在图 10-50 中，"HB1.HB.Vout"是输出信号 Vout 谐波平衡仿真分析结果（信号频谱），"HB2. HB.Vout"是输出信号 Vout 增益压缩仿真分析结果（1dB 增益压缩点处输出信号的频谱）。

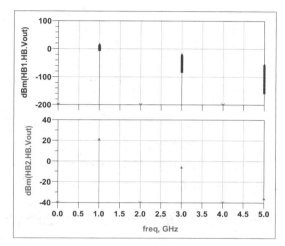

图 10-50   仿真曲线图

10.4 大信号 S 参数仿真控制器（LSSP）

大信号 S 参数仿真是谐波平衡仿真的一种，不同的是前者执行大信号 S 参数分析，因此在设计功放时十分有用；而后者一般只用于小信号 S 参数分析。

10.4.1   LSSP 介绍

LSSP 可用于设置电路包络仿真的基本参数。双击 LSSP，LSSP 元器件图标如图 10-51 所示，弹出"Large-Signal S-Parameters（大信号 S 参数）"对话框，如图 10-52 所示。该对话框包含 7 个标签页，下面具体介绍常用的"Ports（端口设置）"标签页。

LSSP

LSSP
HB1
Freq[1]=1.0 GHz
Order[1]=5
LSSP_FreqAtPort[1]=

图 10-51   LSSP 元器件图标

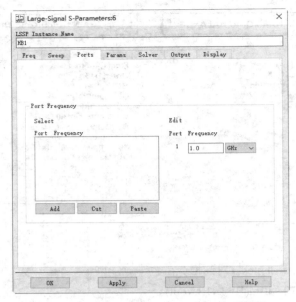

图 10-52　"Large-Signal S-Parameters" 对话框

（1）Edit：输入 Port Frequency（端口频率）值。

（2）"Select" 列表：单击 "Add" 按钮，添加 Port Frequency 值，还可以对列表中的 Port Frequency 值进行复制和粘贴。

10.4.2　操作实例——放大器电路 LSSP 仿真分析

本实例对放大器电路进行 LSSP 仿真分析，Motorola_PA 放大器电路模型由子电路生成，所以其特性也是由它的子电路决定的。

1. 设置工作环境

启动 ADS 2023，打开主窗口界面。选择菜单栏中的 "File" → "Open" → "Workspace" 命令，或单击工具栏中的"Open New Workspace"按钮 🖲️，弹出"New Workspace" 对话框，选择打开工程文件 "Motorola_Sim_wrk"。双击 LSSP 下的 Schematic 视图窗口，进入电路原理图编辑环境，如图 10-53 所示。

2. 绘制仿真电路原理图

（1）双击电路原理图中的导线，弹出 "Edit Wire Label" 对话框，在 "Net name" 中添加网络标签 vdbias、Input、vgbias。

（2）在 "Simulation-HB" 中选择 HB，在电路原理图中合适的位置上放置 HB1。HB 用来设置谐波平衡仿真的参数，HB1 参数设置如下。

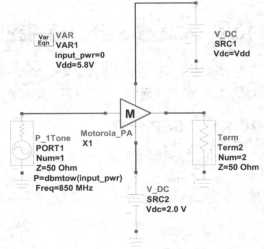

图 10-53　打开电路原理图

- Freq[1]=850MHz，表示谐波平衡仿真的基准频率为 850MHz。
- Order[1]=7，表示谐波平衡仿真时基波频率的最大谐波次数为 7。
- SweepVar="Input_pwr"，表示谐波平衡仿真时对输入功率进行变量扫描。

- Start=1，表示仿真时对输入功率进行变量扫描的起始值为 1dBm。
- Stop=10，表示仿真时对输入功率进行变量扫描的终止值为 10dBm。
- Step=1，表示仿真时对输入功率进行变量扫描的时间间隔为 1dBm。

（3）在"Simulation-LSSP（大信号 S 参数仿真）"元器件库中选择 LSSP，在电路原理图中合适的位置上放置 LSSP1，用来设置大信号 S 参数仿真的参数，参数设置如下。

- Freq[1]= 850MHz，表示仿真的基准频率为 850MHz。由于频域功率源 P_1Tone 为单频，因此谐波平衡仿真只有一个基准频率。
- Order[1]=7，表示仿真时基波频率的最大谐波次数为 7。
- LSSP_FreqAtPort[1]=850MHz，表示仿真时输入端口的信号为 850MHz。
- LSSP_FreqAtPort[2]=850MHz，表示仿真时输出端口的信号为 850MHz。
- SweepVar="Input_pwr"，表示仿真时对输入功率进行变量扫描。
- Start=1，表示仿真时对输入功率进行变量扫描的起始值为 1dBm。
- Stop=10，表示仿真时对输入功率进行变量扫描的终止值为 10dBm。
- Step=1，表示仿真时对输入功率进行变量扫描的间隔为 1dBm。

（4）在图 10-54 所示的电路原理图中有 VAR，电路原理图中的变量都在 VAR 中显示，同时 VAR 设置所有变量的默认值。这里 VAR 的设置如下。

- Input_pwr=0，表示仿真时对输入功率进行变量扫描的默认值为 0dBm。
- Vdd=5.8V，表示仿真时一个直流电压源 V_DC 的默认值为 5.8V。

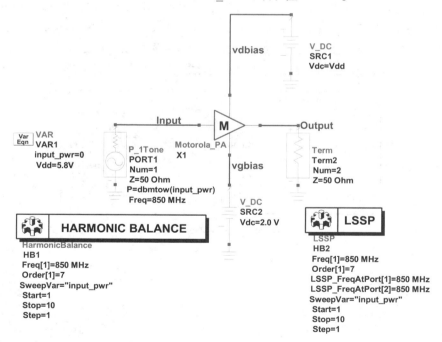

图 10-54 仿真电路原理图编辑结果

3. 仿真分析

（1）选择菜单栏中的"Simulate"→"Simulate"命令，或单击"Simulate"工具栏中的"Simulate"按钮，弹出"hpeesofsim"对话框，显示仿真信息和分析状态，并自动创建一个空白仿真结果显示窗口。

（2）选择菜单栏中的"Insert" ▦ → "Plot"命令，或单击"Palette"工具栏中"Rectangular Plot"按钮，在工作区中单击鼠标，自动弹出"Plot Traces & Attributes"对话框。在"Datasets and Equations"列表中选择 S(2,1)，单击"Add"按钮，在弹出的对话框中选择"dB"选项，在右侧"Traces"列表中添加 dB(S(2,1))。

（3）单击"OK"按钮，在数据显示区内创建直角坐标系的矩形图，显示以 dB 为单位的 S 参数曲线，如图 10-55 所示。

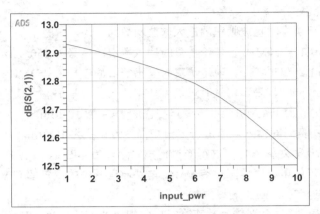

图 10-55　绘制 S 参数曲线

（4）单击"Palette"工具栏中的"List"按钮 ▦，在工作区中单击鼠标，自动弹出"Plot Traces & Attributes"对话框，自动弹出"Plot Traces & Attributes"对话框。在"Datasets and Equations"列表中选择 S(2,2)，单击"Add"按钮，在右侧"Traces"列表中添加 dB(S(2,2))。

（5）单击"OK"按钮，在数据显示区内创建 S 参数数据的列表，绘制的列表图如图 10-56 所示。

input_pwr	S(2,2)
1.000	0.452 / -56.327
2.000	0.453 / -56.034
3.000	0.454 / -55.714
4.000	0.455 / -55.363
5.000	0.457 / -54.977
6.000	0.460 / -54.546
7.000	0.463 / -54.015
8.000	0.468 / -53.343
9.000	0.473 / -52.570
10.000	0.480 / -51.802

图 10-56　绘制的列表图

第 11 章

PCB 设计

内容指南

　　PCB 的设计主要是电路板版图设计，ADS 中通过 Layout 窗口进行电路板排版与版图设计。对于手动生成的 Layout，在进行 PCB 设计前，必须对 PCB 的各种属性进行详细设置，主要包括板形的设置、PCB 层的设置。同时，ADS 可以在 Layout 窗口中布置元器件、设计单层双层或多层布线，如进行 PCB、IC、LTCC、MMIC 设计等。

11.1　Layout 视图窗口

　　Layout 视图窗口界面主要包括标题栏、菜单栏、工具栏和工作区、元器件面板、状态栏 6 个部分，如图 11-1 所示。Layout 视图窗口的界面与 Schematic 的界面基本一致，使用方法也基本相同，因此就不再对 Layout 视图窗口进行详细介绍了。

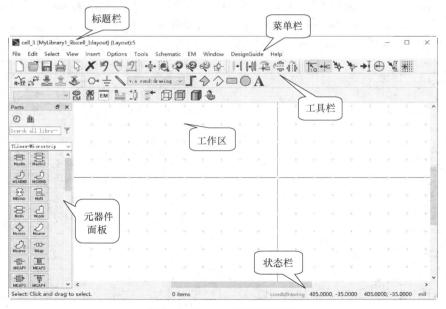

图 11-1　Layout 视图窗口界面

11.1.1　创建空白 Layout

用户可以使用菜单命令直接创建一个 Layout 文件，之后再为该文件设置各种参数。创建一个空白 Layout 文件可以采用以下几种方式。

1. 主窗口创建

在 ADS 2023 主窗口中，选择菜单栏中的"File"→"New"→"Layout"命令，或单击工具栏中的"New Layout Window（新建一个布局窗口）"按钮，弹出"New Layout（创建布局图）"对话框，如图 11-2 所示。

2. Layout 视图窗口创建

（1）在 Layout 编辑环境中，选择菜单栏中的"File"→"New"命令，或单击"Basic"工具栏中的"New"按钮，弹出图 11-2 所示的"New Layout"对话框。

（2）单击"Create Layout（创建布局图）"按钮，进入 Layout 编辑环境，如图 11-3 所示。在当前工程文件夹下，默认创建空白电路原理图文件"cell_1"→"layout"，如图 11-4 所示。

新创建的 Layout 文件的各项参数均采用系统默认值。在进行具体设计时，我们还需要对该文件的各项参数进行设置，这些将在本章后面的内容中进行介绍。

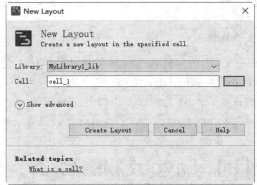

图 11-2　"New Layout"对话框

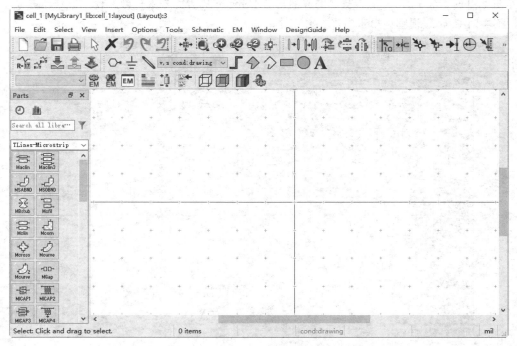

图 11-3　Layout 编辑环境

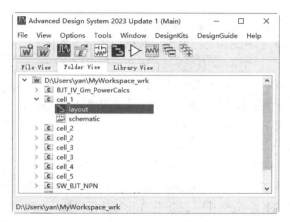

图 11-4　创建空白电路原理图文件

11.1.2　Technology（技术）参数设置

技术参数用于定义 ADS 设计中的 PCB 叠层或者 IC 工艺制程，必须在创建 Layout 和基板之前进行设置。

选择菜单栏中的"Options"→"Technology"命令，打开图 11-5 所示的子菜单，用于设置设计文件中的技术参数。

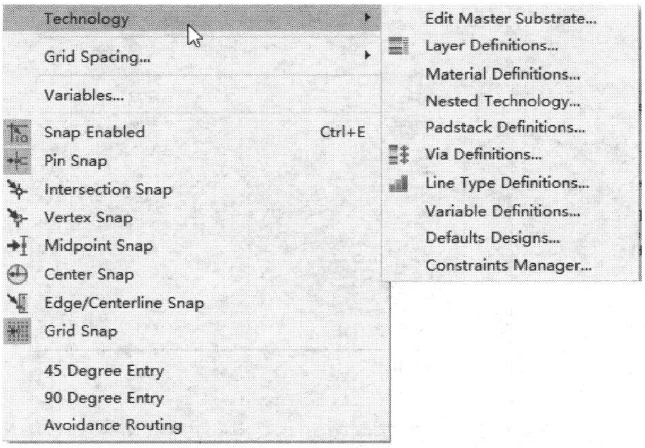

同一个元器件库下所有的视图窗口都使用相同的技术，下面介绍具体的技术设置参数。

- Edit Master Substrate：编辑主基板。
- Layer Definitions：定义图层。
- Material Definitions：定义材料。
- Nested Technology：嵌套技术。
- Padstack Definitions：定义焊盘。
- Via Definitions：定义过孔。
- Line Type Definitions：定义传输线类型。
- Variable Definitions：定义变量。
- Defaults Designs：默认设计。默认设计

中的元器件应该是无针的元器件，如电路基板、模型和 VAR 元器件。

图 11-5　"Technology"子菜单

- Constraints Manager：设置约束管理器。

11.1.3　图层管理

在 ADS 中，可以通过设置图层首选项更改临时显示属性，如打开或关闭图层可见性或更改图层的颜色。其中，可以更改的图层显示属性不包括添加或修改图层。如果需添加或修改图层，应使用"Layer Definitions（图层定义）"对话框进行图层定义。该对话框在前面已经介绍过，这里不再赘述。

1．图层的显示与隐藏

（1）在进行层板设计时，经常需要只看某一图层，或者把其他图层隐藏，这种情况就要用到图层的显示与隐藏功能。

（2）选择菜单栏中的"View"→"Docking Windows（固定窗口）"→"Layer Windows（图层窗

口）"命令，系统打开图 11-6 所示的"Layers"对话框，在"Vis（显示
与隐藏）"列单击层名称后面的复选框，控制图层和图层中对象的显示。

2．图层颜色设置

为了便于识别图层内的信息，可以为不同的图层设置不同的颜色。
在"Layers"对话框中，单击层名称后面的"Fill（填充颜色）"列中的
颜色图标可以进行颜色设置。

3．图层的定义

选择菜单栏中的"Options"→"Technology"→"Layer Definitions"
命令，系统打开图 11-7 所示的"Layer Definitions"对话框，用户可以
方便地通过对该对话框中的各选项及其标签页中的选项进行设置，从而
实现建立新图层、设置图层颜色及线型等各种操作。

（1）"View Technology for this Library（查看元器件库的技术）"列表

在该下拉列表中选择需要显示、编辑的元器件库，若图层列表中的
图层属于其余元器件库，那么该图层只能显示，不能编辑。

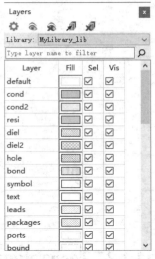

图 11-6　"Layers"对话框

图 11-7　"Layer Definitions"对话框

（2）"Show Other Technology Tabs（显示其他技术标签页）"按钮

"Layer Definitions"对话框默认显示 4 个标签页，单击该按钮，将显示其他技术设置标签页，如
图 11-8 所示，添加"Layout Units（布局单位）"标签页、"Referenced Libraries（参考库）"标签页和"Nested
Technology（嵌套技术）"标签页。

"Layout Units"标签页、"Referenced Libraries"标签页在前面的"Technology Setup"对话框中
已经介绍过，这里不再赘述。

（3）"Layer Display Properties（图层显示属性）"标签页

在图层列表中根据属性和图层名称分类显示所有图层，如图 11-8 所示。不同属性但具有相同名
称的图层分行显示。

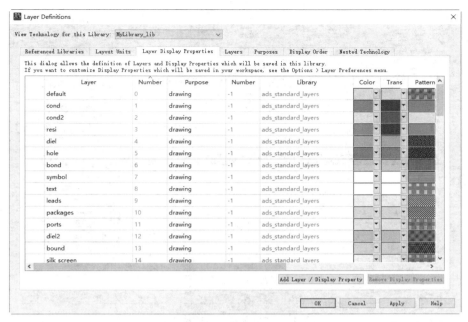

图 11-8　显示其他技术设置标签页

① "Add Layer/Display Property（添加图层/显示属性）" 按钮：单击该按钮，弹出 "Add Layer/Display Properties" 对话框，如图 11-9 所示。

● "Add new layer" 选项：选择该选项，添加新图层。

● "Use existing layer" 选项：选择该选项，为已存在的图层添加新属性。

● Layer Name：输入图层名称。默认情况下，新图层名称显示为 "layer_<N>"，其中<N>是下一个可用的层号。用户可使用此名称，也可改名。

● Layer Number：输入图层编号，默认从 1 开始计数。默认情况下，新图层将显示未使用的最小数字（0 ~ 4294967295）。

● "Layer Process Role" 列表：图层进程角色。指定该图层在设计中所代表的角色，如 Conductor 表示该图层为导体层。

● Layer Binding：输入图层绑定信息，正确指定图层绑定是很重要的。图层绑定信息字段是

图 11-9　"Add Layer/Display Properties" 对话框

一个由空格分隔的单词列表，通常是图层名。当引脚或元器件形状重叠但位于两个不同的图层（图层 1 和图层 2）时，如果图层 1 绑定信息字段与图层 2 绑定信息字段匹配，则可以连接图层 1 和图层 2。

● "Purpose Name" 列表：选择图层的创建目的。

在该对话框中只能编辑在当前元器件库（MyLibrary_lib），进行新图层的定义（layer_39），并为图层添加新的绘图目的（drawing），如图 11-10 所示。

② "Remove Display Properties" 按钮：在图层列表中删除选中的某一图层或具有某个属性的图层。

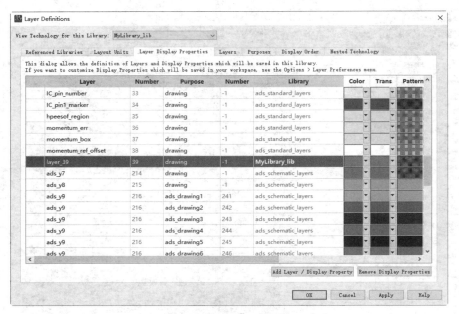

图 11-10　添加新图层和新属性

③ 若需要修改某一图层的某一特性，单击它所对应的图标即可。图层列表区中各列的含义如下。

• Layer：显示满足条件的图层名称。如果要对某图层进行修改，首先要选中该图层的名称，单击右侧的向下箭头，在下拉列表中选择新图层名称，如图 11-11 所示。

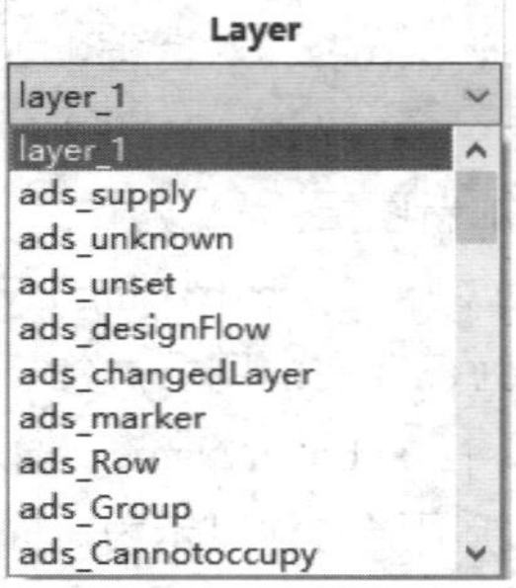

• Number：为图层名称定义的图层编号，该选项列在此处不可编辑。

• Purpose：显示使用图层绘图的目的，单击右侧的向下箭头，在下拉列表中进行选择，如图 11-12 所示。默认情况下，选择"drawing（绘图）"选项。

• Number：根据使用图层绘图的目的进行编号，该选项不可编辑。

• Library：定义图层显示属性的元器件库名，该选项不可编辑。

图 11-11　修改图层名称

• Color：显示和改变图层的颜色。如果要改变某一图层的颜色，单击其对应的颜色图标或右侧的向下箭头，系统打开图 11-13 所示的"Select Color（选择颜色）"对话框，用户可从中选择需要的颜色。

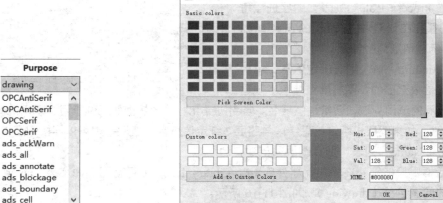

图 11-12　修改使用图层绘图目的　　　　　图 11-13　"Select Color"对话框

- Trans：显示和改变图层的透明度。单击透明度图标或右侧的向下箭头，系统打开图 11-14 所示的"Set Tranparency（设置透明度）"对话框，用户可在该对话框中设置透明度，范围为 0（完全透明）～255（完全不透明）。

- Pattern：显示和改变图层的填充模式。单击填充模式图标或右侧的向下箭头，系统打开图 11-15 所示的"Select Pattern（选择填充模式）"对话框，用户可从预定义的模式中选择填充模式。

- Sel：设置该图层是否被选中。

- Vis：设置该图层是否显示，用来确定在 Layout、Schematic 或 Symbol 视图中进行设计时，使用给定显示属性的形状是否可见。

- Shape Display：形状显示样式，包括 Outlined（使用轮廓）、Filled（填充）、Both（同时使用填充和轮廓）。

- Line Style：显示和改变绘制形状轮廓的线条样式。

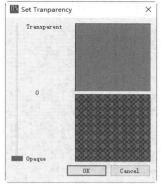

图 11-14　"Set Tranparency"对话框

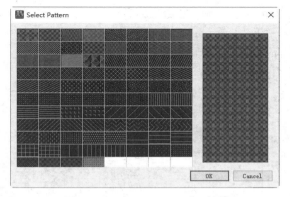

图 11-15　"Select Pattern"对话框

（4）"Layers"标签页

在该标签页中提供编辑图层的选项，如图 11-16 所示。在图层列表中按照图层编号递增显示当前元器件库中的所有图层。

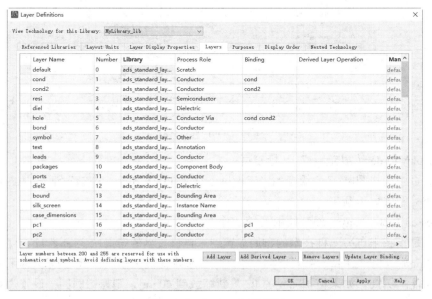

图 11-16　"Layers"标签页

● "Add Layer"按钮：直接添加新图层。每次单击该按钮均会在图层列表中添加一个默认图层，在图层列表中可以修改图层名称和图层编号。元器件库的每一层必须有唯一的名称和编号。

● "Add Derived Layer"按钮：添加派生图层。派生层是一种技术层，图层形状自动从其他技术层派生出来，还可以通过指定生成层所需要的操作类型（如 AND、OR 和异或）来派生层。用户也可以在为物理 EM 模拟预处理布局时替换和生成派生层上的形状。

● "Remove Layers"按钮：删除新建的图层。要删除多个图层，可按下"Ctrl"或"Shift"键，选择多个图层。

● "Update Layer Binding"按钮：如果在基板中已经定义了图层绑定信息，则可以自动更新图层绑定信息。

（5）"Purposes（目的）"标签页

在该标签页中设置编辑图层的目的，可以用来区分同一图层上的形状，如图 11-17 所示。

● Purpose Name：图层目的名称，必须保证在此元器件库和该技术引用的任何其他元器件库中都是唯一的。

● Number：图层目的编号，该编号也是唯一的。

● Library：选择的元器件库。

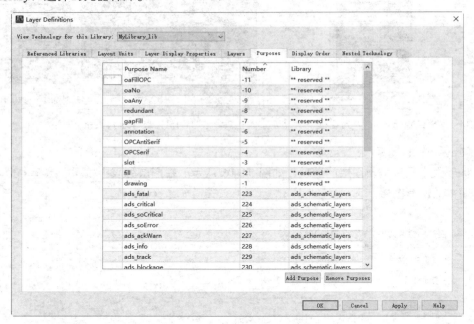

图 11-17   "Purposes"标签页

（6）"Display Order（显示顺序）"标签页

在该标签页中编辑图层/目的组合的显示顺序，如图 11-18 所示。在该对话框中使用鼠标拖放选项可以重新排列图层显示顺序。

（7）"Nested Technology（嵌套技术）"标签页

嵌套技术是指将来自另一种技术的布局放置到来自该技术的布局中，如图 11-19 所示。

① "Technology Scale Factor"复选框：指定嵌套技术比例因子。当 IC 技术升级和缩小规模时，最常使用此功能。例如，如果将 45 nm 的 IC 重新缩放到 40 nm，则将比例因子设置为 0.8888888。

② Smart Mount Subtype：选择创建多技术布局的首选方法。

③ Layer Mapping：映射层列表。通过创建一个嵌套技术层映射，可以将一个元器件库中的元器件放置到另一个元器件库布局的顶部层或底部层中。

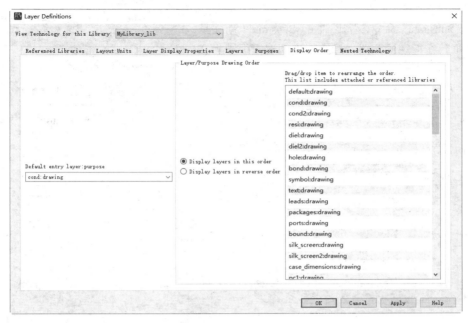

图 11-18　"Display Order" 标签页

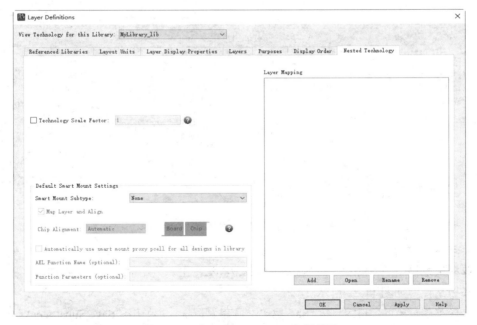

图 11-19　"Nested Technology" 标签页

11.1.4　创建基板

基板是 ADS 许多功能的先决条件，包括 3D 视图、PCB 过孔和焊盘、智能安装、EM 模拟等。使用 Substrate（基板）编辑器能够指定基板属性，如基板中的层数、材料、每层的高度等，还可以保存基板定义并与其他电路一起使用。

1. 创建基板文件

在 ADS 2023 主窗口中，选择菜单栏中的"File"→
"New"→"Substrate"命令，弹出"New Substrate（新建基
板）"对话框，在指定的元器件库文件中创建模板基板文
件，如图 11-20 所示。

单击"Create Substrate（创建基板）"按钮，打开
"substrate1"对话框，如图 11-21 所示。

图 11-20 "New Substrate"对话框

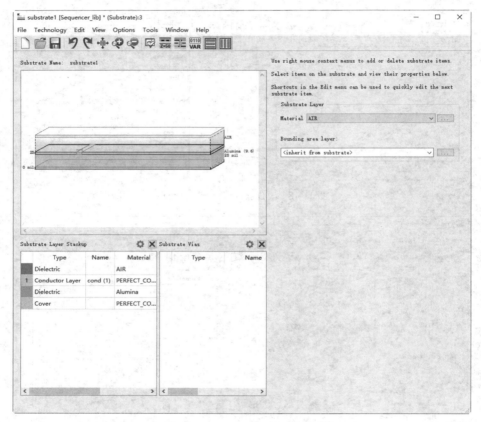

图 11-21 "substrate1"对话框

2. 保存基板文件

（1）选择菜单栏中的"File"→"Save"命令，或单击工具栏中的"Save"按钮 ，直接保存当
前编辑的基板文件，如图 11-22 所示。

（2）选择菜单栏中的"File"→"Save As"（另存为）命令，弹出"Save Substrate As（将基板另
存为）"对话框，在指定的元器件库文件中保存基板文件，如图 11-23 所示。

3. 参数设置

（1）"Substrate Name（基板名称）"选项组

默认显示正在创建的基板名称，同时在下面的窗口中显示该基板的层结构，默认设置为单层板。
在预览图中滚动鼠标中键可以放大、缩小预览图。基板由下列类型的图层项交替组成。

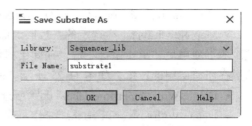

图 11-22　保存基板文件　　　　　　图 11-23　"Save Substrate As"对话框

- Substrate Layer（基板层）：该层定义了电介质、地平面、覆盖物、空气或其他层状材料。
- Interface Layer（接口层）：是基板层之间的导电层。典型的导电层是在布局窗口中的布局层上绘制的几何图形。将布局层映射到接口层，可以在基板内定位绘制电路的布局层。

选定某一层为参考层，单击鼠标右键，在弹出的快捷菜单中执行添加新层的操作时，新添加的层将出现在参考层的上面或下面。选择不同的层，显示的命令不同，如图 11-24 所示。

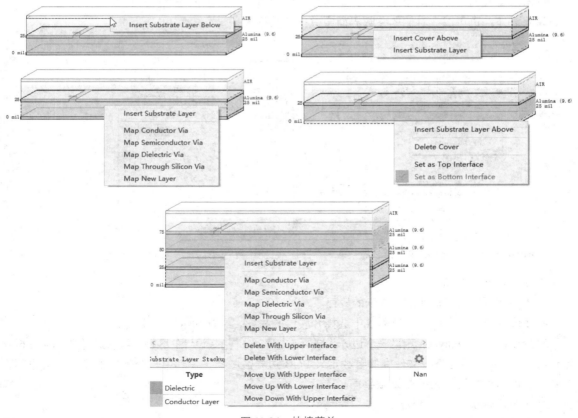

图 11-24　快捷菜单

- Insert Substrate Layer Below：在选定的基板层下面插入一个带有接口的新基板层。

- Insert Substrate Layer Above：在选定的基板层上面插入一个带有接口的新基板层。
- Insert Substrate Layer：在选定的基板层上面插入一个带有接口的新基板层。
- Map Conductor Via：在选定的基板上插入新的导体过孔。
- Map Semiconductor Via：在选定的基板上插入新的半导体过孔。
- Map Dielectric Via：在选定的层中插入一个新的介电孔。
- Map Through Silicon Via：在选定的层中插入一个新的硅过孔。
- Map New Layer：在选定的基板层上面插入一个新层。

添加新层后，单击鼠标右键，在弹出的快捷菜单中执行添加、移动或删除层的操作，可以改变该层在所有层中的位置，如图 11-25 所示。在设计过程中，任意时间都可进行添加层的操作。

- Delete With Upper Interface：删除所选层上方的接口层，以及该接口层上的项。
- Delete With Lower Interface：删除所选层下方的接口层，以及该接口层上的项。
- Move Up With Upper Interface：向上移动基板层和上面的接口层，以及该接口层上的项。
- Move Down With Upper Interface：向下移动基板层及其上面的接口层，以及该接口层上的项。
- Move Up With Lower Interface：向上移动基板层及下方的接口层，以及接口层上的项。

（2）"Substrate Layer Stackup（基板层堆叠设置）"选项组

在该选项组下显示基板中包含的层，以便快速检查和编辑基本数据，包括 Type、Name、Material（材料）和厚度。

双击某一层的名称或选中该层数据，可直接对该层的名称及铜箔厚度进行设置，如图 11-26 所示。除此之外，也可以在右侧的参数界面中进行参数修改。

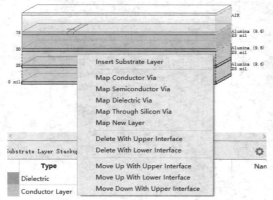

图 11-25　添加、移动或删除层快捷菜单　　　　图 11-26　直接修改参数

① Dielectric：介质层

选择该选项，显示图 11-27 所示的界面。

- "Material"列表：在下拉列表中选择介质层的材料，默认为 AIR（空气）。
- Bounding area layer：定义一个边界区域层（布局层），指定设计的区域。默认选择"<inherit from substrate>"，表示根据基板文件中的参数定义 PCB 边界区域层。在其中一个基板中没有定义边界区域层，被视为边界区域为整个无限平面。

② Conductor Layer：导体层

选择该选项，显示图 11-28 所示的界面，在"Material"下拉列表中选择导体层的材料，默认为 PERFECT_CONDUCTOR。

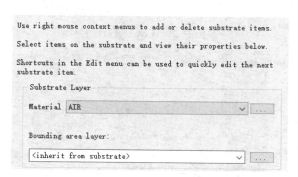

图 11-27　Dielectric 参数设置界面

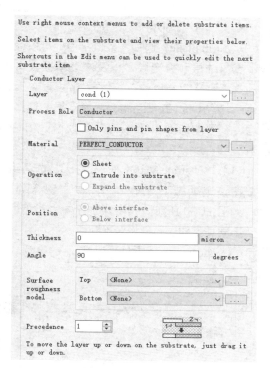

图 11-28　Conductor Layer 参数设置界面

● "Layer"列表：从"Layer"下拉列表中选择映射蒙版图层和布局图层。单击"…"按钮，弹出"Layer Definitions（层定义）"对话框，选择定义的图层。

● "Process Role"列表：设置层在设计中表示的角色。

● "Only pins and pin shapes from layer"复选框：仅将引脚和引脚形状映射到基板中，而不是映射几何形状。

● "Material"列表：从该下拉列表中选择图层材料。单击"…"按钮，打开"Material Definitions（材料定义）"对话框，定义新材料。定义的材料会自动添加到"Material"下拉列表中。

● Operation：将绘制在蒙版上的 2D 形状转换为 3D 对象。可以选择适当的扩展操作来定义导体掩膜的厚度。

● Position：激活 3D 扩展功能后，可以定义图层的位置，包括"Above interface（在接口层上方）"选项、"Below interface（在接口层下方）"选项。

● Thickness：指定导体层的厚度，还可以选择导体层的厚度单位。

● Angle：激活 3D 扩展功能后，可以指定导体层的角度。

● Surface roughness model：在顶部（Top）和底部（Bottom）选择表面粗糙度模型，如果层位于接口层上方，则侧壁粗糙度将等于顶部粗糙度。如果层在接口层下方，则侧壁粗糙度将等于底部粗糙度。

● Precedence：优先级，如果将两个或更多的布局层分配给相同的接口层或基板层并且对象重叠，则优先级指定布局层对另一层的优先级。优先级是由网格生成器使用的，因此具有最高优先级的层上的对象被网格化，并且在逻辑上从电路中减去与具有较低优先级的层上的对象的任何重叠。如果没有设置优先级，并且不同层有重叠的对象，将自动任意创建一个网格，没有错误报告。

③ Cover：封面层

选择该选项，显示图 11-29 所示的界面。

- "Cover" 选项：只适用于作为顶部或底部接口层。

- "Strip plane" 选项：条形平面，可以插入导体层、半导体层和介电层，以及嵌套基板，将布局层上的物体定义为导电的，物体周围的区域不导电。

- "377 Ohm Termination" 复选框：选择此复选框后，则不能指定 "Material" 参数和 "Thickness" 参数。

（3）"Substrate Vias（基板过孔）"选项组

在该选项组下显示不同图层中包含的过孔信息，如图 11-30 所示。其中添加了 4 种类型的过孔，对于不同类型的过孔，设置不同的参数。图 11-30 中

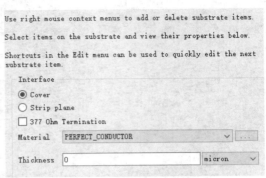

图 11-29　Cover 参数设置界面

显示 "Conductor Via（导体层过孔）"的参数，与 Conductor 参数设置类似，下面只介绍不同的选项。

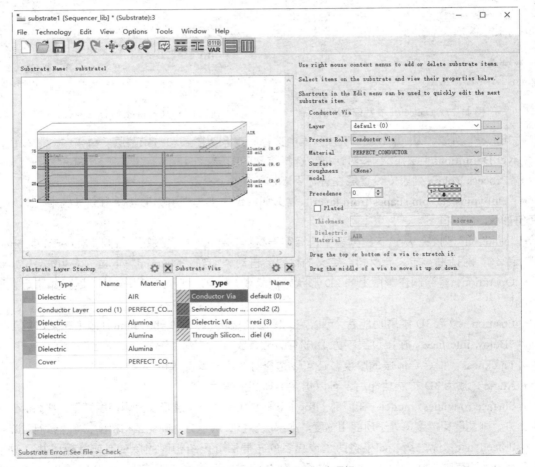

图 11-30　"Substrate Vias" 选项组

- "Plated" 复选框：选择该复选框，定义一个电镀孔，电镀孔由具有一定厚度的圆柱壁组成，孔的中心有电介质，如图 11-31 所示。

- Thickness：指定电镀孔的厚度。

- Dielectric Material：指定电镀孔的介电材料。

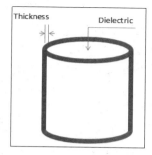

图 11-31　电镀孔

11.2　PCB 设计流程

在进行 PCB 设计前，必须对 PCB 的各种属性进行详细设置，主要包括 PCB 板形的设置、布线框的设置等。

11.2.1　PCB 物理边界

PCB 物理边界即 PCB 的实际大小和形状，在 PCB 物理边界内放置元器件并进行连线。因此，进行 Layout 设计，首先需要根据设计定义一个边框形状。

在 Layout 中，"Insert"菜单包括用于绘制边框的各种形状命令，具体介绍如下。

- Polygon：绘制多边形。
- Polyline：绘制多段线。
- Rectangle：绘制矩形。
- Circle：绘制圆。
- Arc (clockwise)：顺时针绘制圆弧（起点、圆心、终点）。
- Arc (counter-clockwise)：逆时针绘制圆弧（起点、圆心、终点）。
- Arc (start,end,circumference)：绘制圆弧（起点、终点、第 3 点）。

1. 绘制矩形边界

（1）选择菜单栏中的"Insert"→"Rectangle"命令，或单击"Insert"工具栏中的▭按钮，或按下"R"键，此时鼠标光标变成十字形状。

（2）移动鼠标光标到需要放置矩形的第一个角点位置处，单击确定矩形的起点，移动鼠标拖动矩形，单击确定矩形的另一个角点，如图 11-32 所示。

（3）此时鼠标光标仍处于绘制矩形的状态，重复步骤（2）的操作即可绘制其他矩形。按下"Esc"键或单击鼠标右键选择"End Command"命令，即可退出操作。

2. 绘制多边形边界

（1）选择菜单栏中的"Insert"→"Polygon"命令，或单击"Insert"工具栏中的◇按钮，或按下"Shift + P"组合键，此时鼠标光标变成十字形状。

（2）移动鼠标光标到需要放置多边形边线的位置处，单击确定多边形的起点，多次单击确定多个顶点。一个多边形绘制完毕后，双击即可退出该操作，如图 11-33 所示。

（3）此时鼠标光标仍处于绘制多边形的状态，重复执行步骤（2）的操作即可绘制其他的多边形。按下"Esc"键或单击鼠标右键选择"End Command"命令，即可退出操作。

图 11-32　绘制矩形边界

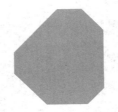

图 11-33　绘制多边形边界

（4）拐弯模式。在放置边线的过程中需要单击确定拐弯位置，并且可以通过按快捷键来切换拐弯模式。有 90°角（直角）、45°角和任意角度 3 种拐弯模式。导线放置完毕，单击鼠标右键或按下"Esc"键即可退出该操作。

- 按"4"键设置 45°角。
- 按"9"键设置 90°角。
- 按"0"键设置任意角度。
- 按"T"键切换 45°角和 90°角这两种拐弯模式。

（5）设置多边形属性。双击需要设置属性的多边形，系统将弹出相应的多边形属性设置面板，如图 11-34 所示。

3．精确绘制

采用上述方法绘制的边界无法确定具体尺寸，可采用输入坐标的方式精确绘制边界。下面介绍如何精确绘制边界。

（1）执行该命令后，选择菜单栏中的"Insert"→"Coordinate Entry（坐标输入）"命令，弹出"Coordinate Entry"对话框，如图 11-35 所示。

（2）一般要求 PCB 的左下角为原点（0,0），右上角坐标将是（1000,1280），绘制结果如图 11-36 所示。

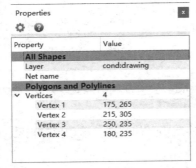

图 11-34　多边形属性设置面板

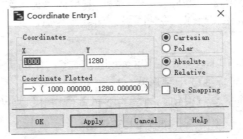
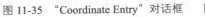

图 11-35　"Coordinate Entry"对话框

图 11-36　绘制 PCB 物理边界

11.2.2　编辑 PCB 物理边界

编辑 PCB 物理边界主要是对 PCB 物理边界进行设置，主要是为制板商提供加工 PCB 形状的依据。用户也可以在设计时直接修改 PCB 形状，即在工作窗口中可直接看到自己所设计的 PCB 的外观形状，然后对 PCB 形状进行修改。

1．修改 PCB 形状

绘制 PCB 物理边界的形状后，可以根据需要修改 PCB 形状以获得新的 PCB 形状。在 Layout

视图中，通过菜单栏中的"Edit"→"Modify"命令，修改 PCB 物理边界所有形状，如图 11-37 所示。

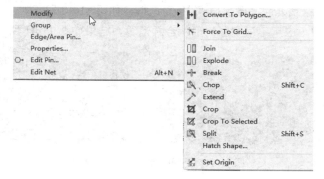

图 11-37　"Modify"命令菜单

2．合并形状

（1）同图层合并

在 ADS 中，利用"Merge（合并）"命令可以对同一图层内的两个或多个形状之间进行合并操作。

选择需要合并的对象，选择菜单栏中的"Edit"→"Merge"命令，该命令包含 3 个子命令，即 Union（并集）、Intersection（交集）、Union Minus Intersection（并集减交集），如图 11-38 所示，得出形状的合并结果，如图 11-39 所示。

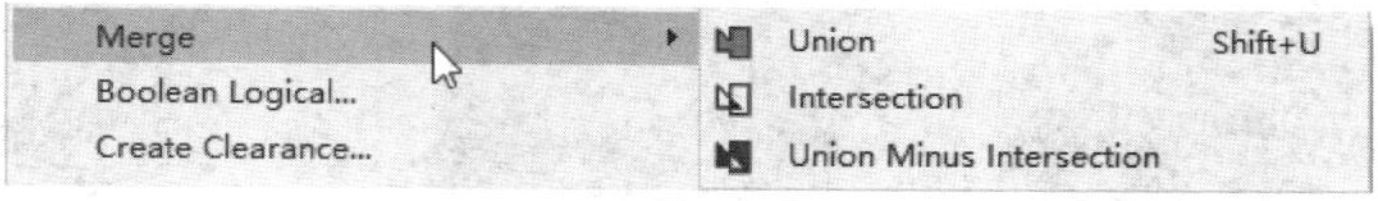

图 11-38　"Merge"命令菜单

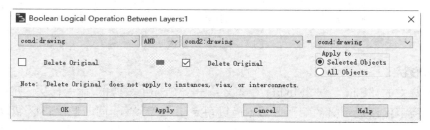

图 11-39　合并形状

（2）利用布尔运算进行形状合并

在 ADS 中，利用布尔运算对多个图层（必须为不同图层）的形状进行合并。

选择菜单栏中的"Edit"→"Boolean Logical（布尔逻辑）"命令，弹出"Boolean Logical Operation Between Layers（图层间的布尔逻辑运算）"对话框，将不同图层中的直线、矩形、圆、圆弧等独立的线段合并为一个图层中的合并对象，如图 11-40 所示。

图 11-40　"Boolean Logical Operation Between Layers"对话框

第一个图层选择"cond:drawing",逻辑运算选择"AND",第二个图层选择"cond2: drawing",勾选该图层下的"Delete Original(删除原图)"复选框,如图 11-40 所示。

单击"Apply"按钮,应用不同图层的形状合并运算,结果如图 11-41 所示。

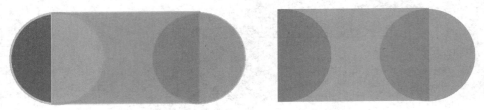

图 11-41　不同图层形状合并结果

3．切割形状

选择菜单栏中的"Edit"→"Modify(修改)"→"Chop(切割)"命令,从选定的多边形、矩形、圆形或路径中删除定义的矩形区域(选择角点 1、2),如图 11-42 所示。

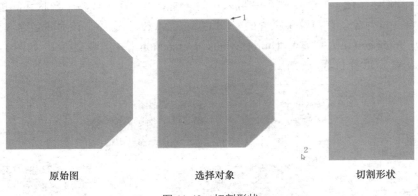

原始图　　　　　　　　选择对象　　　　　　　　切割形状

图 11-42　切割形状

4．扩展形状

选择菜单栏中的"Edit"→"Modify(修改)"→"Extend(扩展)"命令,将折线的选定端点 1 扩展到指定的参考线段 2 中,如图 11-43 所示。

原始图　　　　　　　　选择对象　　　　　　　　扩展图

图 11-43　扩展形状

5．裁剪形状

选择菜单栏中的"Edit"→"Modify(修改)"→"Crop(裁剪)"命令,从选定的多边形、矩形、圆形或路径中保留已定义的矩形区域(通过角点 1、2 定义),同时删除该区域以外的所有区域,如图 11-44 所示。

原始图　　　　　　　　　选择对象　　　　　　　　裁剪形状

图 11-44　裁剪形状

6. 分割形状

选择菜单栏中的 "Edit" → "Modify（修改）" → "Split（分割）" 命令，使用已定义的矩形区域将选定的多边形、矩形、圆形或路径分割成多个形状，如图 11-45 所示。

原始图　　　　　　　　　　　　　　分割形状

图 11-45　分割形状

11.2.3　Keepout（禁止布线区）

禁止布线区定义了走线、过孔、元器件和金属（如接地面）不应进入的区域。

1. 绘制禁止布线区

（1）选择菜单栏中的 "Insert" → "Keepout" 命令，此时鼠标光标变成十字形状，移动鼠标光标到工作窗口，创建一个封闭的多边形，如图 11-46 所示。在 2D 显示图中，禁止布线区是图层颜色中的虚线（如果它只应用于一个图层），或者应用于所有图层的前景色中的虚线。在整个元器件区域添加覆铜平面后，禁止布线区不被包含在覆铜平面区域内，如图 11-47 所示。

图 11-46　创建封闭多边形　　　　　　　　图 11-47　添加覆铜平面

（2）执行该命令时，弹出"Create Keepout（创建禁止布线区）"对话框，如图 11-48 所示，下面介绍该对话框中的选项。

- 在"Layer"列表中选择"cond: drawing"。
- "All Layers"复选框：勾选该复选框，禁止布线区可以在所有图层上（包含具有特定目的的所有图层）。
- "All Purposes"复选框：勾选该复选框，禁止布线区仅在特定图层上。
- Applies to：选择应用范围，包括"Plane（平面）"复选框、"Routing（布线区）"复选框。
- Draw：选择禁止布线区的形状，包含"Rectangle（矩形）"选项、"Circle（圆形）"选项、"Polygon（多边形）"选项。

2．选择禁止布线区

选择已存在的形状，选择菜单栏中的"Insert"→"Keepout"命令，弹出"Create Keepout From Shape（利用形状创建禁止布线区）"对话框，如图 11-49 所示。勾选"Delete Selected Shape（删除选定形状）"复选框，以删除选定形状，自动将选中形状转换为禁止布线区，如图 11-50 所示。

图 11-48　"Create Keepout"对话框

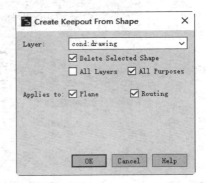

图 11-49　"Create Keepout From Shape"
对话框

图 11-50　将选中形状转换为禁止布线区

11.2.4　PCB 层显示设置

PCB 编辑器采用不同的颜色和样式显示各个 PCB 层，以便于进行区分。用户可以根据个人习惯进行设置，并且可以决定是否在编辑器内显示该 PCB 层。

选择菜单栏中的"View"→"Layer View"命令，显示图 11-51 所示的子菜单，包含关于 PCB 层的设置命令。

（1）选择"By Name（按名称）"命令，弹出图 11-52 所示的"Layout Layers（布局层）"对话框，按照顺序显示当前 PCB 中的 PCB 层的名称。

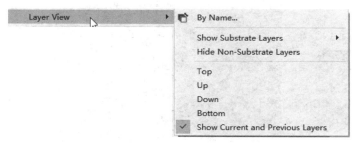

图 11-51 "Layer View"命令的子菜单　　　　图 11-52 "Layout Layers"对话框

（2）选择"Show Substrate Layers（显示基板层）"命令，显示 3 种图层中的对象显示方式，Outline（轮廓）、Filled（填充）、Both（两种都有），如图 11-53 所示。

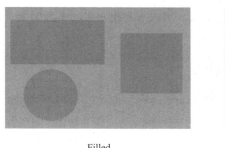

Filled　　　　　　　　　　　　Outline

图 11-53 图层中的对象显示方式

（3）选择"Hide Non-Substrate Layers（隐藏非基板层）"命令，在 Layout 中只显示基板层。

（4）选择 Top（顶层）、Up（上一层）、Down（下一层）、Bottom（底层）命令，根据图层列表切换当前图层。

（5）选择"Show Current and Previous Layers（显示当前图层和前面图层）"命令，在 Layout 中显示当前图层和前面图层中的对象。

11.2.5　放置元器件

在 Layout 中放置元器件的步骤与在电路原理图中放置元器件的步骤相同，在电路原理图中放置的是元器件的外形图，在 Layout 中放置的是元器件的零件图。

在"Parts（元器件）"面板选择元器件，系统弹出"Edit Instance Parameters"对话框，如图 11-54 所示。完成参数设置后，单击"OK"按钮，关闭该对话框。

选定元器件的零件外形（电容）将随鼠标光标移动，在图纸的合适位置单击鼠标，放置该元器件，如图 11-55 所示。放置完成后，单击鼠标右键退出操作。

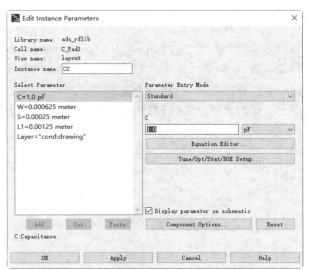

图 11-54 "Edit Instance Parameters"对话框

图 11-55　放置电容

11.2.6　插入传输线

在具有复杂传输线的设计中，对传输线进行编辑，可以节省相当多的布局时间。

1. 将插入的走线转换为传输线

具体方法在 11.2.7 节中进行介绍。

2. 手动放置传输线

（1）在"Parts"面板中选择传输线面板，包括 TLines-Microstrip、TLines-Printed Circuit Board、TLines-Stripline、TLines-Suspended Substrate、TLines-Waveguide、TLines-Multilayer。

（2）单击选中的传输线 TL1 MLIN，在鼠标光标上显示浮动的传输线符号，在工作区中单击鼠标，将其放置即可，如图 11-56 所示。

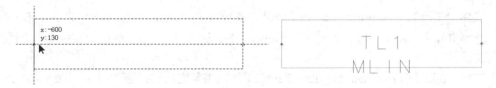

图 11-56　放置传输线 TL1　MLIN

3. 拆分传输线

选择菜单栏中的"Edit"→"Transmission Line（传输线）"→"Split Transmission Line（拆分传输线）"命令，或单击"Edit Transmission Lines（编辑传输线）"工具栏中的"Split Transmission Line（拆分传输线）"按钮，在传输线 TL1 MLIN 上单击鼠标，选中一个参考点，如图 11-57 所示。此时，将一个传输线元器件 TL1 拆分为两个相同的传输线元器件 TL1、TL2，如图 11-58 所示。

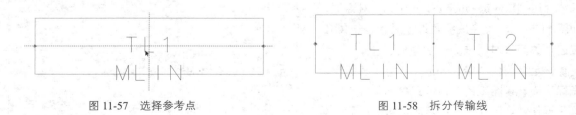

图 11-57　选择参考点　　　　　　　　　　图 11-58　拆分传输线

4．更换传输线元器件

传输线库中包含各种传输线，为了简化布局，可以将一个传输线更换为对应的几个传输线。

选择菜单栏中的"Edit"→"Transmission Line"→"Tap Transmission Line（更换传输线）"命令，或单击"Edit Transmission Lines"工具栏中的"Tap Transmission Line"按钮，在 TL1 MLIN 上单击，将一个传输线元器件 TL1 替换为 3 个传输线元器件 TL1、Tee1、TL2，如图 11-59 所示。

图 11-59　更换传输线

5．拉长传输线

选择菜单栏中的"Edit"→"Transmission Line"→"Stretch Transmission Line（拉长传输线）"命令，或单击"Edit Transmission Lines"工具栏中的"Stretch Transmission Line"按钮，在 TL1　MLIN 引脚上单击，激活编辑功能，向右侧拖动鼠标光标到希望拉伸到的位置，单击，确定新的传输线端点，如图 11-60 所示。

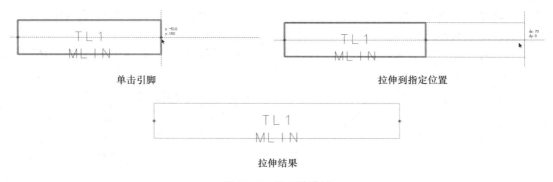

图 11-60　拉长传输线

6．挤压传输线

挤压传输线是指在保持传输线长度的同时，将传输线修改为不同的弯曲形状。

选择菜单栏中的"Edit"→"Transmission Line"→"Squeeze Transmission Line Keeping Length（挤压传输线）"命令，弹出"Squeeze in Space（挤压空间）"对话框，指定传输线特性，如角型、引线长度和最小间距，如图 11-61 所示。

根据需要设置的选项，单击"Apply 按钮"，单击传输线一端的引脚，确定参考位置。此时，传输线出现虚像，将鼠标光标移向传输线的另一端，调整偏移位置，单击鼠标确定偏移位置，完成修改后的传输线，如图 11-62 所示。

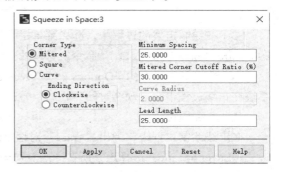

图 11-61　"Squeeze in Space"对话框

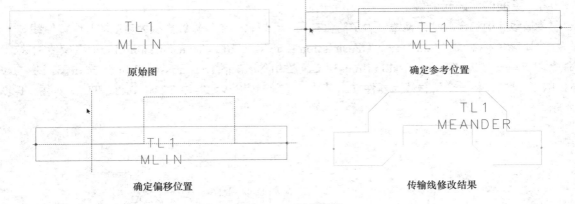

图 11-62　压缩传输线

11.2.7　走线连接

走线是具有宽度和弯曲型的导线，用于表示物理传输线，可以用来连接版图中的元器件。若用于仿真，走线连接和导线连接之间没有区别。走线通常认为是简单连接（短线），可以转换为传输线，从而进行更准确的仿真。

1. 绘制走线

（1）选择菜单栏中的"Insert"→"Trace"命令，或单击"Insert"工具栏中的"Insert Trace"✎，或按下"T"键，此时鼠标光标将变成十字形状。

（2）移动鼠标光标，多次单击确定多个不同的控点，完成不同对象之间的布线，如图 11-63 所示。

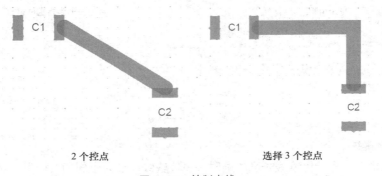

2 个控点　　　　　　　　　　　　选择 3 个控点

图 11-63　绘制走线

（3）在绘制走线的过程中，选择菜单栏中的"Options"→"45 Degree Entry（45°入口）"命令、"90 degree Entry（90°入口）"命令，可以改变绘制走线的角度。

（4）选择菜单栏中的"Options"→"Avoidance Routing（回避布线）"命令，激活回避布线功能，系统在布线过程中会自动绕过障碍物。

2. 走线属性设置

在走线绘制过程中，弹出"Trace"对话框，设置走线属性，如图 11-64 所示。

- Layer or Line：选择走线所在图层。对于将模拟为微带或带状线的走线，应在第 1 层（cond）输入走线；对于将被模拟为 PCB 传输线元器件的走线，应该使用第 16 层～第 25 层（pcb1～9）。通过过孔，可以创建通道连接不同的图层上的走线，如图 11-65 所示。

图 11-64　"Trace" 对话框

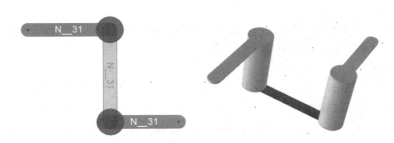

图 11-65　过孔走线连接

- Width (mil)：设置走线线宽，默认值为 25。
- End style：设置走线端点类型，包含 Round（圆角）、Square（方形）、Truncate（截断角），如图 11-66 所示。

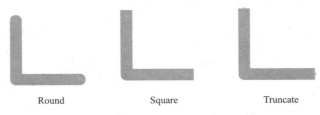

图 11-66　走线端点类型

- Corner type：选择拐角类型，包括 Rounded（圆形）、Square、Mitered（斜角形）、Adaptive Mitered（自适应斜角形）、Curve（曲线形），如图 11-67 所示。

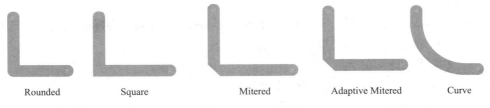

图 11-67　拐角类型

- Cutoff ratio %：斜接角切断比（%）。设定截止的百分比，数值越大，被切掉的角就越多。
- Via config：选择过孔配置信息。
- Via：选择走线切换图层时添加的过孔。
- "Auto layer snap" 复选框：勾选该复选框，当从引脚插入走线时，自动在引脚的层上开始定义走线。
- "Remove redundant interconnects" 复选框：勾选该复选框，在创建从一个走线到另一个走线的连接时，自动删除新创建的走线所产生的冗余互联。

- "Avoid obstacles when routing (H)"复选框：勾选该复选框，在绘制或布线的走线时，将避开其层上设置了相关 DRC 间隔规则的障碍物。
- "Follow mouse"复选框：当激活避障功能时，路径将遵循鼠标光标的移动定位，而不是通过最短路径。
- "Avoid same net (N)"复选框：勾选该复选框，当激活避障功能时，追踪走线将避开同一网络上的任何对象。
- "Add Teardrops"复选框：勾选该复选框，可以通过泪滴优化焊盘到通孔的连接。
- "Use Teardrop Rules"选项：选择该选项，激活泪滴优化功能后，使用定义的泪滴规则定义泪滴大小。
- "Specify Value"选项：选择该选项，激活泪滴优化功能后，使用指定参数值定义泪滴大小。

3．编辑走线

双击走线，弹出"Edit Trace"对话框，编辑走线属性，包括 Line type/Layer、Width（线宽）、End style（终点类型）、Corner type（拐角类型）、Cutoff ratio %、Curve radius（弯曲半径）、Via（过孔），如图 11-68 所示。

图 11-68　"Edit Trace"对话框

4．走线/路径转换

路径是具有宽度的折线，可以在任意点表示开始和结束，但路径没有关联的电路连接信息。绘制路径的方法与绘制走线类似，这里不再赘述。

选择菜单栏中的"Edit"→"Path/Trace（路径/走线）"→"Convert Trace To Path（将走线转换为路径）"命令或"Convert Path To Trace（将路径转换为走线）"命令，对路径与走线进行相互转换。

选择菜单栏中的"Edit"→"Path/Trace"→"Convert Trace（转换为走线）"命令，弹出图 11-69 所示的"Trace Control（走线控制）"对话框，用于将导线转换为走线或传输线。

（1）"Convert Trace to（走线转换）"选项组

选择将走线转化为下面的类型。

- Transmission line elements：传输线元器件。
- Single Transmission line element：单个传输线元器件。
- Nodal Connection (short)：节点连接线。
- Elements controlled by Line Type：由线条类型控制的元素。

（2）"Element Set（元素设置）"选项组

选择转换的线类型，包括 Line type（指定线型传输线）、Microstrip（微带线）、Printed circuit board（印制线）、Stripline（带状线）。

（3）"Insert Tee and Cross Components"复选框

勾选该复选框，在必要的情况下插入三通和交叉元器件。

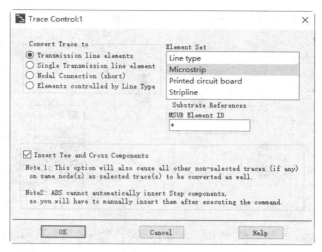

图 11-69　"Trace Control" 对话框

11.2.8　网络连接

Keysight 从 ADS 2015 开始发布基于 Net 的模式，当实例或引脚被移动接触到其他网上的对象时，网络会自动合并。

（1）在 ADS 中，Layout 中的每个对象包括引脚、焊盘、PCB 过孔和实例终端都是基于 Net 连接的，如图 11-70 所示。

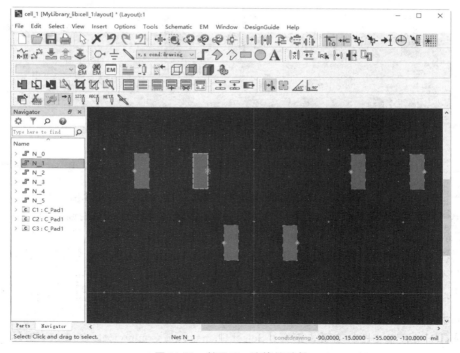

图 11-70　基于 Net 连接的对象

（2）选择菜单栏中的"Insert" → "Net Connection（网络连接）"命令，单击要连接的第一个引脚、通孔、焊盘或实例终端，然后单击要连接到的第一个对象的第二个引脚、通孔、焊盘或实例终端，如图 11-71 所示。此时，弹出"Merge Nets（合并网络）"对话框，询问是否要合并网络，如图 11-72 所示。

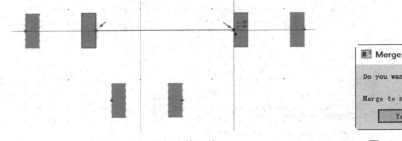

图 11-71　选择连接网络

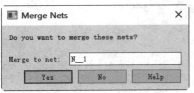

图 11-72　"Merge Nets"对话框

（3）在"Merge to net（合并到的网络）"选项中选择一个对象的现有网络，将要连接的对象都放在该网络上，或者输入一个新的网络名称，将要连接的对象放在一个新的网络上。

（4）单击"Yes（是）"按钮，连接两个对象。如果两个物体没有物理接触，将在它们之间绘制一条飞线，如图 11-73 所示。

完成网络连接后，在选定的网络（N_1）上显示两个对象，合并网络 N_1 和 N_2 为 N_1，如图 11-74 所示。

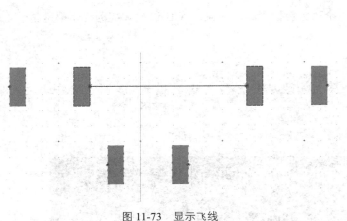

图 11-73　显示飞线

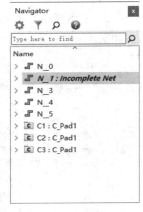

图 11-74　合并网络

（5）在"Navigator（过滤器）"面板上选择 N_1，单击鼠标右键，选择"Show Physical And Nodal Connectivity（显示物理连接和节点连接）"命令，在工作区高亮显示该网络连接的连线和节点，如图 11-75 所示。

（6）选择 N_1，单击鼠标右键，选择"Zoom To Selected（放大选中对象）"命令，在工作区自动放大该网络连接的对象。

（7）选择 N_1，单击鼠标右键，选择"Select Shapes On Net（显示网络中的形状）"命令，在工作区高亮显示该网络连接的形状。

（8）选择 N_1，单击鼠标右键，选择"Select Shapes And Components On Net（显示网络中的外形和元器件）"命令，在工作区高亮显示该网络连接的形状和元器件，如图 11-76 所示。

（9）选择 N_1，单击鼠标右键，选择"Rename（重命名）"命令，激活网络名称编辑功能，可以输入新的网络名称。

图 11-75　高亮显示连线和节点　　　　图 11-76　高亮显示该网络连接的形状和元器件

11.2.9　覆铜平面

在设计多层 PCB（一般指 4 层以上）的时候，往往将电源、接地等特殊网络放在一个专门的层，在 Layout 中称这个层为 Planes（平面层）。

在平面层中，用铜覆盖 PCB 的空白空间，并自动连接所有携带信号的引脚。平面可以生成为接地平面，也可以生成为电源平面。

● ground plane（接地平面）是连接到电路的接地平面，通常制作得尽可能大，覆盖 PCB 的大部分面积，不被电路走线占用。在多层 PCB 中，它通常覆盖整个 PCB 的单独层。为使得布线更容易，电路设计人员将任意元器件直接通过 PCB 上的孔接地到另一层的接地平面。

● power plane（电源平面）对应于接地平面，充当交流信号地，同时为安装在 PCB 上的电路提供直流电压。

在数字和射频电路中，接地平面可以减少电噪声、电路不同部分之间的耦合及相邻电路走线之间的串扰。

1. 创建覆铜平面

创建的覆铜平面是动态的，在编辑过程中经常更新覆铜平面。

（1）选择菜单栏中的"Insert"→"Plane"命令，弹出"Create new plane（创建新平面）"对话框，定义在创建覆铜平面时使用的参数设置，如图 11-77 所示。

（2）完成参数设置后，移动鼠标光标到工作窗口，创建一个封闭的矩形平面，如图 11-78 所示。

图 11-77　"Create new plane"对话框

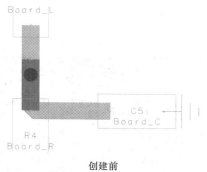

创建前

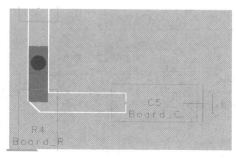

创建后

图 11-78　矩形平面

下面介绍该对话框中的选项。

- Clearance：定义平面和对象之间的距离。只有当平面和对象不在同一网络中时才会产生间距，如图 11-79 所示，间距值为 5.0。
- "Use Clearance Rules"复选框：勾选该复选框，使用在约束管理器中定义的清除规则来确定间距。
- Net：为平面选择一个网络名称。默认在接地网"Ground（gnd!）"上创建平面。
- Layer：选择要创建平面的层。
- Name：输入平面名称。
- "Use Rounded Clearance"复选框：勾选该复选框，设置地平面间距，使尖锐角的对象周围有圆角，如图 11-80 所示。
- "Enable Thermal Relief"复选框：勾选该复选框，并采取预防措施，防止元器件过热。
- Thermal straps width：指定散热带宽度。
- "Enable Smoothing Options"复选框：设置平滑锐角和删除缺口。
- Smooth acute angles：在创建平面时平滑创建的边缘。根据在 0°～90° 中指定的角度去除尖边。
- Remove features smaller：删除具有指定宽度的缺口。
- Create mode：选择创建平面的模式。包括"Draw Rectangle（矩形形状）"选项、"Draw Polygon（多边形形状）"选项。

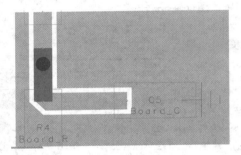

图 11-79　间距值为 5.0 的平面与对象

图 11-80　间距为圆角

2. 编辑覆铜平面

覆铜平面在 PCB 设计中是一个对象，所以完全可以对其进行编辑，甚至将其变为设计中的某一网络，下面将介绍如何编辑覆铜平面。

（1）双击绘制好的覆铜平面，弹出"Edit Plane（编辑平面）"对话框，编辑或更改覆铜平面参数，如图 11-81 所示。选择图 11-80 中的覆铜地平面，将圆角间距（5.0）修改为直角间距（10.0），结果如图 11-82 所示。

图 11-81　"Edit Plane"对话框

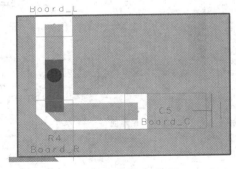

图 11-82　修改平面

（2）选择菜单栏中的"Edit"→"Plane"命令，显示下面 3 个子命令，用于编辑/更新生成平面。

- Regenerate Plane：更新选定的平面，如图 11-83 所示。
- Regenerate All Planes：更新所有平面。
- Regenerate All Planes Needing Update：更新所有需要更新的平面。

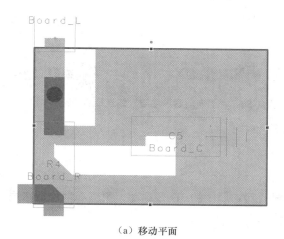

（a）移动平面　　　　　　　　　　　　　　　　（b）重新生成平面

图 11-83　更新平面

11.2.10　补泪滴

　　在导线和焊盘或者过孔的连接处，通常需要补泪滴，以去除连接处的直角，加大连接面。这样做有两个好处，一是在 PCB 的制作过程中，避免钻孔定位偏差导致焊盘与导线断裂的问题出现；二是在安装和使用的过程中，可以避免用力集中导致连接处断裂的问题出现。

　　选择菜单栏中的"Insert"→"Trace"命令，或单击"Insert"工具栏中的"Insert Trace"✏，或按下"T"键，弹出"Trace"对话框，设置走线属性，勾选"Add Teardrops（添加泪滴）"复选框，如图 11-84 所示。

　　下面包括两种泪滴选项。

　　（1）"Use Teardrop Rules"选项：选择该选项，激活泪滴优化功能后，使用已经定义的泪滴规则定义泪滴大小。

　　（2）"Specify Value"选项：选择该选项，激活泪滴优化功能后，使用指定参数值定义泪滴大小。单击"Parameters"按钮，弹出"Teardrop Parameters（泪滴参数）"对话框，如图 11-85 所示。在该对话框中设置泪滴的 Height（高度）和 Offset（偏移值）。

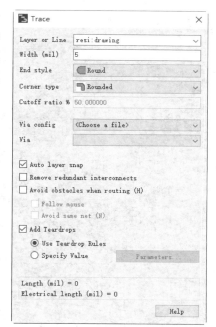

图 11-84　"Trace"对话框

　　补泪滴前后焊盘与导线连接的变化如图 11-86 所示。

　　按照此种方法，用户还可以对某一个元器件的所有焊盘和过孔，或者某一个特定网络的焊盘和过孔进行补泪滴操作。

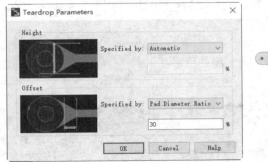

图 11-85 "Teardrop Parameters" 对话框　　图 11-86　补泪滴前后焊盘与导线连接的变化

11.3　3D 效果图

　　布局完毕后，可以通过 3D 视图和 3D 布局查看器查看布局图的 3D 效果图，更直观地检查布局是否合理。

11.3.1　3D 视图显示

　　（1）在 Layout 编辑器内，显示图 11-87 所示的 PCB 文件并展示其布局，选择菜单栏中的 "View" → "3D View（3D 显示）" 命令，则系统生成该 PCB 的 3D 效果图，如图 11-88 所示。

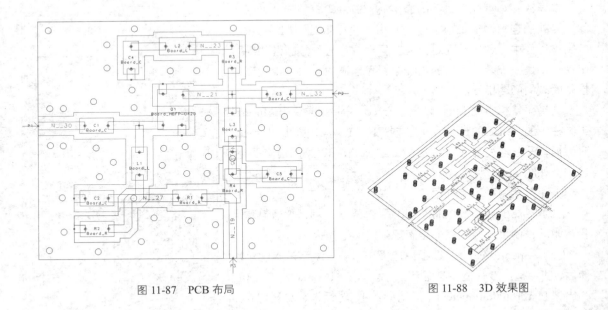

图 11-87　PCB 布局　　　　　　　　　　图 11-88　3D 效果图

　　（2）选择菜单栏中的 "View" → "3D Views（3D 视图）" 命令，显示不同的 3D 视图命令，如图 11-89 所示。默认 3D 视图显示的是 "Front/Left/Top" 视图，在图 11-90 中显示该 PCB 的 3D 效果图的 "Front/Left/Bottom" 视图。

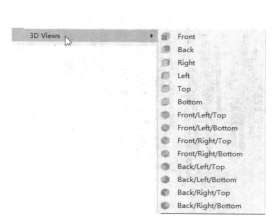

图 11-89　3D 视图命令

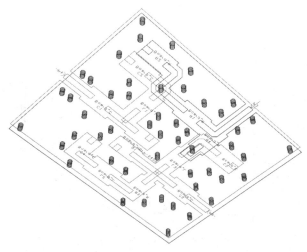

图 11-90　3D 效果图的"Front/Left/Bottom"视图

11.3.2　3D 布局查看器

ADS 通过了一款 3D 工具用于显示和编辑可视化 3D 布局视图。

选择菜单栏中的"View"→"3D Tools（3D 工具）"命令，显示不同的 3D 视图编辑命令。

（1）选择"Show Cutting Plane（显示切割平面）"命令，在平面上切割以进行设计，添加剖切面，显示 PCB 切割平面，如图 11-91 所示。

（2）选择"Edit Cutting Plane（编辑切割平面）"命令，启用剖切面编辑功能，打开或关闭旋转坐标系，拖动坐标系的坐标轴，旋钮视图显示方向，如图 11-92 所示。

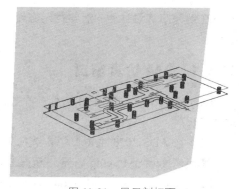

图 11-91　显示剖切面

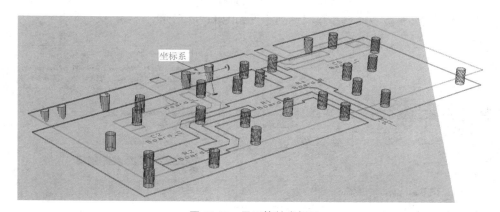

图 11-92　显示旋转坐标系

（3）选择"Scale Z-Axis（缩放 Z 轴）"命令，弹出"Scale Z-Axis"对话框，利用滑动功能在 Z 方向上按照比例更改 3D 视图的几何尺寸，如图 11-93 所示。向右移动滑动条的维度值，则将在 Z

方向上放大模型，如图 11-94 所示。

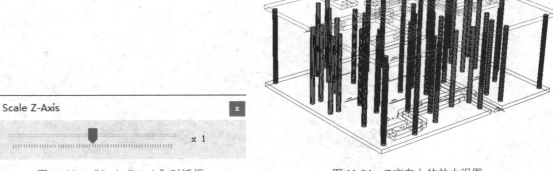

图 11-93   "Scale Z-Axis" 对话框   图 11-94   Z 方向上的放大视图

11.4 EM 仿真

在射频芯片设计中，需要对无源元器件和传输线（如电容、电感及连接它们的微带线）进行 EM 仿真。

11.4.1 EM 仿真窗口

（1）在 ADS 中进行 EM 仿真，首先需要创建一个 EM 仿真视图，在该视图窗口中才可以进行 EM 仿真分析。

（2）在 ADS 2023 主窗口中，选择菜单栏中的 "File" → "New" → "EM Setup（EM 设置）" 命令，弹出 "New EM Setup View（新建 EM 仿真视图）" 对话框，如图 11-95 所示。

（3）单击 "Create EM Setup View（创建 EM 仿真视图）" 按钮，在当前工程文件夹下，默认创建 EM 仿真视图文件 "cell_1" → "emSetup"，如图 11-96 所示。同时弹出 EM 仿真设置对话框，用于定义仿真器选项，如基板、端口和频率计划等，如图 11-97 所示。

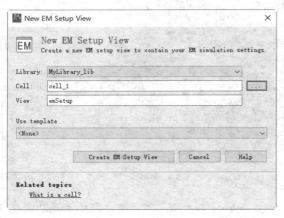

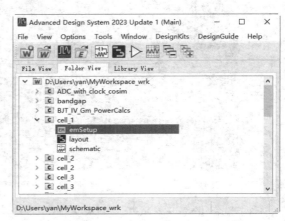

图 11-95   "New EM Setup View" 对话框   图 11-96   创建 EM 仿真视图文件

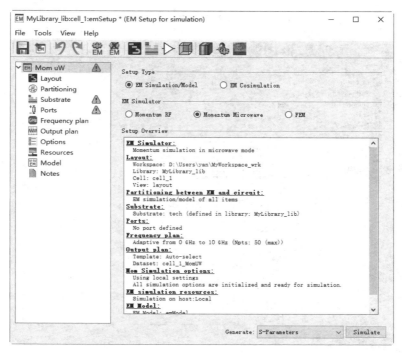

图 11-97　EM 仿真设置对话框 1

11.4.2　仿真设置

ADS 提供了一个新的 EM 设置窗口，它提供了一个单一的界面来控制所有与 EM 设置相关的功能。

（1）总体设置

选择菜单栏中的"EM"→"Simulation Setting"命令，或单击"EM Simulation（EM 仿真）"工具栏中的"EM Simulation Settings（EM 仿真设置）"按钮 ，弹出 EM 仿真设置对话框，显示 EM 仿真设置参数，如图 11-98 所示。

① Setup Type（设置类型）：选择以下类型的设置来执行仿真。

• "EM Simulation/Model（EM 仿真/模型）"选项：该选项生成由 EM 仿真器为整个（展平）布局提取的 S 参数模型。

• "EM Cosimulation（EM 联合仿真）"选项：此选项有助于将布局的 EM 仿真与 EM 仿真器无法仿真的实例（如非线性设备）或已经存在模型的实例（如内置电路原理图或 EM 模型）的电路仿真相结合。

② EM Simulator：选择 EM 仿真器，包括"Momentum RF"选项、"Momentum Microwave"选项和"FEM"选项。

③ Setup Overview：显示 EM 仿真设置信息。

在该对话框左侧列表中列出了指定 EM 仿真设置所需要的选项，其中包含 10 个标签页，下面分别进行介绍。

（2）"Layout"标签页

通过选择布局来查看有关工作区、库、单元格和视图的信息。

（3）"Partitioning"标签页

通过定义 EM 仿真分区，为 EM 模型缓存了 S 参数，提高了电路仿真性能。

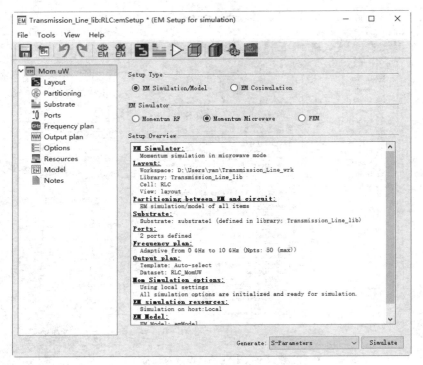

图 11-98　EM 仿真设置对话框 2

（4）"Substrate"标签页

通过选择基板从 ADS 中打开预定义的基板文件。

（5）"Ports"标签页

刷新布局引脚信息，创建、删除和重新排序端口，并通过选择端口搜索所需要的 S 参数端口或布局引脚。

（6）"Frequency plan"标签页

通过选择频率计划来为磁模拟添加或删除频率计划。

（7）"Output plan"标签页

通过选择输出计划来指定 EM 模拟的数据显示设置。

（8）"Options"标签页

通过选择选项来定义预处理器、网格、模拟和专家设置。

（9）"Resources"标签页

通过选择资源可以指定本地、远程和第三方设置。

（10）"Model"标签页

通过选择模型/符号生成 EM 模型和符号。

（11）"Notes"标签页

通过选择注释向 EM 设置窗口添加注释。

11.4.3　EM 仿真方式

在 Layout 中，选择菜单栏中的"EM"→"Simulation"命令，或单击"EM Simulation"工具栏中的"Simulation"按钮，执行 EM 仿真分析。

11.5 操作实例——传输线 EM 仿真分析

本节通过包含两条微带线的电路，演示电路原理图的绘制、Layout 的生成与 EM 仿真的整个过程，操作步骤如下。

1. 设置工作环境

（1）启动 ADS 2023，打开主窗口界面。选择菜单栏中的"File"→"New"→"Workspace"命令，或单击工具栏中的"Create A New Workspace"按钮，弹出"New Workspace"对话框，输入工程名称"Transmission_Line_wrk"，新建一个工程文件"Transmission_Line_wrk"。

（2）在主窗口界面中，选择菜单栏中的"File"→"New"→"Schematic"命令，或单击工具栏中的"New Schematic Window"按钮，弹出"New Schematic"对话框，在"Cell"文本框内输入电路原理图名称 RLC。单击"Create Schematic"按钮，在当前工程文件夹下，创建电路原理图文件 RLC，如图 11-99 所示。

2. 电路原理图图纸设置

（1）选择菜单栏中的"Options"→"Preferences"命令，或者在编辑区内单击鼠标右键，并在弹出的快捷菜单中选择"Preferences"命令，弹出"Preferences for Schematic"对话框。在该对话框中可以对电路原理图图纸进行设置。

（2）单击"Grid/Snap"标签页，在"Snap Grid per Display Grid"选项组下的"X"选项中输入"1"。单击"Display"标签页，在"Background"选项下选择白色背景。

3. 绘制电路原理图

（1）激活"Parts"面板，在库文件中打开"TLines-Microstrip"元器件库，如图 11-100 所示，选择并放置 MLIN。

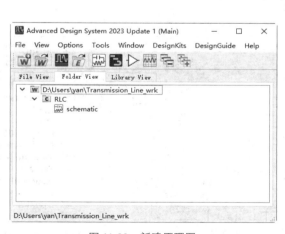

图 11-99　新建原理图

图 11-100　"TLines-Microstrip"元器件库

（2）在库文件中打开"Basic Components"元器件库，选择并放置 TermG1 和 TermG2，如图 11-101 所示。

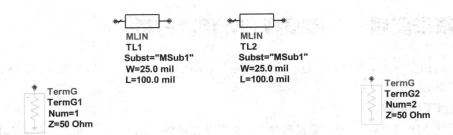

图 11-101　放置元器件

（3）选择菜单栏中的"Insert"→"Wire"命令，或单击"Insert"工具栏中的"Insert Wire"按钮，或按下"Ctrl+W"组合键，进入导线放置状态，连接元器件。设置 TL1 长度为 200 mil，电路原理图绘制结果如图 11-102 所示。

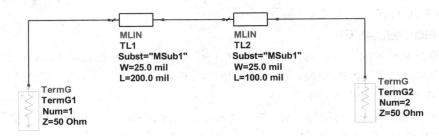

图 11-102　连接电路

（4）在"TLines-Microstrip"元器件库中选择并放置 MSUB，弹出"Choose Layout Technology"对话框，选择具有标准技术参数的选项，如图 11-103 所示。单击"Finish"按钮，在电路原理图中放置微带线设计必备的参数，如图 11-104 所示。

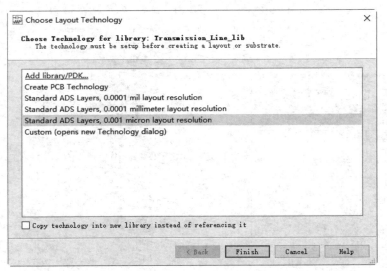

图 11-103　"Choose Layout Technology"对话框　　　　图 11-104　放置 MSUB

（5）在"Basic Components"中选择 S 参数仿真控制器，在电路原理图中合适的位置上放置 SP1，设置频率扫描起点 Start 为 0.1GHz，设置频率扫描间隔 Step 为 0.1 GHz，如图 11-105 所示。

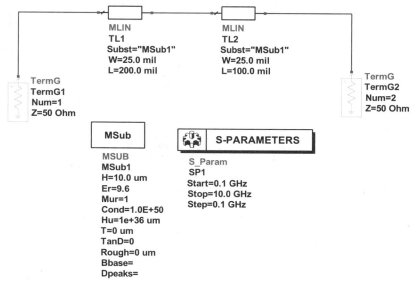

图 11-105　放置 S 参数仿真控制器

4. 仿真数据显示

（1）选择菜单栏中的"Simulate"→"Simulate"命令，或单击"Simulate"工具栏中的"Simulate"按钮，弹出"hpeesofsim"对话框，显示仿真信息和分析状态，并自动创建一个空白仿真结果显示窗口。

（2）单击"Palette"工具栏中的"Stacked Rectangular Plot"按钮，选择绘图类型为堆叠图，在工作区中单击鼠标，自动弹出"Plot Traces & Attributes"对话框。在"Datasets and Equations"列表中选择 S(1,1)、S(1,2)、S(2,1)、S(2,2)，单击"Add"按钮，在右侧"Traces"列表中添加 dB(S(1,1))、dB(S(1,2))、dB(S(2,1))、dB(S(2,2))。

（3）单击"OK"按钮，在数据显示区内创建 4 个直角坐标系的矩形图，显示以 dB 为单位的 S 参数曲线，如图 11-106 所示。

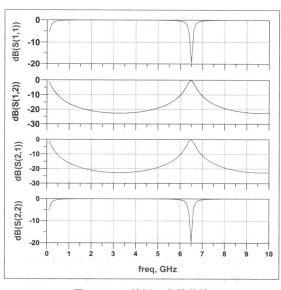

图 11-106　绘制 S 参数曲线

5. 生成版图

（1）选择菜单栏中的命令"Edit"→"Component"→"Deactivate/Activate（禁用/启用）"，或单击"Instance Commands（实例命令）"工具栏中的"Deactivate/Activate"按钮，将 TermG1、TermG2、MSub1、SP1 转换为禁用状态（显示为大红叉），如图 11-107 所示。

（2）选择菜单栏中的"Schematic"→"Generate/Update Layout（生成/更新布局图）"命令，弹出"Generate/Update Layout"对话框，如图 11-108 所示。

（3）单击"Apply"按钮，将电路原理图参数更新到同名的 Layout 中，弹出"Status of Layout Generation（布局生成器状态）"对话框，显示生成版图中包含的电路原理图中有效的元器件数目等信息，如图 11-109 所示，同时自动创建包含转换传输线的 Layout。

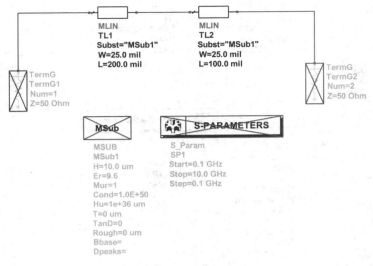

图 11-107　禁用元器件

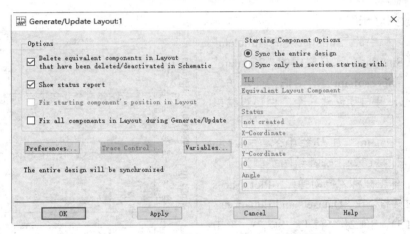

图 11-108　"Generate/Update Layout"对话框

对比电路原理图和版图，可以发现电路原理图中的构成电路的各种形状的传输线模型已经转化为版图中的实际微带线，如图 11-110 所示。

（4）选择菜单栏中的"Insert"→"Pin"命令，或单击"Palette"工具栏中的"Insert Pin"按钮 ，在 Layout 的输入端（TL1 左侧）和输出端（TL2 右侧）各添加一个引脚。

6. 创建基板

在 ADS 2023 主窗口中，选择菜单栏中的"File"→"New"→"Substrate"命令，弹出"New

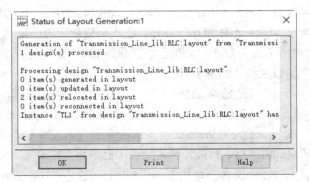

图 11-109　"Status of Layout Generation"对话框

Substrate"对话框，在指定的库文件中创建模板基板文件。单击"Create Substrate"按钮，打开"substrate1"对话框，在"Substrate Layer Stackup（基板堆栈层）"列表中设置板层参数，结果如

图 11-111 所示。

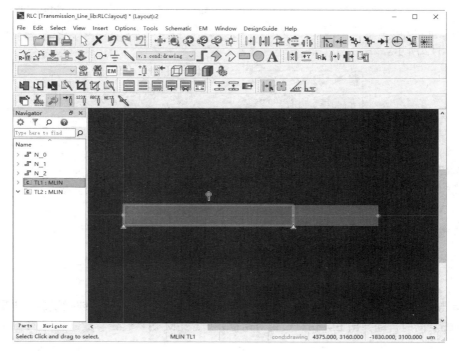

图 11-110　自动生成 Layout

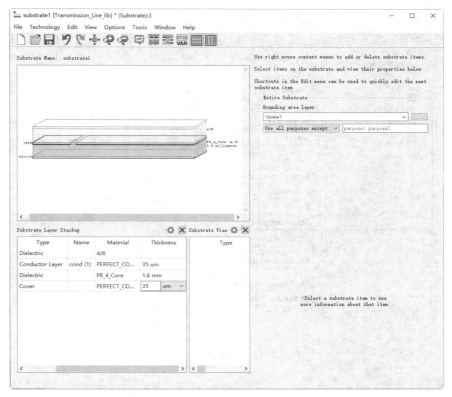

图 11-111　"substrate1" 对话框

7. EM 仿真

（1）选择菜单栏中的"EM"→"Simulation Setting"命令，或单击"EM Simulation"工具栏中的"EM Simulation Settings"按钮，弹出"New EM Setup View（新建电磁仿真设置视图）"对话框，如图 11-112 所示。

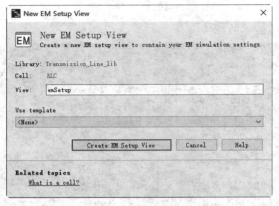

图 11-112　"New EM Setup View"对话框

（2）单击"Create EM Setup View（创建电磁仿真设置视图）"按钮，创建默认的电磁仿真设置视图 emSetup。同时自动弹出 EM 仿真设置对话框，显示 EM 仿真设置参数，如图 11-113 所示。

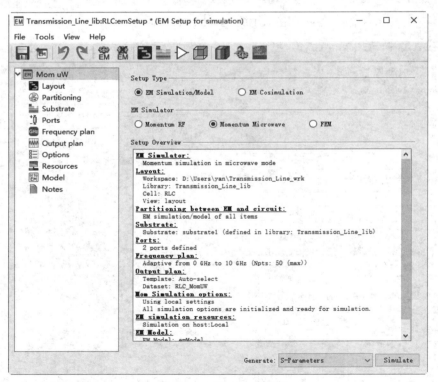

图 11-113　EM 仿真设置对话框

（3）选择默认参数，单击工具栏中的"Simulate"按钮，开始对 Layout 进行 EM 仿真，弹出仿真显示窗口，显示 EM 仿真结果，如图 11-114 所示。

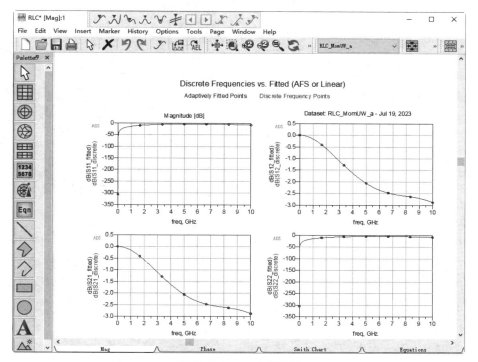

图 11-114　EM 仿真结果